新媒体 · 新传播 · 新运营 系列丛书

新媒体技术

基础 案例 应用

AIGC版

视频指导版

陈正军 徐林海 郭悦娥◎主编

郭小敏 李思蓓 潘小磊◎副主编

人民邮电出版社

北京

图书在版编目（CIP）数据

新媒体技术 : 基础 案例 应用 : AIGC版 : 视频指导版 / 陈正军，徐林海，郭悦娥主编. -- 2版. 北京 : 人民邮电出版社，2025. -- (新媒体·新传播·新运营系列丛书). -- ISBN 978-7-115-66097-8

Ⅰ. TP37

中国国家版本馆CIP数据核字第2025CS3115号

内 容 提 要

随着新媒体行业的蓬勃发展，社会对新媒体技术人才的需求日益增长。本书旨在培养新媒体技术应用型人才，深入探讨新媒体和新媒体技术的理论基础，并通过案例详细展示新媒体行业常用软件和工具的使用方法。全书共分为7个项目，分别是新媒体与新媒体技术概述、使用Photoshop处理图像、使用Audition处理音频、使用Premiere处理视频、使用自媒体工具、使用AIGC技术和新媒体数据分析，让读者能够全面了解和掌握使用这些新媒体技术、工具和平台完成新媒体内容创作的方法。

本书可作为普通高等学校和高等职业学校新媒体技术相关课程的教材，也可供有志于从事或者正在从事新媒体技术相关岗位的人员学习和参考。

◆ 主　　编　陈正军　徐林海　郭悦娥
　副 主 编　郭小敏　李思蓓　潘小磊
　责任编辑　侯潇雨
　责任印制　王　郁　彭志环

◆ 人民邮电出版社出版发行　　北京市丰台区成寿寺路11号
　邮编　100164　　电子邮件　315@ptpress.com.cn
　网址　https://www.ptpress.com.cn
　临西县阅读时光印刷有限公司印刷

◆ 开本：700×1000　1/16
　印张：13.75　　2025年6月第2版
　字数：309千字　　2025年6月河北第1次印刷

定价：64.00元

读者服务热线：(010)81055256　印装质量热线：(010)81055316
反盗版热线：(010)81055315

前　言

一、编写目的

党的二十大报告指出:“加快发展数字经济，促进数字经济和实体经济深度融合，打造具有国际竞争力的数字产业集群。”从这一指示可以看出，与数字经济密切相关的电子商务、新媒体等新业态在未来经济中将占据重要地位。随着互联网技术的高速发展和智能终端的迅速普及，新媒体与人们日常生活的联系越来越紧密，成为人们日常生活中不可分割的一部分。对新媒体相关专业的学生而言，为了在未来多变的社会中更好地发展，掌握一定的新媒体技术尤为重要。

随着新媒体行业的迅速崛起，相关技术和平台不断更新换代。本书在保留第1版精华的基础上，基于技术发展、专业性要求、市场需求和内容优化等多方面的考量，对全书内容进行了重组和调整，具体体现在以下几个方面。

（1）在项目1集中体现新媒体的常见技术和新技术，如人工智能（Artificial Intelligence，AI）、云计算和大数据。

（2）删除过旧的内容，补充新的知识点，如删除“使用Animate CC制作动画”“使用快站建立‘公司简介’网站”，新增“使用AIGC技术”“新媒体数据分析”。同时，在新媒体技术的实际应用部分，通过“拓展知识”模块体现新媒体的相关技术、应用和AI相关知识点。

（3）全面更新案例，书中的各个案例均做了同步更新，效果更美观、设计更贴合当下主流风格，更具有参考性和实用性，能够为读者提供更多的参考价值。

二、本书内容

本书对新媒体和新媒体技术进行了详细讲解，内容主要包括以下3个部分。

- **新媒体与新媒体技术概述（项目1）**。主要介绍新媒体和新媒体技术基础知识，包括新媒体的概念、特征和类型；新媒体技术的概念和发展趋势；常见的新媒体技术，如信息存储技术、数字视听技术、移动终端数字技术等；新媒体新技术，包括人工智能、大数据和云计算。
- **新媒体常用应用软件和工具（项目2至项目6）**。主要从图像、音频、视频的角度介绍 Photoshop、Audition 、Premiere 等常用软件的实际应用，并对秀米、MAKA、草料二维码、稿定设计等自媒体工具，以及文心一格、文心一言、创客贴、boardmix 等 AIGC（Artificial Intelligence Generated Content，人工智能生成内容）工具的使用方法进行介绍。

- **新媒体数据分析（项目 7）**。主要介绍新媒体数据分析的基础知识，并系统分析微信、微博和抖音等平台的数据。

三、本书特点

1. 内容翔实，结构完整

本书以当下常见的新媒体技术的应用领域与操作软件为主，分别从图像、音频、视频、自媒体工具、AIGC 技术和数据分析 6 个方面，全面介绍新媒体技术涉及的知识和技能，使读者能够更好地将理论与实践相结合，快速理解新媒体技术的使用方法。

2. 案例丰富，实操性强

本书在讲解新媒体常用软件、工具和平台时，主要采用实战案例的形式，如制作小红书笔记封面、制作抖音账号头像、制作 App 开屏广告、处理抖音短视频配音、制作服务宣传语音频、剪辑短视频、排版图文、制作 H5 页面、制作二维码、制作视频封面、生成公众号推文配图、生成活动策划方案、生成手机横版海报、生成思维导图等，同时注重介绍新媒体技术的实际应用方法，帮助读者更好地将学到的技能运用到实际工作中。

此外，本书每个项目开篇均设有“知识目标”“能力目标”“素养目标”板块，正文设有“经验之谈”“素养课堂”小栏目，项目最后还设有“拓展知识”“课后练习”板块，补充与理论、操作相关的知识，加深读者对本项目知识的理解，让读者能够在案例的基础上进行扩展练习，以便更快、更好地掌握新媒体技术的相关技能，做到学以致用、举一反三。

3. 资源丰富，附加值高

本书配备二维码，读者在学习的过程中可直接扫描对应二维码观看视频，并查看相关学习资源，学习新媒体技术的相关知识或操作。同时，本书还提供素材文件和效果文件、PPT、教学大纲、教学方案、练习题库等资源，用书教师可以登录人邮教育社区（www.ryjiaoyu.com）免费下载使用。

由于时间仓促，再加上编者水平有限，书中难免存在不足之处，欢迎广大读者、专家批评指正。

编者

2025 年 3 月

目 录

项目 1　新媒体与新媒体技术概述

项目 2　使用 Photoshop 处理图像

项目 3　使用 Audition 处理音频

项目 4　使用 Premiere 处理视频

项目 5　使用自媒体工具

项目 6　使用 AIGC 技术

项目 7　新媒体数据分析

项目1
新媒体与新媒体技术概述

科技的进步为新媒体的兴起提供了强大的技术支持，使新媒体逐渐成为当下热门的媒体形态，这种创新的媒体形态又演变为当下备受追捧的行业。新媒体从业人员要想在新媒体行业中得到长足发展，需要深入了解新媒体的基础知识、常见技术及其相关的新技术。

【知识目标】

- 熟悉新媒体与新媒体技术的基础知识。
- 熟悉常见的新媒体技术。
- 了解新媒体新技术。

【能力目标】

- 能够识别不同类型的新媒体。
- 能够知晓常见新媒体技术的特点及作用。
- 能够将不同媒体形式的信息进行整合和利用。

【素养目标】

- 保持对新技术的关注和学习，不断提升自身能力。
- 顺应新媒体技术的发展，提升个人的新媒体素养。

任务 1　新媒体与新媒体技术基础知识

新媒体是随着计算机技术的发展逐渐演变出来的，是一个持续演变的概念。随着技术的进步，信息的边界不断被拓展，内容的呈现形式更加多元化、互动化，新媒体则借助各种技术，以更快速、更广泛的方式将信息传递到每一个角落。

一、新媒体的概念和特征

新媒体已成为当今社会重要的信息传播渠道，深刻地改变了人们的生活方式、交流方式和获取信息的方式。由于人们自身经验和文化背景的差异，大家对新媒体的概念和特征存在多种解读。为了更加全面地理解新媒体，下面对新媒体的概念和特征进行详细介绍。

1. 新媒体的概念

新媒体的概念可以从狭义和广义两个方面进行理解。

● 狭义。新媒体可以看作继报纸、广播和电台等传统媒体（见图 1-1）后，随着媒体的发展与变化而形成的一种媒体形态，如互联网媒体、数字电视、移动电视、手机媒体等，如图 1-2 所示。

图1-1　传统媒体

图1-2　新媒体

● 广义。新媒体可以看作利用数字技术、网络技术，通过互联网、宽带局域网、无线通信网等渠道，以及计算机、手机、数字电视机等终端，向用户提供信息和娱乐服务的一种新型传播形态。

2. 新媒体的特征

与传统媒体相比，新媒体具有以下 5 个特征。

● 互动化。有无互动是新媒体与传统媒体比较明显的区别。电视、杂志、报纸等传统媒体都是单向传播信息，即传播者负责传播信息，接收者负责接收信息，互动较差。而对新媒体而言，信息的传输是双向或多向的，传播者与接收者之间能够互相传递信息。例如，在直播节目中，用户（即接收者）可以通过弹幕、评论等方式与主播（即传播者）实时互动，表达自己的看法和感受，主播看到用户反馈后可以及时传递新信息，从而形成友好互动。

● 自由化。传统媒体在发布信息时必须获得授权或者取得相关资质，如政府部门、新闻媒体、报刊等平台发布的内容需要经过层层审核、严格把关。而对新媒体而言，用户可以随时随地通过互联网浏览信息，也可以作为信息的传播者发表意见、观点，或评论、转载他人的信息。

● 实时化。新媒体信息传播的速度非常快，表现出明显的实时性，如用户可以直接通过手机等智能终端进行实时传播，或随拍随发，实现无时间、无空间限制的传播。

● 数字化。新媒体将文字、图像、音频和视频等媒体信息转换为数字信号，减少了传输过程中的失真，从而保证信息在传输过程中的准确性和完整性，并且还能借助计算机等设备修改数字信号形式的媒体信息。

● 个性化。新媒体可以利用先进的算法和数据分析技术，针对用户的兴趣、偏好和行为习惯，为他们提供个性化的内容推荐；还可以为用户定制一系列个性化的服务，如定制化的消息推送、个性化的搜索建议等，其传播信息的内容与用户的个人喜好密切相关。

二、新媒体的类型

由于新媒体的传播途径、传播媒介和传播形态不同，因此新媒体的类型也有所不同。

1. 按传播途径进行分类

根据传播途径的不同，新媒体可分为以下 4 种类型。

● 基于互联网的新媒体：包括电子杂志、网络视频、播客、群组和网络社区等。

● 基于数字广播网络的新媒体：包括数字电视和移动电视等。

● 基于无线网络的新媒体：包括手机电视、手机报、手机视频、手机无线应用协议（Wireless Application Protocol，WAP）、手机短信等。

● 基于融合网络的新媒体：包括基于互联网协议（Internet Protocol，IP）的电视广播服务、楼宇广告电视等。

2. 按传播媒介进行分类

根据传播媒介的不同，新媒体可分为以下 4 种类型。

● 网络新媒体：包括门户网站、搜索引擎、虚拟社区、简易信息聚合（Really Simple Syndication，RSS）、电子邮件、微博、网络文学、网络动画、网络游戏、网络杂志、网络广播、网络电视等。

● 手机新媒体：包括手机短信 / 彩信、手机报纸、手机电视 / 广播、手机游戏、手机 App 及各种手机移动网络客户端等。

● 新型电视媒体：包括数字电视、交互式网络电视（Internet Protocol Television，IPTV）、移动电视、楼宇广告电视等。

● 其他新媒体：包括隧道媒体、路边新媒体、信息查询媒体及其他跨时代的新媒体等。

3. 按传播形态进行分类

根据传播形态的不同，新媒体可分为以下 7 种类型。

（1）微博

微博是一种社交媒体和网络平台，它允许用户通过关注他人来分享、传播和获取信息。在微博上，用户可以使用文字、图片、视频、音频等多种媒体形式，实现信息的及时分享、传播和互动。同时，微博注重时效性和随意性，能表达出用户每时每刻的想法和新动态。

目前国内常用的微博是新浪微博，如图 1-3 所示。新浪微博发布的 2023 年第四季度及全年财报显示，新浪微博月活跃用户达到 5.98 亿人，日活跃用户达到 2.57 亿人，是当下影响较大的新媒体平台之一。

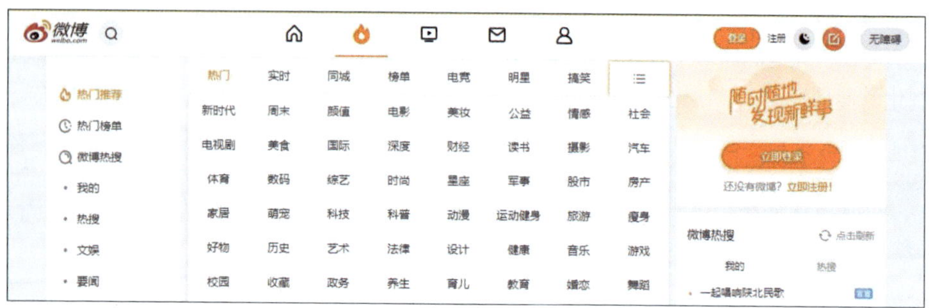

图1-3　新浪微博首页

（2）微信

微信是一款即时通信服务的免费应用软件，它允许用户通过网络快速发送文字、图片、语音、视频，支持群聊、分享、扫一扫等功能，跨越了运营商、硬件和软件、社交网络等多种壁垒，实现了现实与虚拟世界的无缝连接。微信发布的 2023 年第四季度及全年财报显示，微信及 WeChat（微信的国际版本）月活跃用户达到 13.43 亿人，是当下影响较大的新媒体平台之一。

图1-4　微信公众号推送的消息

微信还有一项重要的传播手段——微信公众平台，该平台有服务号、订阅号、小程序和企业微信 4 种类型。政府、单位、机构、企业、个人等可以通过该手段进行宣传或营销推广。例如，商家通过微信公众平台展示商家微官网、微会员、微活动，各地方政府或单位建立微信公众号便于用户查询、办理与政务和服务相关的业务。图 1-4 所示为微信公众号推送消息的示例。

此外，利用微信公众号还可以打造社群（指基于共同的兴趣爱好或共同的临时事务，通过媒体平台进行关系搭建的、具有共同目标的、小众化的网络群体），帮助企业或个人建立品牌形象、增强用户黏性、扩大影响力。例如，一些自媒体人会通过建立社群来长期连接用户，并通过社群增强用户黏性。

（3）移动新闻客户端

移动新闻客户端是一种传统报业与移动互联网紧密结合的媒体形式，它依靠移动互联网，通过智能手机、平板电脑等移动终端，提供文字、图像、视频、音频等多种信息内容。目前常见的移动新闻客户端主要有以下 4 种类型。

- 综合门户。综合门户是指各大综合网站推出的移动新闻客户端，如新浪移动新闻客户端、腾讯移动新闻客户端等。
- 传统媒体。传统媒体是指各大传统新闻媒体推出的移动新闻客户端，如央视移动新闻客户端和其他地方媒体的移动新闻客户端等。这类移动新闻客户端的优势在于传统媒体本身具备强大的品牌号召力，以及独家的原创内容等。
- 聚合媒体。聚合媒体是指通过各种网络技术，将分散的内容加以整合，并通过多样化、个性化的方式推送给用户，使用户能通过一站式的访问获取所需的各种信息的移动新闻客户端，如百度新闻客户端、今日头条客户端和网易云阅读客户端。
- 垂直媒体。垂直媒体是指生活、体育、汽车、科技、娱乐、旅游和教育等行业或领域的专业媒体推出的移动新闻客户端，如生活领域的美团客户端、旅游领域的马蜂窝旅游客户端等。

（4）自媒体

自媒体是一种以现代化、电子化的手段，向不特定的大多数人或特定的个人传递规范性及非规范性信息的新媒体总称。简单来说，自媒体就是个人用于发布自己亲眼所见、亲耳所闻的事件及所思所感的载体。

自媒体的“自”主要有两个方面的意思：一是“自己”，指人人都可以通过网络平台发布信息和言论；二是“自由”，指自媒体相对于其他新媒体而言具有更自由的语言空间和自主权。在自媒体中，人人都是信息的生产者和消费者。

此外，微博和微信等新媒体类型也可以归类到自媒体的范围，目前常见的自媒体平台有今日头条、小红书、简书和知乎等。图 1-5 所示为小红书移动端的首页界面。

图1-5　小红书移动端的首页界面

（5）数字电视

新媒体中的数字电视是指基于网络技术的数字电视系统，包括交互式网络电视、车载移动电视、楼宇广告电视、户外显示屏系统等。数字电视实现了边走边看、随时随地收看等功能，极大地满足了快节奏社会中人们对信息的需求。数字电视除了具有传统媒体的宣传和欣赏功能，还承担了城市应急预警、交通、食品卫生、商品质量等信息发布的重任。

（6）短视频

短视频是一种以秒计数的视频，依托移动智能终端实现影像的快速拍摄与美化编辑，可在各种新媒体平台上实时分享。这种媒体形式既可作为信息的传播介质，如新闻时事短视频，也可单独作为一种娱乐内容，如个人秀或分享生活片段的短视频。由于短视频包含了丰富的视听信息，入门门槛低，社交功能完善，传播便捷，还能够创造诸多热门话题，打破了视频传播的常规思维，逐步在新媒体行业占据了举足轻重的地位。

《中国网络视听发展研究报告（2024）》显示，截至 2023 年 12 月，短视频账号总数达 15.5 亿个，成为网络视听内容的主要参与者。目前，短视频社区类应用程序越来越多，如微视、秒拍、快手和抖音等，甚至一些新闻资讯类平台和各大社交平台也通过开通短视频平台来吸引用户。

图1-6　电商直播示例

（7）网络直播

网络直播是指通过互联网实时传输音频、视频内容，使用户通过计算机、手机、平板电脑等设备在任何地点通过网络输出和观看直播内容的一种形式。

根据直播内容的不同，网络直播可以分为电商直播（见图 1-6）、游戏直播、真人秀直播、演唱会直播、体育直播等。随着社会的不断发展，未来网络直播行业的内容将更加多样化和细分化，涵盖更广泛的领域，如教育、健康、科技、文化等，满足用户不同的需求。

此外，随着技术的不断创新和应用，网络直播的体验将会不断提升，5G（Fifth Generation Mobile Communication Technology，第五代移动通信技术）、VR（Virtual Reality，虚拟现实）、AR（Augmented Reality，增强现实）、MR（Mixed Reality，混合现实）等新技术的应用将为用户带来更加沉浸式和更强互动性的直播体验，使用户黏性和参与度更高。

截至 2023 年 12 月，我国网络直播用户规模达 8.16 亿人，占网民整体的 74.7 %。网络直播成为新媒体的重要传播形态。

三、新媒体技术的概念和发展趋势

新媒体和新媒体技术是相辅相成、相互促进的关系。新媒体技术的发展推动了新媒体的变革和创新，而新媒体的变革和创新又进一步促进了新媒体技术的发展和应用。

1. 新媒体技术的概念

如果把新媒体理解为新技术支撑下出现的媒体形态，那么新媒体技术就是围绕新媒体出现的一切技术的总和，以互联网技术为基础，涵盖信息采集和生产技术、处理和传播技术、存储和播放技术、显示和管理技术，以及互联网和移动通信的输入、处理、传播和输出全过程的各项技术。这些技术为新媒体的发展提供了必要的支持和保障，使得新媒体在内容制作、传播方式、用户体验等方面具有更多的可能性和创新空间。

2. 新媒体技术的发展趋势

新媒体技术广泛应用于信息传播、电子商务、新闻出版、广播影视、广告创作、网络营销和教育等领域，具有传播先进文化和获取经济效益等方面的显著作用。随着移动通信技术的不断发展，新媒体技术的使用领域也不断扩充，尤其是随着新媒体用户数量的增多，未来用户对新媒体技术的要求会越来越精细化。

从当前环境来看，新媒体技术的发展主要有以下 5 种趋势。

（1）智能化

随着新媒体技术的进步，一些平台利用新兴的新媒体技术，精准地搜集并解析用户的使用偏好、浏览记录等信息，从而为用户提供符合心意的内容推荐；预测用户的行为趋势，以及可能出现的违规或不当内容，从而提前采取措施进行干预，实现智能化监管。同时，一些企业研发出能够智能编写文章、视频、音频等内容的工具和平台，极大地降低了人们编辑这些内容的难度，让更多的人参与新媒体内容的创作，推动新媒体行业和技术不断发展。

（2）移动化

手机、平板电脑等智能设备的普及和 5G 技术的应用，为“移动化”生活提供了更大的支持。新媒体技术可以更加方便、快捷地为用户提供理财（余额宝、网上银行等）、支付（支付宝、微信钱包、云闪付等）、出行（滴滴打车、共享单车、共享汽车等）、团购（美团等）、购物（淘宝网、京东商城等）等多种功能的智能助手和生活服务。在未来，新媒体技术甚至能够通过智能设备中安装的应用实现在线医疗、政务服务和全景生活助手（如生活信息查询、日程管理、健康监测、购物推荐、旅行规划）等“移动化”生活服务。

（3）自媒体和媒介融合

自媒体往往依托于新媒体技术，以新媒体平台为载体，并在新媒体技术的支持下逐步形成联盟的趋势，成为新媒体发展的主流形式。从新媒体技术发展的角度来看，基于新媒体技术发展的媒介融合不仅能提升新媒体信息传播的公信力和新媒体在用户心中的地位，还能为新媒体技术的发展注入更多活力。

（4）万物互联

万物互联通常被理解为将人、流程、数据和事物通过网络技术紧密结合起来，形成一个高度相关、有价值的网络体系。这种网络体系使得各种设备和物体能够相互通信、交换数据，从而实现更加智能化、自动化的信息交互和控制。

在新媒体领域中，万物互联的趋势尤为明显。新媒体技术通过融合人工智能、大数据、物联网、区块链、网络技术等，使得信息传播更加高效、精准和个性化。新媒体平台也是万物互联的重要载体，通过提供丰富的应用场景和服务，推动了万物互联的深入发展，同时推动新媒体产业的创新和发展。

经验之谈

物联网（Internet of Things，IoT）是信息科技产业的第三次革命，起源于传媒领域，通过信息传感设备，如红外感应器、全球定位系统等，按约定的协议，将任何物体与网络相连接，物体通过信息传播媒介进行信息交换和通信，可以实现智能化识别、定位、跟踪、监管等功能。

（5）时空互联

时空互联是建立在6G（Sixth Generation Mobile Communication Technology，第六代移动通信技术）基础上的一种新媒体技术发展趋势。6G不仅能突破网络容量和传输速率的限制，还能在实现万物互联的基础上，利用卫星、航空平台、船舶和网络媒体平台搭建一张连接天空、陆地、海洋的全连接通信网络，最终实现时空互联。

随着以时空互联为目标的新媒体技术的飞速发展，VR、AR和MR技术进一步得到应用。应用这些技术的媒介会将网络与人类感官无缝连接起来，甚至替代智能手机成为人类娱乐、生活和工作的主要工具。

经验之谈

要实现时空互联，信息传播的峰值传输速度应达到100Gbit/s～1Tbit/s（bit/s是比特率的单位，表示每秒传送的比特数），网络连接设备密度应达到每立方米过百个；在覆盖范围上，新媒体技术支持的网络不再局限于地面，而是应实现陆海空，甚至是海底、地下的无缝连接；在定位精度上，要实现时空互联，室内定位精度应为10cm，室外定位精度应为1m。同时，时空互联会深度融合人工智能、机器学习，让信息传输的智能程度大幅度跃升。很多需要大容量信息数据传输支持的操作，如无人驾驶、无人机的操控等，都会因为时空互联而轻松实现，用户甚至感觉不到任何时延（指一个数字信息从一个网络的一端传送到另一端所需要的时间）。

任务2 常见的新媒体技术

信息存储技术、数字视听技术、移动终端数字技术、信息安全技术、移动通信技术、爬虫技术、计算机软件操作技术和网络流媒体技术是较为常见的新媒体技术，这些技术以信息量大、交互性强、形式多样等特点，改变了信息的传播方式，重塑了人们的社交习惯、消费行为和娱乐方式。

一、信息存储技术

信息存储技术是新媒体技术中基础且重要的技术，它能够在不同的应用环境中，采取安全、有效、合理的方式，将用户需要的数据保存到特定媒介上，并保证用户能够顺利访问。常见的信息存储技术包括磁存储技术、光盘存储技术、网络存储技术和云存储技术。

1. 磁存储技术

磁存储技术是一种利用磁介质存储信息的信息存储技术，现在各种计算机系统中主要的信息存储设备都是运用磁存储技术制作的，如硬磁盘存储系统。磁存储技术为各种新媒体平台建立较大的数据库或信息管理系统提供了技术基础。

经验之谈

磁介质是在带状或盘状的带基上涂上磁性薄膜制成的，这种结构使得磁介质能够存储信息。常用的磁介质主要是计算机硬盘，它可用于存储声音、图像等可以转换成电信号的信息，同时能长久保持信息，并在需要的时候读取和恢复存储的信息。

2. 光盘存储技术

光盘存储技术是一种利用激光束在光记录介质（一种利用光信息作为数据载体的记录材料）中写入高密度数据的信息存储技术。在光盘存储技术中，作为数据存储载体的光盘可以存储新媒体中所有类型的信息。但由于光盘制作材料和本身技术水平的限制，光盘存储技术在存储容量、存储密度、存取时间和更新难易程度等方面落后于磁存储技术。

3. 网络存储技术

网络存储技术是一种有利于信息整合与数据共享，易于管理、安全的新型存储结构和技术，具备新媒体交互式传播的特点，是一种新的信息存储技术。常见的网络存储技术包括 DAS 技术、NAS 技术和 SAN 技术。

常见的网络存储技术详解

- DAS 技术。DAS（Direct Attached Storage，直接附加存储）是一种将存储设备通过 SCSI（Small Computer System Interface，小型计算机系统接口）或光纤通道直接连接到一台计算机上使用的网络存储技术。
- NAS 技术。NAS（Network Attached Storage，网络附加存储）是一种将存储设备通过标准的网络拓扑结构（如以太网）连接到一群计算机上使用的网络存储技术。
- SAN 技术。SAN（Storage Area Network，存储区域网络）是一种通过光纤通道交换机连接存储阵列和服务器主机，建立专门用于数据存储的区域网络的技术。

4. 云存储技术

云存储技术是一种基于云计算发展而来的在线存储模式，它将信息资源放到云（网络中的集群存储系统）存储平台上供用户存取，具有不限时间、地点、设备存取等优势，广泛应用于文件共享和协作、远程访问和同步、大数据分析、物联网数据存储、多媒体信息存储和分享，以及个人数据存档等场景。

云存储平台通过采用一系列先进的技术和架构策略，包括冗余的架构、多路径传输、控制器及其他技术手段，能有效减少服务器的停机风险，提升技术的实用性。使用云存储技术传输和保存的数据经过加密处理，能够确保用户数据的私密性和安全性。在未来，云存储技术将更加注重多端同步与无缝接入的体验，提升数据安全和隐私保护能力，以满足用户在不同设备上的数据一致性和同步需求。

经验之谈

集群存储技术和对等存储技术也属于信息存储技术。其中，集群存储技术是一种将每个存储设备作为一个存储节点，利用网络连接，将数据分散存储在多台独立设备上的技术，具有易于维护、性价比高、可靠性高等优势。对等存储技术是一种用户间互相提供、获取信息，并通过合作完成信息获取和存储工作的技术，具有易于维护、可扩展性好、自配置功能强等优势。

二、数字视听技术

新媒体中常见的信息表现形式包括文字、图像、音频、视频等，而数字视听技术就是对这些不同表现形式的信息进行创作、编辑和开发的技术，主要包括数字图像技术、数字音频技术和数字视频技术。

1. 数字图像技术

数字图像技术是通过计算机对图像进行画质增强、图像复原、特征提取、编码压缩与画面分割等操作的方法和技术。在新媒体领域，图像是普通用户比较容易接受的信息内容表现形式，运用数字图像技术对信息内容进行分析、加工和处理是一种必要且常见的工作，能够提升图像的质量与用户的视觉体验。

2. 数字音频技术

数字音频技术是一种利用数字化手段对声音进行录制、存放、编辑、压缩或播放的技术，也是一种随着数字信号处理技术、计算机技术和多媒体技术的发展而形成的全新声音处理技术，具有音质真实、编辑简单、抗干扰性强等优点。

3. 数字视频技术

数字视频技术是指将动态影像以数字信号的方式进行捕捉、记录、处理、存储等相关操作的一系列技术。在新媒体领域，数字视频技术的主要表现形式是视频，包括影视剧、短视频、商业视频和视频直播等。

数字化视频可以在计算机网络或移动通信网络中传输图像数据，不受距离限制，信号不易受干扰，能大幅度提升视频的画质和稳定性。另外，经过压缩的视频信息数据可以通过信息存储技术进行存储，使视频信息的数字化存储成为可能。

三、移动终端数字技术

移动终端是指可以在移动中使用的终端设备，如手机、平板电脑等。而移动终端技术就是在这些设备上使用的技术，包括触摸屏技术和智能语音技术。

1. 触摸屏技术

触摸屏技术是移动终端设备常用的技术，能够快速、方便地进行信息传播和处理，其工作原理为：将触摸检测部件安装在屏幕前，当手指或其他介质接触屏幕时，依据不同的感应方式（如侦测电压、电流、声波或红外线等）侦测触压点的坐标位置，并将坐标位置传送给中央处理器，由中央处理器发出命令并执行。

在以手机为代表的移动终端设备中，通常使用电容式触摸屏，即在屏幕玻璃表面贴上一层透明的特殊金属导电物质，当手指接触触摸屏时，触点的电容发生改变，与之相连的振荡器频率同步发生变化，通过测量频率变化确定触摸位置以获得信息。

2. 智能语音技术

智能语音技术可以理解为一种实现人机语言沟通的通信技术。随着信息技术的发展，智能语音技术已经成为人们信息获取和沟通较便捷、有效的手段之一。智能语音技术主要包括语音识别技术和语音合成技术。

● 语音识别技术是智能语音技术研究的开端，也被称为自动语音识别，其目标是将人类语音中的词汇内容转换为计算机可读的输入信号，现已广泛应用到手机、平板电脑等移动终端设备中。

● 语音合成技术是一种利用现代电子技术和计算机技术处理语音信号，使其最终生成人造语音的技术。在移动终端数字技术中，语言合成技术则指将移动终端中自己产生的或外部输入的文字信息转变为大多数用户都可以听懂的中文或其他语言进行输出的技术，如信息的语音朗读等。

四、信息安全技术

新媒体中的信息内容多种多样，但这些信息容易被他人搜索、查看，甚至受到恶意攻击、篡改等。为避免该情况的出现，需要采用一定的信息安全技术，提升信息内容的安全性。信息安全技术主要包括防火墙技术、病毒防护技术、安全扫描技术、数字密码技术和数字认证技术。

1. 防火墙技术

防火墙技术主要用于加强网络中的访问控制，防止网络的非注册用户访问内部网络的信息资源，保护内部网络的环境。通常按照软硬件形式，将防火墙技术分为软件防火墙技术、硬件防火墙技术和芯片级防火墙技术。

● 软件防火墙技术是一种将软件程序安装并配置到计算机或智能终端设备中，以保护网络安全的防火墙技术。

● 硬件防火墙技术是一种利用计算机或智能终端设备作为网络外部和内部之间的“关口”来维护网络安全的防火墙技术，通常运行在一些经过功能简化的操作系统中，能保证内部网络的安全。

● 芯片级防火墙技术是一种建立在专门的硬件平台上的防火墙技术，没有操作系统，但与其他类型的防火墙技术相比，其速度更快、处理能力更强、性能更高、自身漏洞更少，不过价格相对高昂。

2. 病毒防护技术

在应用领域广阔的新媒体中，往往有很多涉及商业机密、知识产权和安全信息等的内容，与个人、企业等息息相关。而病毒在网络中的传播途径较多、速度较快，能够威胁网络安全。为了加强计算机网络的安全防护，保护新媒体中各种信息的安全，就必须加强病毒防护技术的应用，减少病毒入侵，甚至彻底清除病毒。

病毒防护技术分为阻止病毒传播技术、检查和清除病毒技术及病毒数据库升级技术。

● 阻止病毒传播技术通过在网络防火墙、代理服务器、网络服务器、信息服务器等计算机或网络硬件设备上安装病毒过滤软件，并在所有的计算机或智能终端设备中安装病毒监控软件，实时监控并阻止病毒对网络和智能终端设备的破坏。

● 检查和清除病毒技术通过在计算机或智能终端设备中安装并使用防病毒软件来检查和清除病毒，并阻止病毒传播、进行病毒数据库升级等。

● 病毒数据库升级技术通过升级杀毒软件病毒库内的数据，以抵御最新病毒，让杀毒软件更好地查找和清除病毒。

3. 安全扫描技术

安全扫描技术是一种主动性很强的信息安全技术，能够与防火墙技术、病毒防护技术互相配合，为用户提供安全性较高的网络信息。利用安全扫描技术研制的安全防护和管理软件可以主动发现、分析网络中的各种安全漏洞，如密码文件、共享文件系统、敏感服务和系统漏洞等，给出相应的解决办法和建议，并通过专门的软件修复漏洞。

常见的安全扫描技术主要有网络扫描、Web（即全球广域网，也称为“万维网”）应用扫描和移动应用扫描。

● 网络扫描主要针对企业和组织的网络设备（包括服务器、路由器、防火墙等）进行扫描，以识别网络设备上的安全漏洞，并提供相应解决方案。

● Web 应用扫描主要针对网站和 Web 应用进行扫描，以检测出常见的安全漏洞，并提供修复建议。

● 移动应用扫描主要针对移动应用进行扫描，并通过静态分析和动态测试发现应用中的安全问题，如不当权限申请、数据泄露等。

4. 数字密码技术

新媒体中的信息传递是一种无形的信息表达方式，为了保证这些虚拟信息能够安全地相互传递，通常需要使用数字密码技术对其进行电子加密或密码伪装。数字密码技术主要包括明文、密文、加密、解密、密钥和算法 6 个方面的内容，它们的关系如图 1-7 所示。

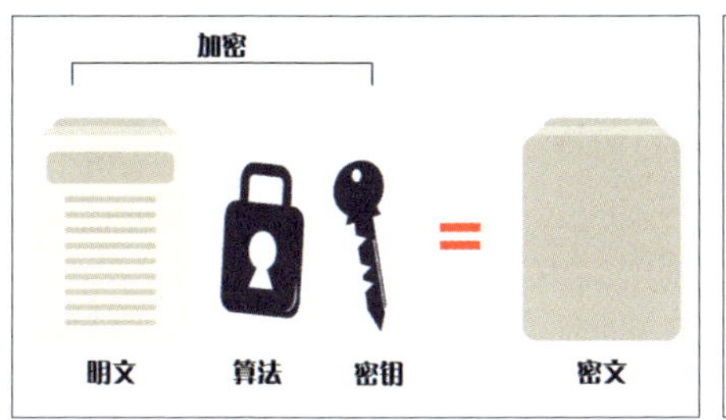

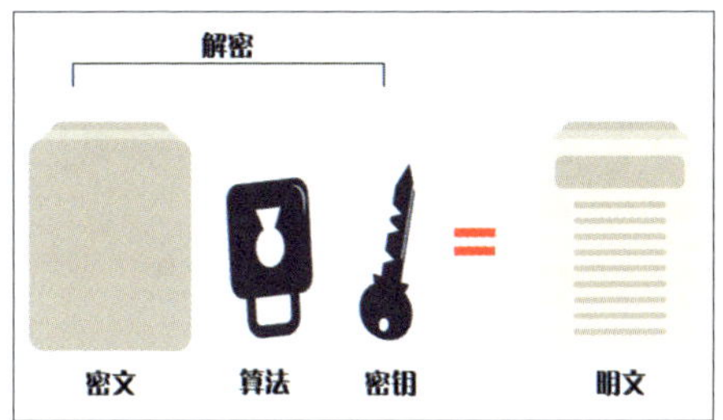

图1-7　数字密码技术关系图

● 明文。明文是人们可以直接理解和阅读的原始数据，即待加密的信息。它可以是文本、图形、数字化存储的语音流（指将连续的模拟语音信号转换为离散的数字信号后形成的一系列数据序列）或数字化的视频图像的比特流（指由一串二进制数字组成的数据流，它是现代计算机系统和通信系统中用于传输与存储视频图像的一种重要方式）等。

● 密文。密文是明文经过加密后的形式，它是不可直接理解的字符或比特集（指经过加密处理后得到的、由二进制数字组成的序列）。只有通过特定的解密过程，密文才能还原成明文。密文的目的是保证信息的机密性，防止未经授权的访问。

● 加密。加密是将明文转换为密文的过程。通过应用加密算法和密钥，明文可以被转换成一种难以被理解和解读的形式。加密的目的是确保信息在传输或存储过程中不被窃取或篡改。

● 解密。解密是加密的逆过程，即将密文还原成明文的过程。通过应用解密算法和密钥，密文可以被转换回原始的明文形式。解密过程通常由信息的接收者执行，以便他们能够理解和使用信息。

● 密钥。密钥是加密和解密过程中使用的关键信息，可以是数字、字母、符号或其他形式的代码。密钥的保密性对加密和解密过程的安全性至关重要，密钥的丢失或泄露可能导致信息的泄露和未经授权的访问。

● 算法。算法是实现加密与解密所遵循的规则和步骤。加密算法用于将明文转换为密文，解密算法则用于将密文还原为明文。

5. 数字认证技术

数字认证技术是一种用数字电子手段证明信息发送者和接收者身份，以及信息文件完整性的技术，即确认双方的身份在信息传送或存储过程中未被篡改。在新媒体领域，数字认证技术常用于用户登录、身份确认和货币交易等操作。

数字认证技术包括密码技术、二维码技术、九宫格图案技术、指纹识别技术和人脸生物特征识别技术。

● 密码技术是一种利用一组特别编辑过的符号进行认证的技术，如输入密码登录。

● 二维码技术是一种利用二维码进行编码认证的技术，如扫码登录。

● 九宫格图案技术也称为手势密码技术，是一种在手机、平板电脑等移动终端上设置的通过一笔连成九宫格图案进行认证的技术。

● 指纹识别技术是一种将人与指纹对应起来，通过比较指纹和预先保存的指纹验证真实身份的技术，多应用于电子商务、信息安全和理财支付等方面。

● 人脸生物特征识别技术是一种基于人的脸部特征，对输入的人脸图像或视频流进行判断，依据人脸位置、大小和各个主要面部器官的位置信息提取人脸中的身份特征，并将其与已知的信息数据特征进行对比，从而识别用户身份的技术。

五、移动通信技术

移动通信是移动体之间的通信，需要通信双方至少有一方在运动中进行信息的交换，达成或实现这种信息交换的技术就是移动通信技术。到目前为止，移动通信技术大致经历了以下 6 个发展阶段，每个阶段都被归纳为一种技术。

1. 1G

1G（First Generation Mobile Communication Technology，第一代移动通信技术）制定于 20 世纪 80 年代末和 90 年代初，是一种蜂窝电话通信标准，主要用于提供模拟语音业务。由于受到系统容量、安全性和干扰性的限制，1G 具有容量不足、制式太多、兼容性和保密性差、通话质量不高、没有数据业务和自动漫游功能等缺点，无法进行普及和大规模应用。

2. 2G

2G（Second Generation Mobile Communication Technology，第二代移动通信技术）是为了解决 1G 的问题而制定的。由于全球移动通信系统（Global System for Mobile Communication，GSM）传输速度最高限制为 8.6Kbit/s，难以满足用户的业务需求，因此推出了通用分组无线服务（General Packet Radio Service，GPRS）作为 2G 到 3G 的过渡，即 2.5G。2.5G 在 GSM 的基础上新增了高速分组数据的网络，用于向用户提供 WAP 浏览、邮件接收等功能，是移动通信技术与数字通信技术的结合，推动了 GSM 向 3G 的发展。

与 1G 相比，2G 以数字技术为主体，具有更高的网络容量、语音质量、保密性，还具有漫游功能。

3. 3G

3G（Third Generation Mobile Communication Technology，第三代移动通信技术）是一种支持高速数据传输的蜂窝移动通信技术，能够提供语音和多媒体数据通信、各种宽带信息业务和全球漫游等功能，是无线通信与国际互联网等多媒体通信结合的新一代移动通信技术，广泛应用于宽带上网、视频通话、电子商务、移动电视、无线搜索和移动办公等领域。

4. 4G

4G（Fourth Generation Mobile Communication Technology，第四代移动通信技术）集3G与无线局域网（Wireless Local Area Network，WLAN）于一体，能够提供高质量的音视频和图像，其传输质量和清晰度与电视不相上下。4G的数据传输速率较快，可达到100Mbit/s，是3G的20倍；具有较强的抗干扰能力，可进行多种增值服务。此外，4G覆盖能力强，传输的过程中智能性也更强。

在4G时代，视频信息的应用十分常见，微信等很多新媒体平台都具备了视频信息的传播功能。同时，运用4G还能让新媒体平台利用视频、游戏、语音、图片等多媒体手段，更直观、全面地将信息传递给目标用户，为用户带来更好的体验。

5. 5G

5G是4G和无线网（Wireless Fidelity，Wi-Fi）等通信技术的延伸。5G的主要优势在于数据传输速率快，可高达10Gbit/s；此外，其网络延迟低于1ms（4G网络延迟一般在30～70ms）。

从网络应用角度来看，5G不仅能为手机等移动终端提供服务，还能为家庭和办公提供服务，甚至能与有线网络进行竞争。从用户角度来看，使用5G只需要几秒即可下载一部高清电影，能够满足用户对虚拟现实、超高清视频等更好的网络体验的需求。从行业应用角度来看，5G的高可靠性和极低的网络延迟能够满足智能制造、自动驾驶、智能电网和远程同步医疗等行业应用的特定需求。

6. 6G

6G是目前正在研制的移动通信技术，是继5G之后的第六代移动通信技术，旨在提供比5G更快、更智能、更安全的无线通信网络。6G将促进产业互联网、物联网的发展，缩小数字鸿沟，实现万物互联的“终极目标”。

与5G相比，6G的传输容量可提高100倍，网络延迟也从毫秒级降低到微秒级。6G网络是一个整合了地面无线和卫星通信的全连接世界，通过将卫星通信融入6G移动通信，实现全球无缝覆盖，具体的应用场景包括人体数字孪生、空中高速上网、基于全息通信的XR（Extended Reality，扩展现实）、新型智慧城市群、全城应急通信抢险、智慧工厂PLUS、网联机器人和自制系统等。

六、爬虫技术

随着移动互联网和移动终端的飞速发展，新媒体已经成为信息共享和传播的主要平台，这也增加了收集和整理数据的难度。而爬虫技术能很好地完成数据的收集和整理任务，爬虫能够批量将网页下载到指定位置进行保存，结合一些其他工具和算法，还能够实现收集同一类型网页或重复执行同一动作等操作。

爬虫的特性

1. 爬虫的类型

根据具体应用的不同，爬虫可以分为批量型爬虫、增量型爬虫和垂直型爬虫。

- 批量型爬虫是一种会设定比较明确的抓取范围和目标，如设定抓取网页的数量或抓取操作的时间范围，当爬虫达到这个设定的目标即停止抓取的爬虫类型。
- 增量型爬虫是一种持续不断进行网页抓取，以适应网页的不断变化的爬虫类型。这是因为互联网的网页处于不断变化中，新增网页、网页被删除或者网页内容更改都很常见，而增量型爬虫需要及时反映这种变化，所以处于持续不断的抓取过程中，不是在抓取新网页，就是在更新已有网页。通用的商业搜索引擎爬虫基本都属于这种类型。
- 垂直型爬虫是一种设置了抓取网页的类型和范围，通常用于抓取特定主题内容或特定行业网页的爬虫类型。垂直搜索网站或垂直行业网站通常都采用这种类型的爬虫。

2. 爬虫在新媒体中的应用

爬虫在新媒体中的应用主要体现在个人和企业两个方面。

- 个人。在新媒体领域，个人用户可以通过爬虫获取大量的信息和数据，在一定程度上节省收集数据的时间，能够提高工作效率。例如，新媒体从业人员可以利用爬虫从新媒体平台下载优秀的营销或宣传文案，进行商品分析、行业研究、人群画像等信息的收集和分析工作，有针对性地编辑和优化文案内容。
- 企业。在新媒体领域，一些企业的商业模式建立在爬虫技术之上。例如，搜索引擎、新闻资讯、社交媒体、专业信息查询和电子商务等。

七、计算机软件操作技术

计算机软件操作技术是指涵盖新媒体中各类应用软件和网络应用的操作方法。一般来说，在新媒体领域需要掌握的应用软件和网络应用包括信息内容查询软件、内容编辑与排版软件、图像处理软件、音频处理软件、视频处理软件、自媒体工具、其他新媒体软件和网络应用等。

- 信息内容查询软件包括百度风云榜、微信指数、微博指数、百度指数、百度统计、搜狗指数、新浪微博热搜榜、淘宝指数和360趋势等。
- 内容编辑与排版软件包括Microsoft Office应用软件中的Word、Excel和PowerPoint三大组件，以及WPS Office和Adobe InDesign等。
- 图像处理软件包括Adobe Photoshop和Adobe Illustrator等。
- 音频处理软件包括Adobe Audition、GoldWave和变音专家等。
- 视频处理软件包括爱剪辑、快剪辑、会声会影和Adobe Premiere等。
- 自媒体工具包括美图秀秀、秀米编辑器、i排版、135编辑器、人人秀、草料二维码、稿定设计和应用公园等。
- 其他新媒体软件和网络应用指在新媒体中需要使用或涉及的软件，如网络资源的下载工具软件、新媒体平台的App；针对各新媒体平台内容的搜索引擎，如百度搜索、搜狗搜索、微博搜索和搜狗微信搜索等。

八、网络流媒体技术

流媒体是指在网络上按时间先后次序传输和播放的连续的音视频数据流，具有连续性、实时性和时序性等特点。网络流媒体技术建立在流媒体的基础上，是一种将一连串媒体数据压缩后，使用流式传输，经过互联网分段发送视频、音频等媒体数据，实现即时传输影音，使用户无须等待整个文件下载完成，即可开始观看或收听的技术。

1. 网络流媒体技术的原理

网络流媒体技术的原理如图 1-8 所示。简单来说，首先通过采用高效的压缩算法，损失部分质量（即预处理）来降低数据文件大小，让原始的、庞大的媒体数据适合流式传输，然后通过架设流媒体服务器，修改 MIME 标识，在互联网上通过各种实时协议向流媒体播放器传输流数据，流媒体播放器只需接收到一定数据缓存后即可播放。

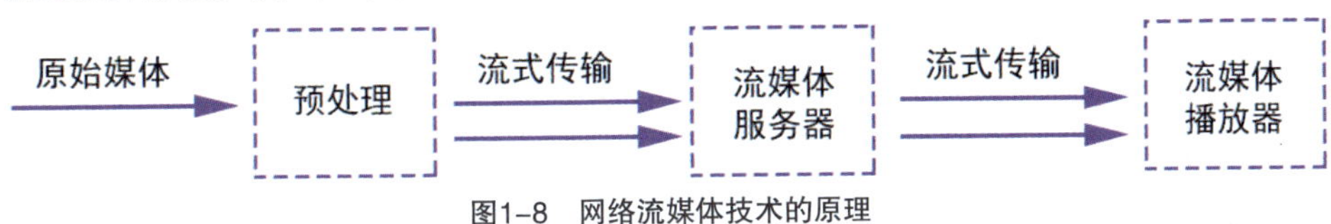

图1-8　网络流媒体技术的原理

经验之谈

MIME的全称是Multipurpose Internet Mail Extensions，即多用途互联网邮件扩展类型。它是一种用于标识文件内容类型的标准，最初是为电子邮件而设计的，但后来用于HTTP等其他互联网协议，主要目的是使电子邮件和其他互联网协议能够传输不同类型的数据，而不仅仅局限于简单的文本。

需要注意的是，原始的媒体数据必须进行预处理才能进行流式传输，这是因为目前的网络带宽（带宽是描述在一定时间内能传输数据量的指标）相对新媒体巨大的数据流量来说还显得远远不够。预处理主要包括两方面：一是采用先进高效的压缩算法；二是加入一些附加信息把压缩的媒体数据转为适合流式传输的文件格式。

2. 网络流媒体技术的关键技术

网络流媒体技术的关键技术就是流式传输，而流式传输主要分为顺序流式传输和实时流式传输两种形式。

- 顺序流式传输。顺序流式传输可以按顺序下载，用户在观看在线媒体的同时下载文件，但只能观看已下载的部分，而不能跳到未下载的部分进行观看。因此，顺序流式传输比较适合传输高质量、内容较短的媒体数据。
- 实时流式传输。实时流式传输可以借助专用的流媒体服务器和特殊的网络协议实现实时传输，适合传输现场直播、线上会议等实时传输的媒体数据。需要注意的是，要想获得高质量的实时流式传输体验，需要良好的网络环境，否则流媒体会为了保护流畅度而降低媒体数据的质量。

3. 网络流媒体技术的应用领域

随着网络流媒体技术的日渐成熟，网络流媒体技术广泛应用于远程教育、视频会议、视频点播、互联网直播等领域。

- 远程教育。运用网络流媒体技术可以将教学所用的各种数字媒体文件从一端传输到另一端，学生只需通过移动端上网就能进行远程学习。
- 视频会议。对于采用网络流媒体技术传输的音视频文件，与会人员不必等待整个文件传输完毕就可以实时、连续地观看，这样不但解决了观看前的等待问题，还达到了实时举行会议的目的。
- 视频点播。网络流媒体技术经过了特殊的压缩编码后很适合在互联网上传输，很多大型的传统媒体（如电视台）都在互联网上提供基于流媒体技术的节目点播服务。
- 互联网直播。采用网络流媒体技术可以在低宽带环境下提供高质量的音视频信息，保证不同网速下的用户能够看到不同质量的音视频效果，这使得互联网直播得到了广泛应用。

任务 3 新媒体新技术

随着科技的发展，又诞生了AI、大数据和云计算等新技术，这些新技术被运用在新媒体中，正深刻改变着新媒体的运作方式，提高了新媒体内容的生产效率和质量，还为用户带来了更加个性化、智能化的体验。

一、AI

AI是计算机科学的一个分支，是研究用计算机程序模拟、延伸和扩展人的智能的理论、方法、技术、应用系统的一门新型技术科学。

AI推动了新媒体行业从手工业阶段跨越到流水线大工业阶段，也为新媒体行业提供了更加智能化的服务和体验。同时，通过AI技术的支持，新媒体平台可以进行更精准的广告投放并制定更精准的营销策略。

1. AI的关键技术

AI的关键技术包括机器学习、知识图谱、计算机视觉、自然语言处理、人机交互和生物特征识别等。

（1）机器学习

机器学习是研究如何使用机器模拟人类学习活动的一门学科，目的是获取新的知识或技能，重新组织已有的知识结构，使之不断改善自身的性能，它是AI的核心，是使计算机具有智能的根本途径。

在机器学习的流程中，特征工程（指从原始数据中提取、选择、构造和创建有用特征的过程。这些特征随后被用作机器学习模型的输入，以改善模型的性能）是最重要、最关键、最耗时的一步。深度学习实现了部分领域的特征工程的自动化，具有里程碑式的意义。深度学习是一种深度网络训练算法，其中深度网络的经典代表就是卷积神经网络（Convolutional Neural Network，CNN），主要用于读取图片、提取特征和图片分类，通过这 3 种行为，可实现持续不断地学习。深度学习主要被应用于由庞大数据库支持的模式识别和分类应用领域，这些领域正是当下热门的 AI 应用领域。

（2）知识图谱

知识图谱是一种用节点和关系组成的图谱，用于为真实世界的各个场景直观地建模，运用“图”这种基础性、通用性的“语言”，“高保真”地表达这个多姿多彩的世界的各种关系，非常直观、自然、直接和高效，不需要经过转换和处理等中间过程。

（3）计算机视觉

计算机视觉是一种关于如何运用照相机和计算机获取所需的、被拍摄对象的数据与信息的技术。形象地说，计算机视觉是给计算机安装上眼睛（照相机）和大脑（算法），让计算机能够感知环境，理解与解释图像和视频，是一门研究如何让机器“看”的科学。

该技术的核心是让 AI 能够处理视觉信息，使其不局限于做符号推理，从而使 AI 进入现实世界中。目前，计算机视觉在工业机器人、基于视频监测的电子警察、医学图像分析系统、产品缺陷检测等方面得到了成熟的运用。

（4）自然语言处理

人类的逻辑思维以语言为形式，人类的大部分知识也是以语言文字的形式记载和流传下来的。因而，自然语言处理也是 AI 的一个核心部分。自然语言处理是指机器理解并解释人类写作、说话方式的能力，最终目标是实现人机间的自然语言通信。

实现人机间自然语言通信意味着要使计算机既能理解自然语言文本的意义，也能用自然语言文本表达给定的意图、思想等。前者称为自然语言理解（Natural Language Understanding，NLU），后者称为自然语言生成（Natural Language Generation，NLG）。因此，自然语言处理包括自然语言理解和自然语言生成两个部分。

（5）人机交互

人机交互是指通过计算机输入、输出设备，以有效的方式实现人与计算机对话的技术。这种技术涵盖了机器通过输出或显示设备给人提供大量有关信息及提示请示等，以及人通过输入设备给机器输入有关信息、回答问题及提示请示等过程。

人机交互还在不断发展中，随着传感器、力反馈（一种可以将人的动作转换为电子信号，从而实现对计算机进行操控的硬件设备）等硬件设备的发展，以及对人的个体差异、感知研究和认知科学的发展，人机交互正逐渐实现向“以用户为中心”的转变。这种转变使得人机交互更加关注用户的需求和体验，从而为用户提供更加便捷、高效和个性化的服务。

（6）生物特征识别

生物特征识别是一种通过计算机或移动终端从图像中识别出物体、场景和活动的技术，能够支持人类与机器之间进行更自然的交互，包括但不限于图像和触摸识别、身体形态识别、基因配对等，还可以应用于医疗成像分析、电子商务支付及安防、监控等领域。

通常情况下，生物特征识别中的特征为身体特征（如指纹、静脉、掌型、视网膜、虹膜、人体气味、脸型，甚至血管、DNA、骨骼等）和行为特征（如签名、语音、行走步态等），新媒体中常用的生物特征识别主要指身体特征。

2. AI 技术在新媒体中的应用

新媒体为 AI 提供了丰富的数据资源，这为 AI 的学习和训练提供了基础。同时，新媒体平台也为 AI 的算法优化提供了实时的反馈和验证，不断优化与改进 AI 的性能和准确度。AI 在新媒体中的应用主要有 AIGC、智能化推荐和智能监管 3 个方面。

（1）AIGC

AIGC 具体是指由人工智能自动生成文字、图像、音频、视频等数字化内容。AIGC 主要利用的是机器学习和自然语言处理等技术，核心在于深度学习，即通过大量的数据训练学习数据之间的模式和关联，从而生成新的内容。

利用 AIGC 不仅能够实现新媒体内容的自动化生产，还能有效缩短新媒体业务流程，提高新媒体运营效率，大大降低人力与运营成本。AIGC 可广泛应用于新闻、体育、影视、娱乐、教育和政务等多个新媒体领域。

（2）智能化推荐

新媒体数据主要包括阅读量、点击率、转发量、收藏量等，同时也涉及用户的地域分布、性别比例等，并且是实时更新的。首先，利用 AI，新媒体平台可以更有效地收集、筛选和整理新媒体数据，计算出数据中最受欢迎的内容，将其优先展示给用户。例如，哔哩哔哩视频平台会对视频内容的播放量、弹幕数、收藏量、投币数、分享次数进行计算，通过综合分数确定优先展示的内容，这使得用户能够更加方便地获取到自己感兴趣的内容，提高用户体验。

其次，利用 AI，新媒体平台可以收集、筛选和整理用户的使用偏好、浏览记录等，再将符合这些偏好的内容推荐给用户，从而为用户提供符合心意的内容推荐。目前，智能化推荐已经成为新媒体平台吸引用户、增强用户黏性的重要手段。

（3）智能监管

在新媒体平台上发布内容时，需要经过平台的审核，确保内容不涉及侵权违法等行为。尤其是新媒体平台每天产出海量内容，视频、音频的数量也急速增加，仅采用人工审核和监管容易造成审核时间过长或审核存在失误等问题，导致新媒体平台和其他各方利益受损。

目前，不少新媒体平台依托生物特征识别和语义分析等 AI 技术，实现了智能监管发布的内容，对用户发布的信息内容，从文字、语音等多个维度进行分析，智能识别出其中有问题的内容，并将其标记出来，发送给审核人员进行处理。这有效提高了平台的审核和监管效率，降低了运营成本。

二、大数据

大数据是指在单位时间范围内，无法使用常规方式捕捉、管理和处理的数据集合。

大数据研究机构 Gartner 给出的定义是："大数据是需要新处理模式处理才能具有更强的决策力、洞察发现力和流程优化能力的海量、高增长率和多样化的信息资产。"

在新媒体时代，信息的内涵已不仅是消息、新闻等，而是各种各样的数据，而且这些数据已成为十分重要的资源。同时，大数据也不只是一个概念和一项技术，它已成为新媒体的核心资源，也是统计和分析用户心理、需求及行为习惯等的重要依据。

1. 大数据的特点

大数据具有规模大、价值大、多样性和速度快 4 个特点。

● 规模大。规模大是指大数据的容量至少达到 PB 级别。PB（Petabyte）是数据的存储容量单位，表示千万亿字节，字节（Byte）是计算机中最小的存储单位。

● 价值大。大数据的价值表现在 3 个方面：一是通过为企业提供基础的数据统计报表分析辅助企业决策；二是通过数据产品、数据挖掘模型实现企业产品和运营的智能化，从而极大地提高企业的整体效能；三是通过对数据进行精心的包装，对外提供数据服务，从而获得收入。

● 多样性。大数据的多样性表现在两个方面：一是其不仅包括存在数据库表格中的结构化数据，还包括非结构化数据，如文字、音频、视频和图像等；二是根据数据个性特征的不同，其统计和分析的方式也有所不同，如要统计微博用户的数据，不仅要统计年龄、性别、学历、爱好和性格等基本的用户特征数据，还需要扩展到地区、使用时段、登录方式和浏览习惯等更多特征的数据。

● 速度快。速度快是指大数据可以通过算法快速地对数据进行逻辑处理，实时从各种类型的数据中快速获得高价值的信息，从而避免因为数据和商业业务决策的时效性而错失商机。

2. 大数据的行业应用

在新媒体时代，通过分析、解读大数据进行用户分析和个性化服务已成为一个重要发展趋势，并且大数据的应用已经渗透到各个行业，为各个行业带来巨大的变革。以下是一些行业中大数据的典型应用。

● 金融行业。大数据在金融行业的应用主要体现在 4 个方面：一是建立用户画像，包括以人口统计学特征、消费能力、兴趣和风险偏好等数据为依据的个人用户画像，以及以企业的生产、流通、运营、财务、销售和用户数据、相关产业链上下游等数据为依据的企业用户画像；二是在用户画像的基础上开展精准营销；三是风险管理与风险控制，包括中小企业贷款风险评估、实时欺诈交易识别和反洗钱分析；四是金融企业的运营优化，包括市场和渠道分析优化、产品和服务优化、舆情分析。

● 制造行业。大数据在制造行业的应用包括诊断与预测产品故障、分析工艺流程、改进生产工艺、优化生产过程能耗和工业供应链分析与优化等，从而帮助企业提升工业制造的水平。

● 汽车行业。大数据在汽车行业的应用主要体现在 7 个方面：一是汽车营销领域，包括车主的行为数据、以车为中心的数据、汽车数据资产化；二是驾驶行为大数据在车险领域的应用；三是维保大数据在二手车评估领域的应用；四是智能导航大数据在交通智能化领域的应用；五是大数据在汽车共享新商业模式领域的应用；六是行车记录仪大数据在交通领域的应用；七是买车、卖车、用车、维保大数据在造车领域的应用。

● 能源行业。大数据在能源行业主要应用于石油和天然气全产业链、智能电网和风电领域，可以帮助企业优化库存，合理调配能源供给，并对数据进行实时分析，提供更好的用户服务等。

● 电信行业。大数据在电信行业的应用主要体现在 5 个方面：一是网络管理和优化，包括基础设施建设优化和网络运营管理优化；二是市场与精准营销，包括用户画像、关系链研究、精准营销、实时营销和个性化推荐；三是客户关系管理，包括客服中心优化和客户生命周期管理；四是企业运营管理，包括业务运营监控、经营分析和市场监控；五是数据商业化，包括精准广告、大数据检测和决策等。

● 物流行业。大数据在物流行业的应用主要体现在车货匹配、运输路线优化、库存预测、设备修理预测、供应链协同管理等方面。

● 体育行业。大数据在体育行业的应用包括预测体育赛事结果、提升训练效果、促进体育市场的快速发展等。

● 娱乐行业。大数据在娱乐行业的应用包括通过用户画像进行精准营销，支持影视内容的决策，以及为物料内容、营销主题、事件传播及影片发行提供数据支持。

● 电子商务行业。大数据在电子商务行业的应用主要体现在 3 个方面：一是精准营销，包括采集有关用户的各类数据、建立用户画像、广告投放等；二是个性化服务，通过技术支持获得用户的在线记录，并及时为用户提供定制化服务；三是商品个性化推荐，包括采集用户的反馈意见、购买记录和社交数据等，以分析和挖掘用户与产品之间的相关性，从而发现用户的个性化需求，然后将用户感兴趣的信息、产品推荐给用户。

三、云计算

云计算是一种分布式计算，其通过“云”（对网络、互联网的一种比喻说法）将巨大的数据计算处理程序分解成无数个小程序，然后通过多台服务器组成的系统对其进行处理和分析，最后得到结果并返回给用户。

新媒体平台的用户是具有不同特征的个体，这决定了新媒体平台向用户传播信息时，需要根据个体的不同创建独特的算法，而用户数量的巨大要求新媒体平台具有较强的计算能力。因此，新媒体平台的竞争力在很大程度上取决于算法和算力，这两点恰好是云计算的重要特征。云计算不仅可以整合网络中的计算资源来建立强大的计算系统，还可以帮助新媒体平台研究和推出体现平台价值取向的主流媒体算法。利用云计算，新媒体平台可以在几秒内处理数以万计的数据，并将这些计算资源集合起来，通过软件实现自动化管理，快速提供计算资源、技术能力和计算结果。由此可见，云计算也是新媒体技术发展的一个重要方向。

1. 云计算的特点

与传统的网络数据处理模式相比，云计算具有以下 9 个特点。

● 超大规模。云计算需要由超大规模的服务器作为硬件支持。通常情况下，基础的云计算需要成百上千台服务器，而一些大型企业或网站则需要几十万甚至上百万台服务器。

● 虚拟化。云计算可以突破时间、空间的界限，支持用户在任意位置、使用各种终端获取应用服务。用户只需要一个移动终端，就可以通过网络服务实现数据备份、迁移和扩展，甚至完成超级计算这样的任务。

● 高可靠性。云计算比使用本地计算机拥有更高的可靠性，即使单个服务器出现故障，云计算也可以通过虚拟化技术将分布在不同物理服务器上的应用进行恢复或利用动态扩展功能部署新的服务器进行计算。

● 通用性。在“云”的支持下，云计算可以构造出千变万化的应用，即便是同一个“云”，也可以同时支撑不同的应用运行。

● 可扩展性和弹性。“云”的规模可以动态伸缩，云计算能自如地应对应用急剧增加的情况，在原有服务器基础上增加云计算功能能够使计算速度快速提高，从而达到拓展应用的目的。

● 按需服务。“云”的规模是巨大的，其中包含了许多应用、程序软件等，不同应用所对应的数据资源库不同，当用户需要运行不同的应用时，云计算能够根据用户的需求快速配备计算能力及资源。

● 高性价比。云计算通常将各种资源集中到“云”中统一管理，企业无须负担日益高昂的数据中心管理成本，而且，“云”的通用性使资源的利用率较之传统系统大幅提升，能够用极低的成本完成传统系统需要更高费用和更多时间才能完成的任务。

● 厂商大力支持。大多数厂商都在大力发展其云计算业务，致力于提供云计算解决方案。

● 拥有基于使用的支付模式。云计算付费的依据是用户使用的服务，这降低了云计算的准入门槛，使得各种规模的企业，甚至个人都可以使用相同的服务。

2. 云计算的行业应用

现如今，云计算的行业应用主要包括以下 7 个方面。

● 云存储。云存储是指将网络中大量不同类型的存储设备通过应用软件集合起来进行协同工作，共同对外提供数据存储和业务访问功能的存储系统。云存储也可以作为一个以数据存储和管理为核心的云计算系统。

● 云医疗。云医疗是建立在云计算、移动通信和移动互联网等新技术的基础上，结合医疗技术，使用云计算创建医疗健康服务云平台，实现医疗资源的共享和医疗范围的扩大，满足广大人民群众日益提升的健康需求的一项全新医疗服务。

● 云社交。云社交是一种云计算和移动互联网等技术交互应用的虚拟社交应用模式。云社交需要运用云计算统一整合和评测大量的社会资源，构成一个有效的资源集合，按需向用户提供服务。

● 云教育。云教育是指基于云计算商业模式应用的教育平台服务，通过云计算将教育机构的教学、管理、学习、分享和互动等教育资源整合成一个有效的资源集合，共享教育资源，分享教育成果，加强教育者和受教育者的互动。

● 云安全。云安全是指利用云计算的强大功能和网状客户端，监测网络中各种应用的异常行为，获取互联网中木马、恶意程序的最新信息，并传输到服务器端由云计算进行分析，并将解决方案发送到客户端。

● 云会议。云会议是基于云计算技术的一种高效、便捷、低成本的视频会议形式。它是视频会议与云计算的完美结合，通过移动终端进行简单的操作，可以随时随地、高效地召开和管理会议，会议中各种文件、视频等数据的同步、传输和处理等都由云计算支持。

● 云游戏。云游戏是建立在云计算基础上的游戏方式。云游戏中的所有运算和渲染工作都在服务器端运行,然后将处理好的游戏画面通过网络传输到用户的设备(客户端)上。这样一来，用户的设备不需要太高的处理器和显卡配置，便能顺畅运行各种大型游戏。

素养课堂

在运用AI、大数据、云计算等先进技术时，新媒体从业人员须遵循法律法规。这不仅是维护社会秩序和公共利益的必然要求，也是确保技术健康发展、防范潜在风险的重要保障。

拓展知识——新媒体产业

新媒体产业是以新媒体技术为依托，以新兴媒体和新型媒体为主要载体，按照工业化标准进行生产、再生产来满足用户需求的产业类型，其本质是利用技术优势降低用户信息消费的成本，从而实现传统媒介产业价值链的整合。

1. 新媒体产业的类型

新媒体产业的类型通常按照媒体形态和盈利方式的不同进行划分。

（1）根据媒体形态划分

按照媒体形态的不同，新媒体产业可分为网络媒体产业、手机媒体产业及数字电视媒体产业。

● 网络媒体产业可细分为门户网站产业、搜索引擎产业、博客 / 微博产业、网络视频产业（包括网络直播和短视频）、网络游戏产业、即时通信产业、网络出版产业（包括网络报纸和网络杂志）和网络广播产业等。

● 手机媒体产业可细分为短信产业、彩信产业、彩铃产业、手机出版产业、手机广播产业、手机电视产业等。

● 数字电视媒体产业可细分为车载移动电视产业、楼宇电视产业、户外显示屏产业和交互式网络电视产业等。

（2）根据营利方式划分

按照新媒体营利方式的不同，新媒体产业可分为新媒体广告产业和新媒体内容产业。

● 新媒体广告产业不但具备传统媒体广告产业向企业类广告主收取费用的一般性特征，还具备多元化、互动性和个性化等传统媒体广告产业没有的特征。

● 新媒体内容产业的盈利方式是通过新媒体平台向个人用户销售内容和服务，以收取相关费用。

2. 新媒体产业的特征

新媒体产业是文化产业的重要组成部分，也是国民经济发展不可缺少的有机组成部分，具有经济特征和特殊特征。

（1）经济特征

在经济学范畴内，“产业”是指具有某些相同特征或共同属性的，或生产同一类产品的企业、组织、系统或行业的组合。新媒体产业具有所有产业共有的经济学属性，其经济特征主要表现在集群性、生产性和增值性 3 个方面。

● 集群性。新媒体产业是由一系列相互联系的企业、组织、系统或行业，按照一定规律组合在一起形成的集合。新媒体产业是由信息收集、内容生产、硬件制造、信息平台、服务提供和运营推广等环节组成的信息传播产业链。这种汇集了大量企业的产业链，使新媒体产业形成了规模经济，降低了生产成本，并以集群性优势吸引了更多的企业。

● 生产性。新媒体产业生产的产品以无形的内容为主。新媒体产业通过对思想、文化和意识形态等具体内容的编辑、加工和重构，不断地生产出传递社会正确价值观的内容产品，在为无形的内容产品增加价值的同时，也为社会创造了价值，从而成为国民经济的重要组成部分。

● 增值性。新媒体产业形成了一个汇集了大量企业的产业链，构成了一个有机、统一的经济收益整体。在这个整体中，每一个产业价值链环节都由大量的同类型企业构成，上游企业在产业价值链环节中的功能通常以内容生产和服务集成为主，下游企业在产业价值链环节中的功能通常以平台运营和产品营销为主。产业价值链的各个环节紧密关联、相互制约、相互依存，整个产业价值链中的所有环节相互交换物质、信息和资金，共同促使新媒体产业的价值递增。

（2）特殊特征

与物质生产部门及传统媒体产业相区分，新媒体产业具有以下 3 个特殊特征。

● 文化属性。从产业内容和生产产品的角度来说，新媒体产业具有鲜明的文化属性，不但产业的主导内容是文化、信息和教育等新型资源，所生产的内容产品也具有文化产品的基本特征（本质上就是一种文化产品）。

● 产业融合。媒介融合不但是新媒体的构成要素，也是新媒体产业最为典型的特征，而表现在新媒体产业中的“媒介融合”就是产业融合。产业融合是推动新媒体产业向前发展的核心力量，“融合”是指新媒体产业中的内容、技术和形态不断地交融和统一，推动新媒体产业价值链的有机整合，发现和催生新的业务方式和盈利方式，并促进信息传播产业新的生态环境和新的产业结构的形成。综上所述，产业融合是新媒体产生、存在和发展的必备条件，也是新媒体产业生存和发展的主要方式。

● 不稳定性。不稳定性也是新媒体产业区别于传统媒体产业的特性，虽然传统媒体和新媒体的本质都是进行信息传播，但新媒体产业通常会表现出明显的融合性、竞争性和变动性，这 3 个特性也是新媒体产业不稳定性的主要表现形式。首先，融合性是由“媒介融合”所决定的，新媒体产业在诞生之初就表现出明显的融合性。其次，所有的产业形态都具备竞争性这一基本特征，而在新媒体产业价值链的整合和渗透过程中，上下游企业和各个环节之间的激烈竞争和重组，使得竞争性体现得尤为突出。最后，在融合性和竞争性的相互作用下，新媒体产业具备了与时俱进的变动性，而且这种变动性大多表现为一种良性的、积极的变动，对新媒体产业的发展起到一定的促进作用。

3. 新媒体产业链

产业链是产业经济学中的一个概念，是指从原料到用户手中的整个产业链条，涵盖了产品生产或服务提供的全过程；也是各个产业部门基于一定的技术经济联系，并依据特定的逻辑关系和一定的时空布局关系，客观形成的包含供应商、制造商、分销商、零售商和终端用户的链条式关联关系形态。

新媒体产业链是指在新媒体领域内，由一系列相互关联、相互依存的生产活动构成的纵向功能链结构，这些生产活动涵盖了从内容创作、生产、分发到用户消费的全过程，涉及内容创作者、平台运营者、技术支持方、广告商等参与者。

● 内容创作者负责创作各种形式的新媒体内容，如文字、图像、音频、视频等，为整个产业链提供源源不断的创意和素材。

● 平台运营者负责搭建、维护和管理新媒体平台，为用户提供便捷的访问和交互体验。

● 技术支持方负责为整个产业链提供必要的技术支持和解决方案，确保新媒体内容的生产和分发能够高效、稳定地进行。

● 广告商负责在新媒体平台上投放广告，实现品牌推广和营销目标，为产业链带来经济收益。

课后练习

（1）新媒体和新媒体技术的关系是怎样的？你是怎样理解新媒体技术的？

（2）通过网络搜索小红书的相关信息，分析其具备哪些新媒体特征。

（3）微博网页端和移动端的账号登录分别使用了哪些数字认证技术？

（4）举例说明当前国内的在线视频观看平台和在线视频网站采用了哪种流媒体传输形式。

（5）请描述在日常生活中接触到的有关 AI 的应用，并对其发展前景进行分析。

（6）你认为大数据还能应用在哪些领域，并说出理由。

项目2 使用Photoshop处理图像

在新媒体中，图像是常用的内容表现形式之一，新媒体从业人员应当掌握基本的图像处理技术。Photoshop 作为一款功能全面且应用广泛的图像处理软件，可以帮助新媒体从业人员进行图像处理，如调整图像大小、调整图像色彩、绘制和制作美观的图像等。

【知识目标】

- 掌握图像的像素和分辨率的相关知识。
- 掌握图像的颜色模式和常用格式的相关知识。
- 掌握图像处理软件 Photoshop 的基础知识。

【能力目标】

- 掌握制作小红书笔记封面的方法。
- 掌握制作抖音账号头像的方法。
- 掌握制作 App 开屏广告的方法。

【素养目标】

- 在处理图像时保持耐心和细心，追求精益求精的工匠精神。
- 打破常规思维，能够根据需求和目标处理图像。
- 懂得欣赏优秀的设计作品，提升审美能力。

任务 1 图像处理基础知识

在使用 Photoshop 处理图像前，新媒体从业人员须掌握图像的基础知识，如图像的像素和分辨率、颜色模式和常用格式等，以便提高图像处理效率。

一、图像的像素和分辨率

在新媒体时代，图像作为一种直观、生动、形象的内容载体，在传播中起到至关重要的作用，被广泛应用于各大新媒体平台中，是吸引用户视线的重要手段。而图像的像素和分辨率关乎清晰度和细节，是决定图像处理质量的关键，新媒体从业人员需了解像素和分辨率，以确保在处理图像时能够实现最佳效果。

1. 像素

像素是构成图像的最小单位，每个像素都包含特定的位置和信息。单位面积内的像素越多，颜色信息和细节就越丰富，图像效果就越好，但会导致图像文件大小变大。而在图像处理的过程中，可将图像看作数量众多的像素的集合，每个像素代表图像中的一个细小区域，并保存了该区域的颜色信息和亮度信息。

2. 分辨率

分辨率是指图像中单位长度上的像素数目，其表达方式为“水平像素数 × 垂直像素数”，单位通常为 ppi（Pixels Per Inch，即像素 / 每英寸，适合在大多数情况下使用）或 ppc（Pixels Per Centimeter，即像素 / 每厘米，适合在打印和出版场景下使用）。

例如，一张 640 像素 ×480 像素的图像，其分辨率应为 307200 像素，也就是常说的 30 万像素。图像的分辨率决定了图像的质量，图像分辨率越高，则像素数目越多，图像也越清晰、真实。图 2-1 所示为同一张图像被设置为 300ppi 和 100ppi 的对比效果。新媒体从业人员应尽量在不超过平台限制的情况下，使用和上传分辨率较高的图像。

图2-1　同一张图像被设置为300ppi和100ppi的对比效果

二、图像的颜色模式

图像的颜色模式决定了图像文件显示和输出的视觉效果，不同的颜色模式会产生不同的色彩细节和不同大小的图像文件。常见的图像颜色模式有以下 8 种。

1. 位图模式

当彩色图像去掉彩色信息和灰度信息，只剩黑色或白色表示图像中的像素时，便是位图模式。由于位图模式中包含的颜色信息量少，因此图像文件大小较小。在转换颜色模式时，需要先将彩色图像转换为灰度模式，再转化为位图模式，并且颜色信息将会丢失，只保留亮度信息。

2. 灰度模式

灰度模式是指图像只有灰度信息而没有彩色信息的颜色模式。在灰度模式的图像中，每个像素都有一个 0（黑色）~ 255（白色）的亮度值，能自然地表现黑白之间的过渡状态。当彩色图像转换为灰度模式时，图像中的色彩信息将被去掉，只保留亮度与暗度，得到纯正的黑白图像。

3. 双色调模式

双色调模式是一种使用灰色油墨或彩色油墨（最多可添加 4 种颜色）来渲染原本为灰色的位图图像，从而创造出比灰度模式更加丰富的色彩效果的颜色模式。双色调模式能使用 2 至 4 种彩色油墨来创建由双色调、三色调和四色调混合色阶组成的图像，使打印出来的图像颜色层次更加丰富。在转换颜色模式时，需要先将彩色图像转换为灰度模式，再转换为双色调模式。

经验之谈

在图像处理中，灰度信息是指图像的亮度信息，并不包含颜色信息。而灰度图像是一种特殊的彩色图像，图像中每个像素的颜色值（或称为亮度）都位于黑色（最低亮度）到白色（最高亮度）的连续范围内。这个范围通常被量化为0~255的整数（仅针对8位灰度图像，位是指图像中每一个像素点的位深度。在处理图像时，计算机用每个像素点需要的位深度来表示颜色），其中0代表黑色，255代表白色，中间的数值代表不同程度的灰色。

4. 索引颜色模式

索引颜色模式是指系统预先定义好的一个含有 256 种典型颜色的颜色对照表。当彩色图像转换为索引颜色模式时，系统会将图像的所有色彩映射到颜色对照表中，如果彩色图像中的颜色在颜色对照表中没有对应颜色来表现，则系统会从颜色对照表中挑选出最相近的颜色来表现。因此，索引颜色模式通常被当作存放彩色图像中的颜色，并为这些颜色创建颜色索引的工具。

5. RGB 颜色模式

RGB 是 Red（红）、Green（绿）和 Blue（蓝）3 个英文单词的首字母缩写。RGB 颜色模式下的图像的颜色由红色、绿色、蓝色这 3 种颜色按不同比例混合而成。

6. CMYK 颜色模式

CMYK 由 Cyan（青）、Magenta（洋红）、Yellow（黄）和 Black（黑）4 个英文单词的首字母缩写组成，为了避免和 RGB 三基色中的 Blue（蓝色）混淆，其中的黑色用 K 表示。

CMYK 颜色模式常用于印刷。当在 RGB 颜色模式下制作的图像需要印刷时，则须将其转换为 CMYK 颜色模式。

7. Lab 颜色模式

Lab 颜色模式由 RGB 三基色转换而来，它将明暗和颜色数据信息分别存储在不同位置。修改图像的亮度并不会影响图像的颜色，调整图像的颜色同样也不会破坏图像的亮度，这是 Lab 颜色模式在调色中的优势。在 Lab 颜色模式中，L 指明度，表示图像的亮度，如果只调整明暗、清晰度，可只调整 L 通道；a 表示从绿色到红色的光谱变化；b 表示从蓝色到黄色的光谱变化。

Lab 颜色模式是目前包含颜色范围最广的颜色模式，能毫无偏差地在不同系统和平台之间进行转换。在转换颜色模式时，要将 RGB 颜色模式转换为 CMYK 颜色模式，需要先将 RGB 颜色模式转换为 Lab 颜色模式，再将 Lab 颜色模式转换为 CMYK 颜色模式。

8. 多通道模式

多通道模式是指每个通道都使用 256 种灰度级别来存放图像中众多颜色信息的颜色模式，常用于特殊打印。当 RGB 颜色模式或 CMYK 颜色模式图像中的任何一个通道被删除时，图像模式会自动转换为多通道模式，并且系统将根据原图像产生一定数目的新通道。

三、图像的常用格式

在图像的存储、处理、传播过程中，新媒体从业人员需要采用特定的格式组织和存储图像像素。这些图像格式决定了图像中存储的信息类型，也决定了图像与不同软件之间的兼容状态，以及图像与其他文件进行数据交换的方式。

1. GIF 格式

GIF（*.gif）格式是一种 LZW 压缩格式，用来最小化文件大小和电子传输时间，最高只能存储 256 种颜色。在互联网和其他网上服务的 HTML（Hyper Text Markup Language，超文本标记语言）文档中，GIF 格式支持多图像文件和动画文件，由于文件大小较小，常用于网络传输。新媒体作品中的动态表情包、闪图、H5 中的动态图标等都采用了 GIF 格式。

2. JPEG 格式

JPEG（*.jpg、*.jpeg）格式是所有图像格式中压缩率较高的格式之一。大多数彩色和灰度图像都使用 JPEG 格式进行压缩，该格式支持多种压缩级别。当对图像的精细度要求不高且存储空间有限时，使用 JPEG 格式保存图像是一种理想的方式。

JPEG 格式支持 CMYK、RGB 和灰度颜色模式，保留了 RGB 颜色模式中的所有颜色信息，能够有选择性地去掉数据以压缩文件，常用于预览图像和制作 HTML 网页。

3. PNG 格式

PNG（*.png）格式是一种无损耗压缩格式，可代替 GIF 格式（同一张图像保存为 GIF 格式虽然文件大小较小，但是图像的颜色和质量比 PNG 格式差）。与 JPEG 格式的有损耗压缩相比，该格式提供的压缩量较少，且不对多图像文件或动画文件提供任何支持。

PNG 格式可以为图像定义 256 个透明层次，使图像的边缘与背景平滑地融合，从而得到透明的、没有锯齿边缘的高质量图像效果。

4. PSD 格式

PSD（*.psd）格式是 Photoshop 软件自身生成的文件格式，是唯一能支持全部图像颜色模式的格式，以 PSD 格式保存的图像文件可以包含图层、通道、颜色模式等信息。

5. TIFF 格式

TIFF（*.tif、*.tiff）格式是一种无损压缩格式，用于在应用程序和计算机平台之间交换文件，支持 LZW 压缩格式，是一种非常灵活的图像格式，能被大多数绘画、图像编辑和页面排版应用程序支持。大多数桌面扫描仪可以生成 TIFF 图像，而且 TIFF 格式还可以加入作者、版权、备注和自定义信息，能存放多幅图像。

经验之谈

在存储图像时，新媒体从业人员可根据具体情况，综合考虑图像的质量、灵活性、存储效率及应用程序是否支持来选择存储的图像格式。

四、图像处理软件Photoshop

Photoshop 是一款功能强大的、专业的图像处理软件，新媒体从业人员可使用该软件添加文字、绘制图像、调整图像色彩、美化与修饰图像。为了更好地掌握该软件的使用方法，可从熟悉其操作界面和基础功能做起。

1. Photoshop 操作界面

在计算机中双击 Photoshop 软件图标 Ps 可启动该软件并进入主页界面，新建或打开图像后，将进入 Photoshop 操作界面（见图 2-2），该界面包括菜单栏、标题栏、面板组、图像编辑区、状态栏、工具箱、工具属性栏等部分。

图2-2 Photoshop 操作界面

● 菜单栏。Photoshop 所有命令都位于菜单栏的 11 个菜单选项中，每个菜单项下包括多个命令。若命令右侧标有▸符号，则表示该命令还有子菜单。若某些命令呈灰色显示，则表示该命令没有被激活或当前不可用。

● 工具箱。用于存放 Photoshop 的所有工具。单击工具箱顶部的展开按钮▸▸，可以将工具箱中的工具以双列方式排列。单击工具箱中对应的图标按钮，可选择该工具。若工具按钮右下角有黑色小三角形◢符号，则表示该工具位于一个工具组中，在该工具按钮上按住鼠标左键不放或单击鼠标右键，可显示该工具组中的所有工具。

● 工具属性栏。用于设置工具参数和属性。选择工具箱内的工具后，工具属性栏会显示该工具对应的设置选项。

● 标题栏。用于显示已打开或已创建图像文件的名称、图像格式、显示比例、颜色模式、通道位数、图层状态，以及该图像文件的“关闭”按钮×。

● 图像编辑区。用于查看与编辑图像，也是浏览当前图像状态的主要区域，所有的图像处理结果都在图像编辑区显示。

● 面板组。面板组是操作界面的重要组成部分，通过不同的功能面板，可以在图像中进行填充颜色、设置图层、添加样式等操作。在“窗口”菜单选项中选择某个面板的命令后，该面板会被添加到面板组中以缩略按钮的形式显示。

2. Photoshop 基础功能

Photoshop 提供了使用标尺、参考线和网格，颜色设置，复制和粘贴图像，变换图像，新建和删除图层，以及恢复历史记录等基础功能。

（1）使用标尺、参考线和网格

标尺、参考线和网格常用于辅助定位图像的位置。按“Ctrl + R”组合键可在图像编辑区的顶部和左侧显示标尺，将鼠标指针移至顶部或左侧标尺上，按住鼠标左键不放，向下或向右拖曳，可创建水平或垂直参考线。按“Ctrl+'”组合键，图像编辑区可显示网格。

（2）颜色设置

Photoshop 可以设置前景色和背景色。其中，前景色是在编辑图像或绘制图像时使用的颜色，按“Alt + Delete”组合键可为图像填充前景色；而背景色是所编辑图像的背景颜色，按“Ctrl + Delete”组合键可为图像填充背景色。按“X”键可互换前景色和背景色的颜色。

选取前景色和背景色的方法基本一致，此处以前景色为例，单击工具箱底部的“前景色”按钮■，在打开的“拾色器（前景色）”对话框（见图 2-3）中拖曳颜色滑块，可改变颜色框中的颜色范围，在颜色框中单击鼠标左键，可选取需要的颜色，颜色值将显示在右下方的 # 000000 中；或者直接在 # 000000 中输入颜色文本，颜色框中会自动选取相应的颜色，最后单击 确定 按钮完成设置。

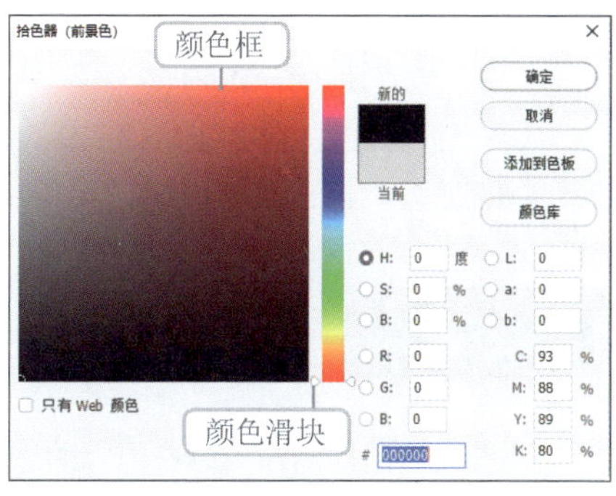

图2-3 “拾色器（前景色）”对话框

（3）复制和粘贴图像

选择图像后，按“Ctrl + C”组合键可复制图像，按“Ctrl + V”组合键可粘贴图像。将鼠标指针移至图像上，按住“Alt”键不放并拖曳鼠标指针，也可复制图像，复制图像所在图层名称会在原图像图层名称的基础上添加“拷贝”文字。

（4）变换图像

按“Ctrl + T”组合键可显示图像定界框，如图 2-4 所示，此时拖曳定界框的任意一个角可等比例缩放图像。此时单击鼠标右键，在弹出的快捷菜单中选择“旋转”“斜切”“扭曲”或“变形”命令，还可以进一步变换图像的形态，按“Enter”键确认图像变换效果。

● 旋转图像。选择“旋转”命令后，将鼠标指针移至图像定界框右上角，当鼠标指针呈↷形态时，按住鼠标左键不放并拖曳鼠标指针可旋转图像，如图 2-5 所示。

● 斜切图像。选择“斜切”命令后，将鼠标指针移至图像定界框右上角，当鼠标指针呈▷形态时，按住鼠标左键不放并拖曳鼠标指针，可使图像朝垂直或水平方向倾斜，如图 2-6 所示。

● 扭曲图像。选择“扭曲”命令后，将鼠标指针移至图像定界框右上角，当鼠标指针呈▷形状时，按住鼠标左键不放并拖曳鼠标指针，可使图像向各个方向扭曲，如图 2-7 所示。

图2-4 显示图像定界框

图2-5 旋转图像

图2-6 斜切图像

图2-7 扭曲图像

● 变形图像。选择“变形”命令后，图像将被控制杆构成的框包围，如图 2-8 所示，通过拖曳各个控制杆的端点，可以使图像产生变形效果，如图 2-9 所示。

图2-8　显示控制杆

图2-9　变形图像

（5）新建和删除图层

在“图层”面板下方单击“创建新图层”按钮⊞，可创建一个无内容的图层。单击“删除图层”按钮🗑可将当前所选图层（图层名称右侧带有🔒图标的图层除外）删除。

（6）恢复历史记录

在处理图像时，按“Ctrl + Z”组合键可撤销上一步操作，使图像恢复到未进行上一步操作时的状态。

任务 2　实战——制作小红书笔记封面

小红书笔记封面作为笔记内容的缩略图，会直接呈现给用户，帮助用户快速了解与识别笔记的主题、风格和内容。小红书笔记分为竖屏 3：4 的比例（1242 像素 ×1660 像素）、竖屏 9：16 的比例（1080 像素 ×1920 像素）、正方形 1：1 的比例（1080 像素 ×1080 像素）和横屏 4：3 的比例（1440 像素 ×1080 像素）4 种类型。本实战将制作竖屏 3：4 比例的小红书笔记封面。由于笔记主要介绍露营攻略，因此可使用在露营地点实际拍摄的图像作为封面背景，然后调整图像大小，使其符合尺寸要求，再调整其色彩提升视觉美观度，接着添加文字传达笔记核心内容，最后保存图像文件。本实战完成后的效果如图 2-10 所示。

图 2-10　小红书笔记封面效果图

一、打开图像文件

在制作小红书笔记封面前，需要启动 Photoshop，并打开素材图像文件，其具体步骤如下。

打开图像文件

步骤 01 双击计算机桌面上的 Photoshop 软件图标 Ps，启动 Photoshop 软件，在打开的首页界面单击 打开... 按钮，如图 2-11 所示。

步骤 02 打开“打开”对话框，选择“露营地”图像文件（配套资源:\素材文件\项目 2\露营地.jpg），单击 打开(O) 按钮，如图 2-12 所示。

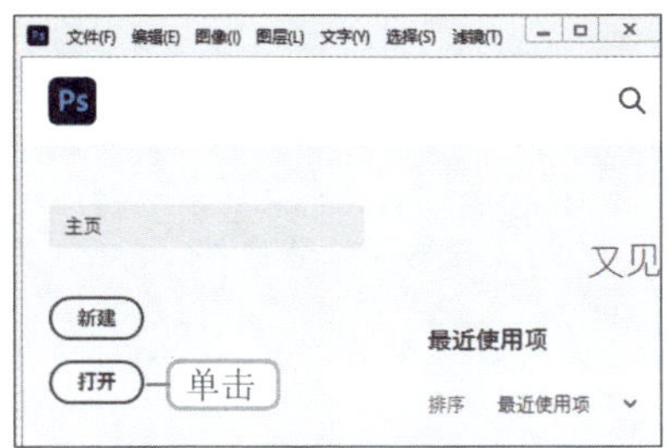

图2-11　单击“打开”按钮

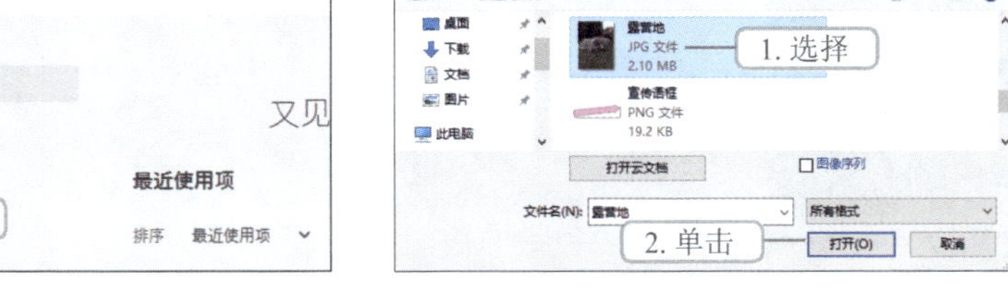

图2-12　选择图像文件

步骤 03 在 Photoshop 中打开该图像文件，如图 2-13 所示。

图2-13　打开的图像文件

二、调整图像大小

“露营地”图像是封面的主体图像，其原始尺寸为 1429 像素 × 1920 像素，远远超出竖版封面的尺寸规范，可以通过 Photoshop 中的“图像大小”“画布大小”菜单命令调整图像大小，其具体步骤如下。

步骤 01 选择【图像】/【图像大小】菜单命令，打开“图像大小”对话框，在“宽度”文本框中选择“像素”选项，在“宽度”数值框中输入“1242”，此时“高度”数值框中的值将自动变为“1669”，单击 确定 按钮，如图 2-14 所示。

步骤 02 调整图像大小后，图像高度比竖版封面的尺寸规范高 9 像素，需要裁剪掉这部分图像。选择【图像】/【画布大小】菜单命令，打开“画布大小”对话框，单击定位图标，此时定位图标将改变形态，在“高度”数值框中输入“1660”，单击 确定 按钮，如图 2-15 所示。

步骤 03 此时将弹出“新画布大小小于当前画布大小；将进行一些剪切。”的提示框，单击 继续(P) 按钮，完成图像大小的调整。此时在状态栏中可发现当前图像大小已变为 1242 像素 ×1660 像素，如图 2-16 所示。

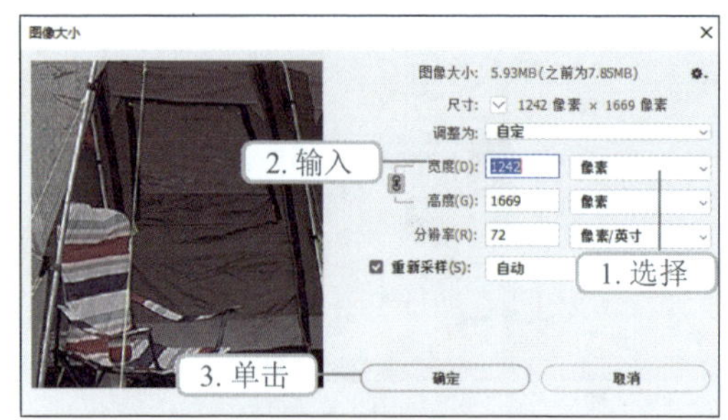

图2-14 调整图像大小

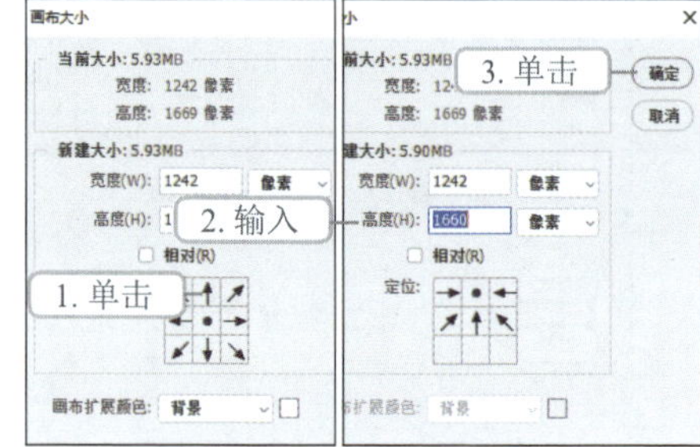

图2-15 调整画布大小

图2-16 查看当前图像大小

经验之谈

在Photoshop中，默认画布大小为当前打开的图像文件大小，因此可利用“画布大小”命令调整图像大小。另外，也可使用裁剪工具裁剪掉图像的部分区域以达到调整图像大小的目的。

三、调整图像色彩

由于“露营地”图像的整体颜色较暗，亮度偏低，色彩不鲜明，整体美感欠缺，因此需要通过调整色彩提升其视觉吸引力。下面在Photoshop中通过“图像”菜单栏中的“调整”命令调整图像色彩，其具体步骤如下。

步骤01 选择【图像】/【调整】/【亮度/对比度】菜单命令，打开“亮度/对比度”对话框，在“亮度”数值框中输入“44”，在“对比度”数值框中输入“23”，单击 确定 按钮，如图2-17所示。调整图像亮度和对比度前后的效果如图2-18所示。

步骤02 选择【图像】/【调整】/【自然饱和度】菜单命令，打开“自然饱和度”对话框，在

“饱和度”数值框中输入“+38”，单击 确定 按钮，如图 2-19 所示。调整图像饱和度后的效果如图 2-20 所示。

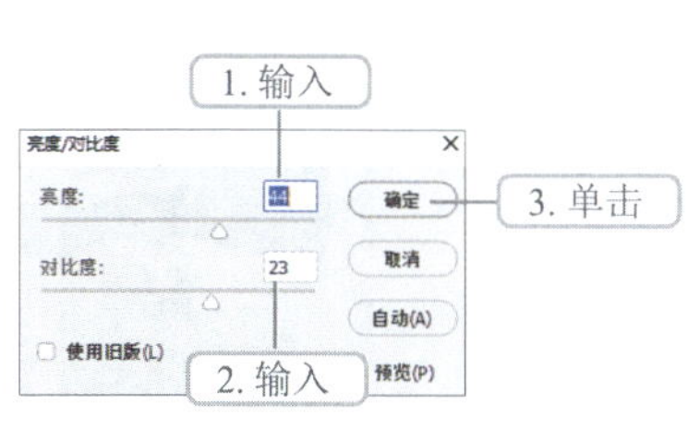

图2-17　调整亮度和对比度

图2-18　调整图像亮度和对比度前后的效果

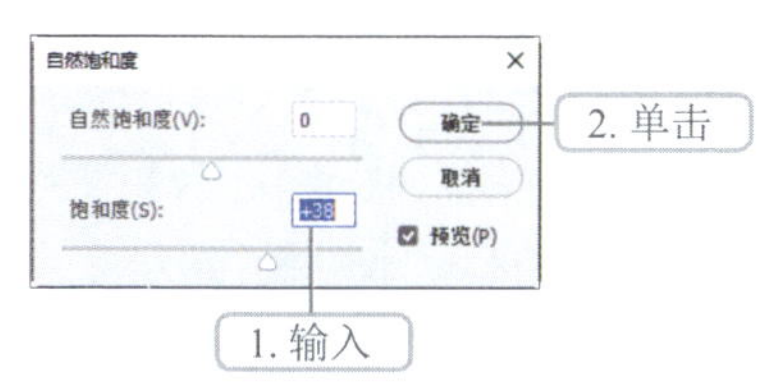

图2-19　设置“自然饱和度”参数

图2-20　调整图像饱和度后的效果

步骤 03 此时，图像色调整体偏中性色，可适当补充暖色调提升画面的温馨感。选择【图像】/【调整】/【照片滤镜】菜单命令，打开“照片滤镜”对话框，在“滤镜”下拉列表框中选择“Orange”选项，在“密度”数值框中输入“26”，单击 确定 按钮，如图 2-21 所示。调整图像色调后的效果如图 2-22 所示。

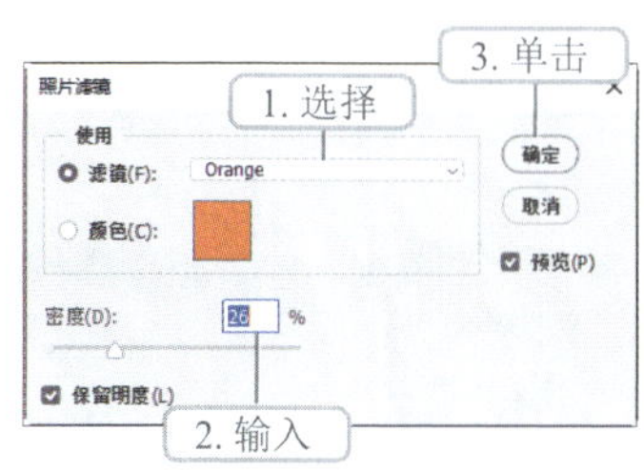

图2-21　设置“照片滤镜”参数

图2-22　调整图像色调后的效果

四、置入和编辑图像

添加装饰图像可以有效提升小红书笔记封面的视觉吸引力，激发用户的阅读欲望，从而达到提高点击率的目的。下面将通过置入、移动、变换、复制和粘贴图像等操作，在该笔记封面中添加装饰图像，其具体步骤如下。

步骤 01 选择【文件】/【置入嵌入的对象】菜单命令，打开“置入嵌入的对象”对话框，选择“装饰框 .png”图像文件（配套资源 :\ 素材文件 \ 项目 2\ 装饰框 .png)，单击 置入(P) 按钮，如图 2-23 所示。

步骤 02 此时图像编辑区呈图 2-24 所示的状态，按“Enter”键确认置入。

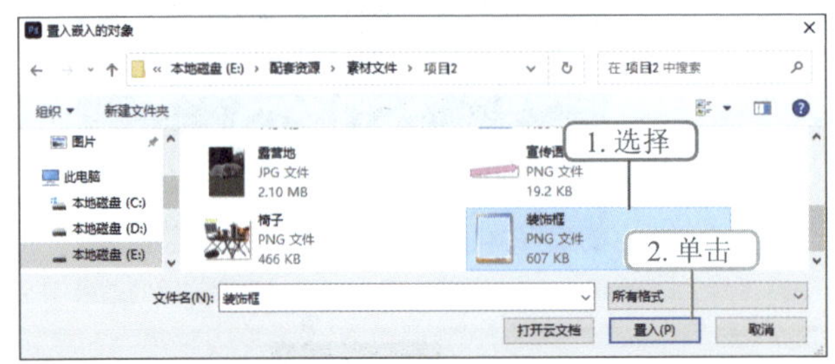

图2-23 设置“置入嵌入的对象”对话框

图2-24 置入“装饰框”图像

步骤 03 使用与步骤 01 和步骤 02 相同的方法，按照“宣传语框 .png”“椅子 .png”“小狗 .png”“标题框 .png”图像文件（配套资源 :\ 素材文件 \ 项目 2\ 宣传语框 .png、椅子 .png、小狗 .png、标题框 .png）的顺序将这些图像置入“露营地”图像中，效果如图 2-25 所示。

步骤 04 此时置入的图像位于“露营地”图像的中间区域，效果不够美观，需要移动图像位置。在工具箱中选择移动工具✥，将鼠标指针移至这些图像上，通过拖曳鼠标指针调整图像位置，效果如图 2-26 所示。

步骤 05 由于“椅子”图像过大，导致“宣传语框”可利用面积变小，因此选择“椅子”图像，按“Ctrl + T”组合键显示图像定界框，拖曳图像定界框右上角缩小图像，如图 2-27 所示，按“Enter”键确认变换图像效果。

步骤 06 选择“露营地”图像所在图层，先按“Ctrl + C”组合键复制图像，再按“Ctrl + V”组合键粘贴图像，然后按照步骤 05 的方法缩小图像，使其在“装饰框”图像中完整显示，接着调整“小狗”图像的位置，提升美观度，效果如图 2-28 所示。

图2-25 置入其余图像

图2-26 移动图像

图2-27 缩小图像

图2-28 调整图像位置

五、输入并编辑文字

在小红书笔记封面中添加文字能够明确笔记主题，从而提高笔记点击率。下面将通过文字工具在小红书笔记封面中输入文字，并通过“字符”面板编辑文字，其具体步骤如下。

步骤 01 在工具箱中选择横排文字工具 **T**，在工具属性栏中将“字体”“字号”“颜色”分别设置为“黑体”“92 点”“#000000”，将鼠标指针定位在“标题框”图像上方，单击鼠标左键确定插入点，输入“林语露营地”文字，如图 2-29 所示。

步骤 02 按照与步骤 01 相同的方法，依次输入其他文字，效果如图 2-30 所示。

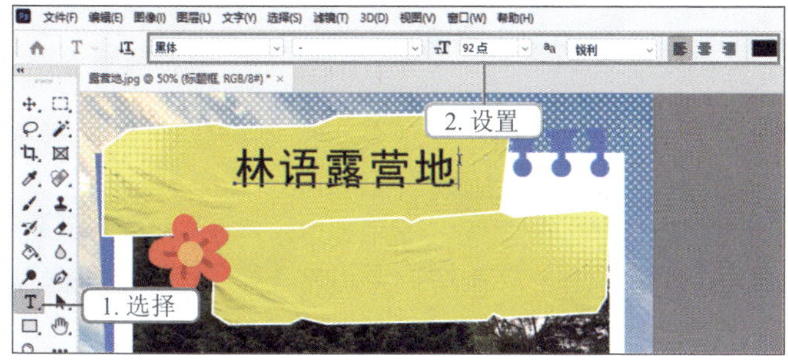

图2-29　输入“林语露营地”文字

图2-30　输入其他文字

步骤 03 此时，文字视觉效果不够美观，需要对文字进行调整。选择“林语露营地”文字，再选择【窗口】/【字符】菜单命令，打开“字符”面板，参数设置如图 2-31 所示，然后移动文字位置。

步骤 04 选择“享受生活”文字，在“字符”面板中设置与“林语露营地”文字相同的参数。选择“三两好友一起撒野”文字，在“字符”面板中设置“字号”为“50 点”，单击“仿斜体”按钮 *T*，完成调整后移动文字位置，效果如图 2-32 所示。

步骤 05 选择“抛开烦恼”文字，在“字符”面板中设置“字体”为“方正超粗黑简体”，“字距”为“200”，单击“仿斜体”按钮 *T*，按“Ctrl + T”组合键显示图像定界框，然后旋转文字方向，按“Enter”键确认变换图像效果，再调整该文字的位置。

步骤 06 此时“抛开烦恼”文字左侧空间略大，选择“椅子”图像，将其放大，效果如图 2-33 所示。

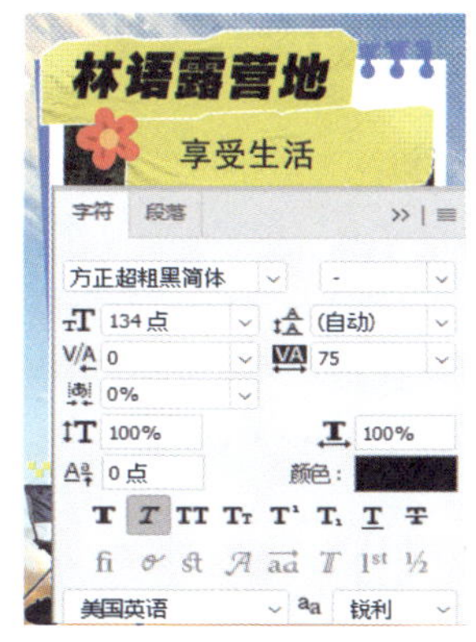

图2-31　编辑首排文字

图2-32　编辑二三排文字

图2-33　编辑末排元素

六、保存图像文件

完成小红书笔记封面的制作后，便可将图像文件采用合适的格式保存到指定位置。下面将通过【文件】/【存储为】菜单命令保存图像文件，其具体步骤如下。

保存图像文件

步骤 01 选择【文件】/【存储为】菜单命令，打开“另存为”对话框，浏览并选择需要存储的文件夹，在“文件名”文本框中输入“小红书笔记封面”，单击保存(S)按钮保存源文件，如图 2-34 所示（配套资源 :\ 效果文件 \ 项目 2\ 小红书笔记封面 .psd）。

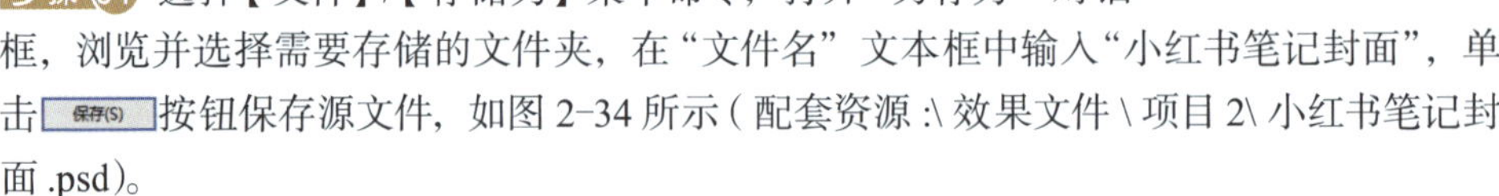

步骤 02 按照与步骤 01 相同的方法打开“另存为”对话框，在“保存类型”下拉列表框中选择“JPEG（*.JPG;*.JPEG;*JPE）”选项，单击保存(S)按钮。

步骤 03 此时打开“JPEG 选项”对话框，在“品质”数值框中输入“12”，单击确定按钮保存成品图，如图 2-35 所示（配套资源 :\ 效果文件 \ 项目 2\ 小红书笔记封面 .jpg）。

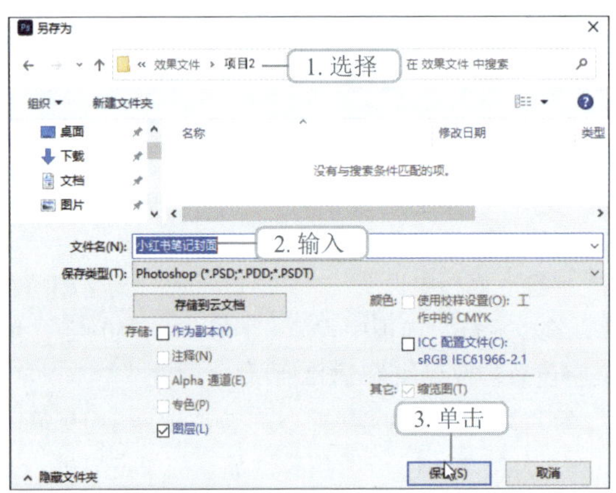

图2-34　保存源文件

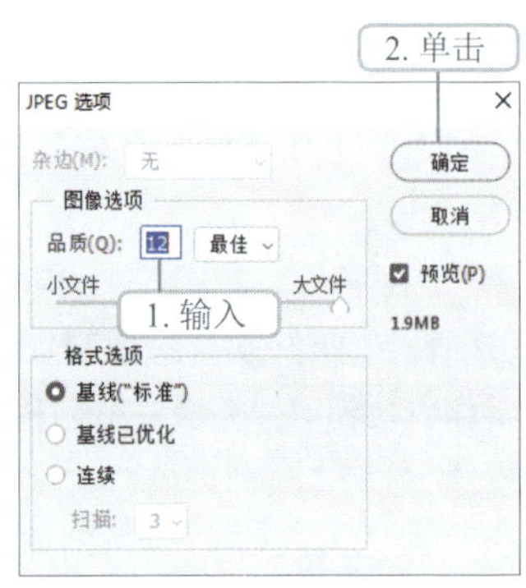

图2-35　保存成品图

任务 3　实战——制作抖音账号头像

账号头像是账号的身份标识之一，通过独特的视觉元素可以让其他用户快速识别并记住该账号用户。抖音官方规定账号头像尺寸为 400 像素 ×400 像素。本实战将制作“花梦绘坊”抖音账号的头像，该账号主要用于发布“花梦绘坊”幼教机构中各位老师教授学生的日常视频，因此在设计账号头像时可绘制幼儿肩颈以上部分作为主体图像，以清晰明了地表现出人物的神态和面部特征；再绘制帽子、花朵、星星等装饰物，营造可爱的氛围；最后添加机构名称。本实战的制作效果如图 2-36 所示。

图2-36　抖音账号头像效果图

一、新建并自动保存图像文件

由于本案例无须素材，需要先新建图像文件，再进行抖音账号头像的制作。为防止绘制的图像意外丢失，可启用自动保存功能，定时保存文件，其具体步骤如下。

步骤 01 启动 Photoshop，在打开的首页界面中单击 新建... 按钮，打开“新建文档”对话框，在“预设详细信息”栏下输入图像文件名称“抖音账号头像”，设置“单位”为“像素”，“宽度”为“400”，“高度”为“400”，“分辨率”为“300”，其他参数保持默认不变，单击 创建 按钮，如图 2-37 所示。

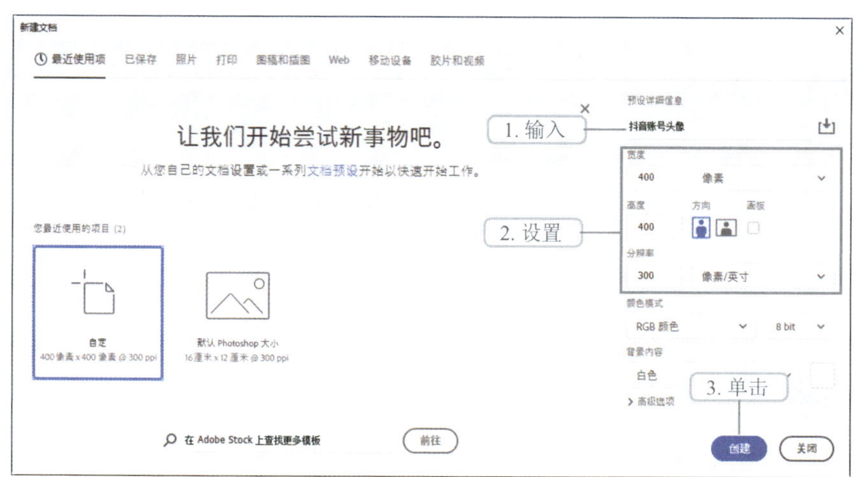

图2-37　新建图像文件

步骤 02 选择【编辑】/【首选项】/【文件处理】菜单命令，打开“首选项”对话框，在“自动存储恢复信息的间隔（A）”复选框下方的下拉列表中选择“5 分钟”选项，单击 确定 按钮，如图 2-38 所示。

步骤 03 选择【文件】/【存储为】菜单命令，打开“另存为”对话框，浏览并选择需要存储的文件夹，单击 保存(S) 按钮。

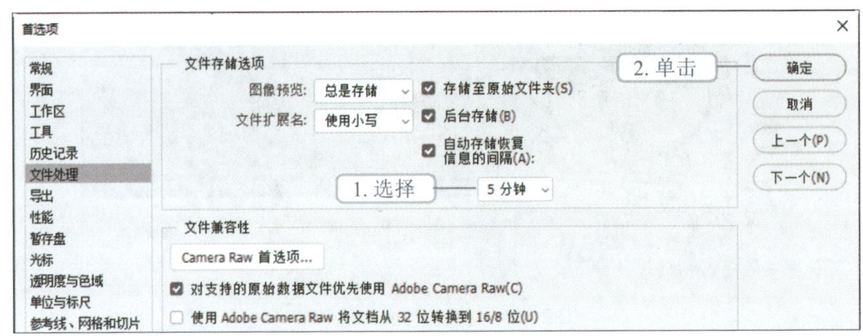

图2–38　设置自动保存图像文件的间隔

二、使用渐变工具制作背景

渐变色丰富的层次感和美观度使它在很多设计场合下比纯色更具表现力和吸引力。下面将使用渐变工具为抖音账号头像制作渐变色背景，其具体步骤如下。

步骤 01 选择渐变工具，在工具属性栏中单击渐变条，打开“渐变编辑器”对话框，展开“基础”文件夹，选择“黑，白渐变”选项，双击渐变条左侧的色标，如图 2–39 所示。

步骤 02 打开“拾色器（色标颜色）”对话框，修改颜色为“#a394da”，单击 确定 按钮，如图 2–40 所示。

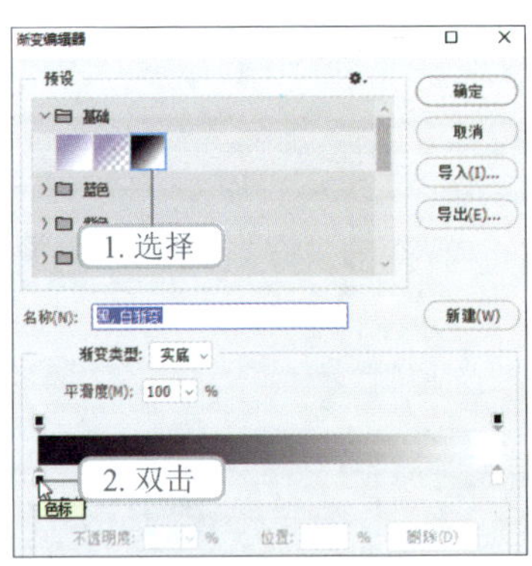

图2–39　编辑“渐变编辑器”对话框

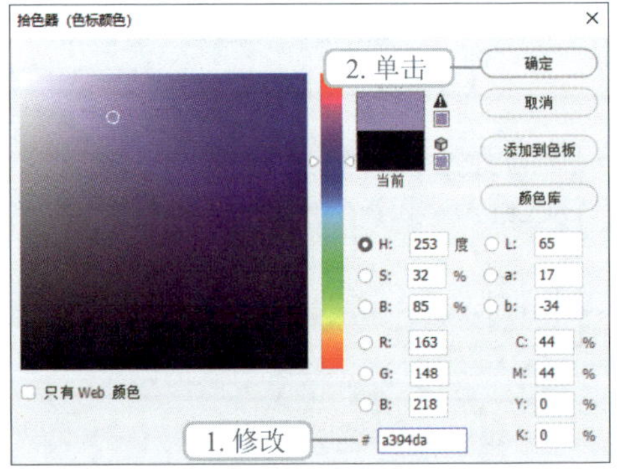

图2–40　设置颜色

步骤 03 返回“渐变编辑器”对话框，使用相同的方法修改渐变条右侧色标的颜色为“#d4d7f5”，如图 2–41 所示，单击 确定 按钮返回图像编辑区。

步骤 04 单击工具属性栏中的“角度渐变”按钮，将鼠标指针移至图像编辑区左下角，按住鼠标左键不放朝右上方拖曳，填充渐变背景颜色，如图 2–42 所示。

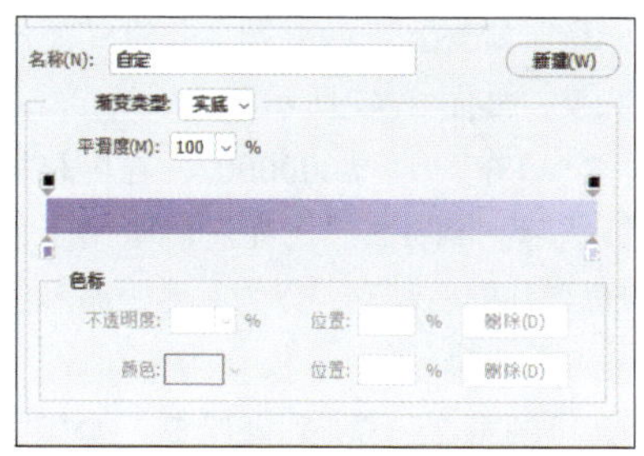

图2-41　修改渐变条右侧色标颜色

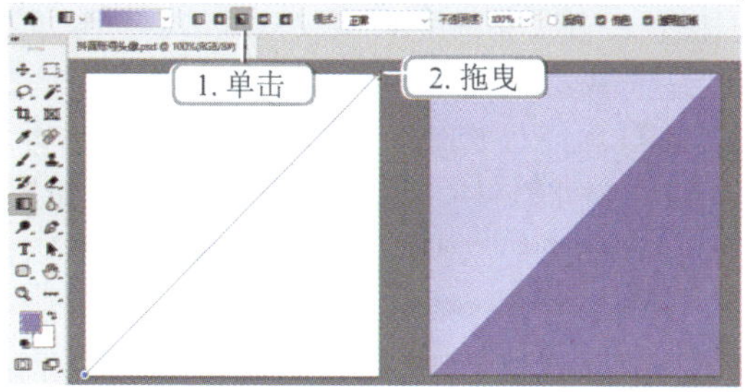

图2-42　制作渐变背景

三、使用形状工具组绘制图像

绘制图像时可使用网格定位，再使用形状工具组绘制图形，这样能有效降低绘制难度。另外，由于抖音账号头像的最终呈现效果为正圆形，为了确保主体图像能够被完全展示，可以先绘制一个正圆来定位主要图像的位置，确保主要图像位于该圆中。下面使用形状工具绘制抖音账号头像的主要图像，其具体步骤如下。

步骤 01 按“Ctrl+'”组合键显示网格，选择【编辑】/【首选项】/【参考线、网格和切片】菜单命令，打开“首选项”对话框，设置“网格线间隔”为“100 像素”，子网格为“1”，单击（确定）按钮。

步骤 02 设置前景色为“#ffffff”，选择椭圆工具，在图像编辑区网格中心点单击鼠标左键，打开“创建椭圆”对话框，设置“宽度”和“高度”均为“400 像素”，单击选中“从中心”复选框，单击（确定）按钮，如图 2-43 所示。此时绘制出一个正圆，如图 2-44 所示。

步骤 03 选择椭圆工具，在工具属性栏中设置“填充”为“#fed5bc”，“描边”为“#000000”，“描边粗细”为“6 像素”，在网格第 1、第 2 排的第 2、第 3 列处通过拖曳鼠标指针绘制一个椭圆，充当人物脸部，效果如图 2-45 所示。

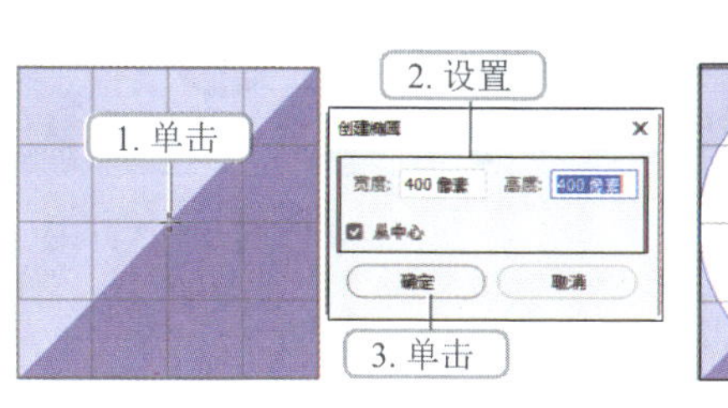

图2-43　打开“创建椭圆”对话框　　图2-44　正圆绘制效果

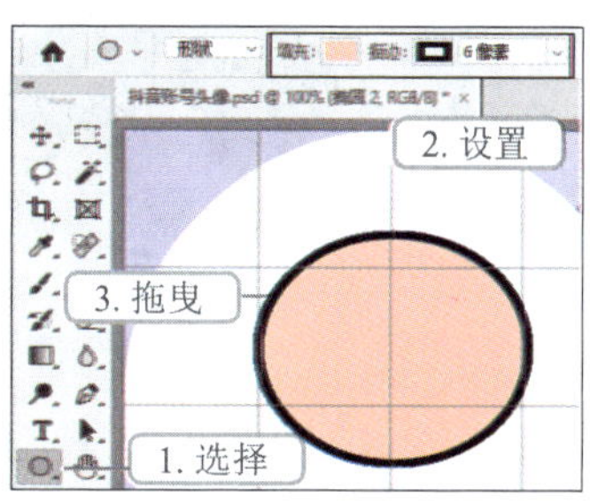

图2-45　绘制脸部

步骤 04 后续绘制时保持图像的描边和粗细都与脸部一致。按照与步骤 03 相同的方法，在网格第 1、第 2 排的第 1、第 2 列处绘制一个“填充”为“#fcc4a2”的椭圆，作为左耳。按住“Alt”键向右拖动复制该椭圆并调整位置，将其作为右耳，如图 2-46 所示。接着在网格第 1、第 2 排的第 1、第 2 列处绘制一个“填充”为“#272626”的椭圆，并将其旋转作为左侧头发，再复制和粘贴该椭圆并旋转作为右侧头发，如图 2-47 所示。

步骤 05 按照与步骤 03 相同的方法，取消描边，设置“填充”为“#000000”，在网格第 2 排第 2 列处绘制一个椭圆充当左侧眼睛；设置“填充”为“#ffa2ad”，在左侧眼睛下方绘制一个椭圆充当腮红。接着复制和粘贴左侧眼睛和腮红并向右移动，作为右侧眼睛和腮红，效果如图 2-48 所示。

步骤 06 继续设置“填充”为“#000000”，在网格第 2 排的第 2、第 3 列处绘制一个椭圆充当鼻子，如图 2-49 所示。

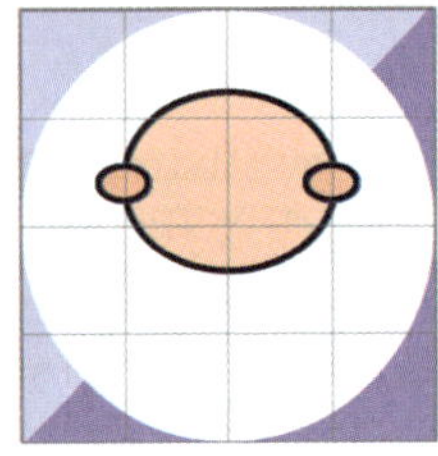

图2-46　绘制耳朵

图2-47　绘制头发

图2-48　绘制眼睛和腮红

图2-49　绘制鼻子

步骤 07 选择多边形工具，在工具属性栏中设置“填充”为“#c82626”，“描边”为“#000000”，“描边粗细”为“6 像素”，“边”为“3”，单击按钮，打开“路径选项”下拉列表框，单击选中“平滑拐角”复选框，在两个腮红中间通过鼠标指针绘制一个三角形充当嘴巴，如图 2-50 所示。

步骤 08 按照与步骤 07 相同的方法，在脸部下方绘制两个大小不同的三角形充当身体和衣领，其中身体的颜色为“#7760cb”，衣领的颜色为“#edeffe”，描边颜色和粗细均和嘴巴图像一致，效果如图 2-51 所示。

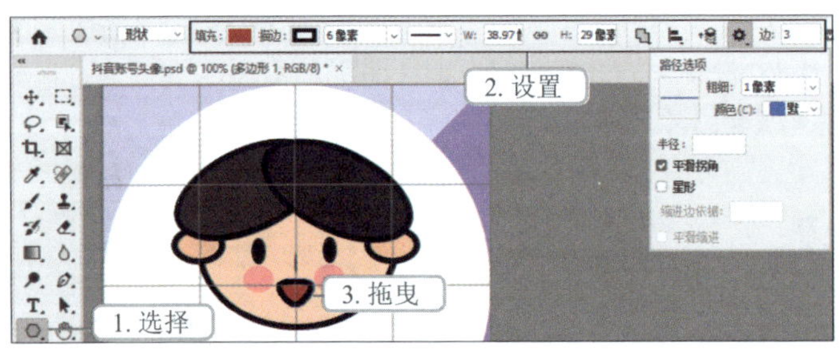

图2-50　绘制嘴巴

图2-51　绘制身体和衣领

步骤 09 选择圆角矩形工具，在工具属性栏中设置“填充”为“#fed5bc”，“描边”为“#000000”，“描边粗细”为“6 像素”，“半径”为“28”，在衣领和嘴巴之间绘制一个圆柱形充当脖子，如图 2-52 所示。

步骤 10 选择椭圆工具，在工具属性栏中设置“填充”为“#c82626”，取消描边，在左侧头发处绘制一个椭圆充当帽子；再设置“填充”为“#a31c1c”，在帽子处绘制一个椭圆充当帽子装饰，旋转绘制的两个椭圆，使视觉效果更佳，效果如图 2-53 所示。

图2-52　绘制脖子

图2-53　绘制帽子

步骤 11 选择多边形工具，在工具属性栏中设置“填充”为“#fcffc6”，取消描边，设置“边”为“5”，单击按钮打开“路径选项”下拉列表框，单击选中“平滑拐角”“星形”“平滑缩进”复选框，设置“缩进边依据”为“20 %”，拖曳鼠标指针在人物周围绘制星星充当装饰，不断重复操作，共绘制 9 个大小不同的星星，效果如图 2-54 所示。

步骤 12 选择自定形状工具，在工具属性栏中设置“填充”为“#ffeef1”，取消描边，打开“形状”下拉列表框，展开“花卉”文件夹，选择“形状 _44”选项，拖曳鼠标指针在人物右下角绘制花朵充当装饰，如图 2-55 所示。

图2-54　绘制星星装饰

图2-55　绘制花朵装饰

素养课堂

在绘制图像时若没有设计思路，可在互联网中搜索同类型的设计作品获取设计灵感。在设计时必须坚持原创原则，坚决抵制未经授权直接使用、复制他人作品的行为，这是最基本的职业道德之一。

四、添加并变形文字

到这里，抖音账号头像的主体图像基本已经绘制完成，还需要添加机构名字。下面将使用横排文字工具添加机构名字，对名字进行变形处理，提升视觉效果，其具体步骤如下。

步骤 01 选择横排文字工具 **T**，在工具属性栏中设置“字体”“字号”“颜色”分别为“阿里妈妈东方大楷”“14 点”“#7760cb”，将鼠

标指针定位在人物的下方，单击鼠标左键确定插入点并输入“花梦绘坊”文字，如图 2-56 所示。

步骤 02 全选该文字，在工具属性栏中单击“创建文字变形”按钮，打开“变形文字”对话框，在“样式”下拉列表中选择“贝壳”选项，设置“弯曲”为“+33”，单击确定按钮，如图 2-57 所示。

步骤 03 按“Ctrl+Enter”键确认后，效果如图 2-58 所示。

图2-56 输入文字

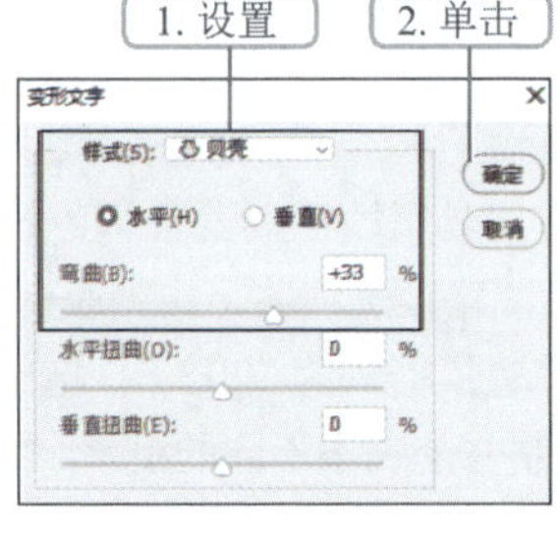

图2-57 设置变形文字

图2-58 变形文字效果

五、编辑文件内的图层

由于绘制的图像和添加的文字都是按操作顺序进行叠加的，因此还需要调整图层的堆叠顺序，使图像呈现出合理的布局。下面将使用“图层”面板的移动图层顺序、创建图层组、隐藏图层等功能调整文件内的图层，其具体步骤如下。

步骤 01 按“Ctrl+'”组合键取消显示网格。选择“椭圆 1”图层，单击该图层左侧的“指示图层可见性”按钮，隐藏图层，如图 2-59 所示。

步骤 02 观察完成后的效果，可发现耳朵图像的堆叠顺序应位于脸部图像下方。按住“Shift”键不放，同时选择两个“椭圆 3”图层，按住鼠标左键不放并向下拖曳到“椭圆 2”图层下方，待出现蓝色双横线时释放鼠标，即可移动图层，如图 2-60 所示。

图2-59 隐藏图层

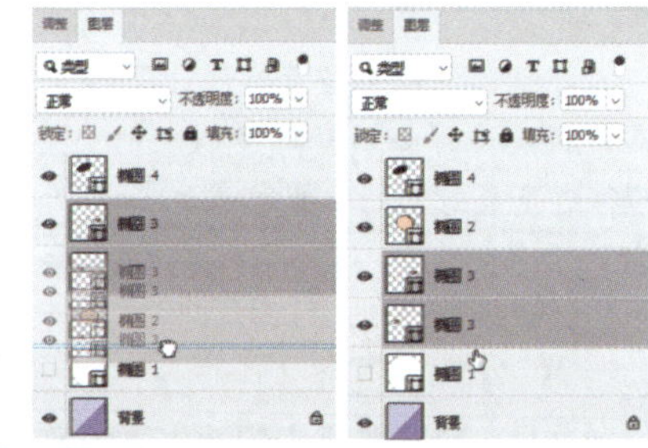

图2-60 移动图层

步骤 03 按照与步骤 02 相同的方法，选择“圆角矩形 1”“多边形 2”“多边形 3”图层，将其拖曳到“椭圆 2”图层下方，效果如图 2-61 所示。

步骤 04 由于绘制的星星和花朵装饰效果不够突出，还需要将花朵向左拖曳，再双击部分星星图像所在图层的缩略图右下角的图标，打开“拾色器（纯色）”对话框，重新设置的颜色如图 2-62 所示，通过改变颜色强化视觉效果。

图2-61　移动身体、脖子和衣领图层　　　　图2-62　修改星星和花朵

六、使用画笔工具和橡皮擦工具绘制光影

目前绘制的抖音账号头像过于扁平，可通过绘制光影的方式提升立体感。下面使用画笔工具为头像绘制高光和阴影，并使用橡皮擦工具擦除阴影，使其形成光影效果，其具体步骤如下。

步骤 01 新建图层，设置“前景色”为“#000000”。

步骤 02 选择画笔工具，打开工具属性栏中的“画笔设置”下拉列表框，设置“大小”为“13 像素”，“画笔样式”为“硬边圆”，将鼠标指针移至左侧头发处，单击并拖曳鼠标左键不放绘制阴影，注意尽量不涂到描边处，如图 2-63 所示。

步骤 03 更改画笔“大小”为“6 像素”，按照与步骤 02 相同的方法绘制身体、衣领、花朵和脸部的阴影，其中身体阴影颜色为“#624eaf”，衣领阴影颜色为“#c0c4e1”，花朵阴影颜色为“#7760cb”，脸部阴影颜色为“#d7a88b”，效果如图 2-64 所示。

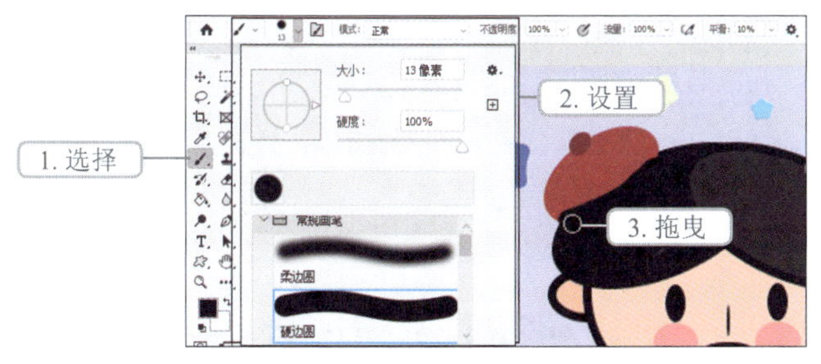

图2-63　绘制头发阴影　　　　图2-64　绘制其他阴影

步骤 04 选择橡皮擦工具，打开工具属性栏中的“画笔设置”下拉列表框，设置“大小”为“10 像素”，“画笔样式”为“硬边圆”，将鼠标指针移至头发阴影右侧，单击并拖曳鼠标左键不放擦除阴影，使阴影边缘平滑，如图 2-65 所示。

步骤 05 按照与步骤 04 相同的方法擦除其他阴影，在擦除过程中可根据实际需要调整橡皮擦的大小，效果如图 2-66 所示。

图2-65　擦除头发阴影

图2-66　擦除其他阴影

步骤 06 在“文字”图层底部新建图层，设置“前景色”为“#ffffff”，选择画笔工具，打开工具属性栏中的“画笔设置”下拉列表框，设置“大小”为“338 像素”，“画笔样式”为“柔边圆”，“不透明度”为“40 %”，在图 2-67 所示的位置单击两次鼠标左键，绘制高光效果，如图 2-68 所示。

步骤 07 按“Ctrl + S”组合键保存源文件，查看保存的图像文件，如图 2-69 所示，完成“抖音账号头像”的制作（配套资源 :\ 效果文件 \ 项目 2 \ 抖音账号头像 .psd）。

图2-67　定位绘制位置

图2-68　绘制高光效果

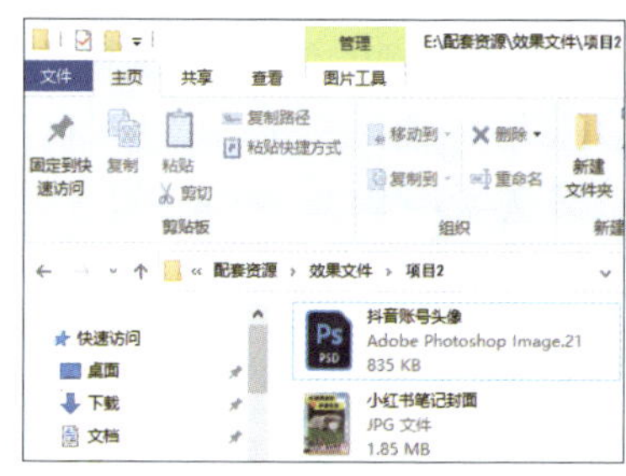

图2-69　查看保存的图像文件

经验之谈

在Photoshop中，对已保存的图像文件进行处理后，再按“Ctrl + S”组合键保存图像文件，不会弹出“另存为”对话框，而是直接保存当前图像文件，并覆盖首次保存的图像文件。

任务 4　实战——制作 App 开屏广告

开屏广告是指 App 启动时弹出的广告，尺寸一般为 1080 像素 ×2160 像素，会展示 5 秒，展示完毕后将自动进入 App 首页。App 开屏广告的视觉冲击力强，能快速吸引用户的注意，常用于引流。本实战将制作“缤纷花语集”集市活动的 App 开屏广告，该广告的受众主要是年轻用户群体，因此设计风格可选择深受年轻人喜欢的弥散风格（颜色之间自然渐变，过渡更加细腻，在视觉观感上具有模糊、轻盈、梦幻和柔和的特征），并借助滤镜和形状工具制作开屏广告的主要图像，然后通过图层样式、图层混合模式、图层不透明度等功能美化开屏广告，最后输入相关文字，以传达集市活动信息。本实战制作效果如图 2-70 所示。

图2-70　App开屏广告效果图

一、使用滤镜制作背景

滤镜是 Photoshop 提供的用于制作特殊效果图像的功能。本实战将使用形状工具组和渐变工具绘制背景，再使用滤镜制作弥散风格的背景，其具体步骤如下。

步骤 01 启动 Photoshop，新建一个名称为“App 开屏广告”，尺寸为“1080 像素 ×2160 像素”，分辨率为“150 像素 / 英寸”的图像文件。

步骤 02 选择渐变工具，打开“渐变编辑器”对话框，选择“绿色”文件夹中的“绿色 _02”选项，单击“确定”按钮，在图像编辑区从底部往顶部拖动填充线性渐变颜色。使用椭圆工具在图像编辑区绘制大小不同的椭圆，并设置不同的填充色（#ffffff、#f4779f、#f6ff00），效果如图 2-71 所示。

步骤 03 选择所有椭圆所在图层，按“Ctrl + G”组合键编组，选择【滤镜】/【转换为智能滤镜】菜单命令，弹出“选中的图层将转换为智能对象，以启用可重新编辑的智能滤镜”提示框，单击 确定 按钮，以激活该命令下方的其他命令。

经验之谈

在使用“滤镜”菜单栏的滤镜命令时，每使用一次命令都会对所选图层内容造成不可逆的影响，若后续需要调整滤镜效果，则只能逐一撤销效果。为此，Photoshop提供“智能滤镜”功能，用于将图层转换为智能对象，当在“图层”面板中双击使用滤镜命令时，可重新打开对应的对话框，在其中修改参数。

步骤 04 选择转换为智能对象得到的“组 1”图层，选择【滤镜】/【模糊】/【动感模糊】

菜单命令，打开“动感模糊”对话框，设置“角度”为“46”，“距离”为“295”，预览图像编辑区内的效果，感到满意后单击 确定 按钮，如图 2-72 所示，查看“组 1”图层添加滤镜后的变化，如图 2-73 所示。

图2-71　绘制椭圆

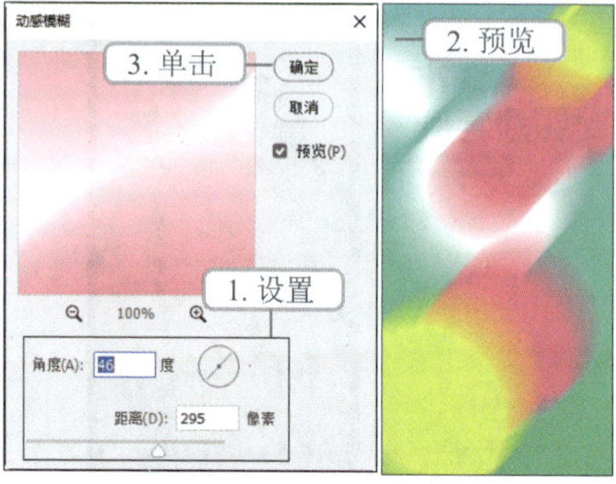

图2-72　设置“动感模糊”滤镜

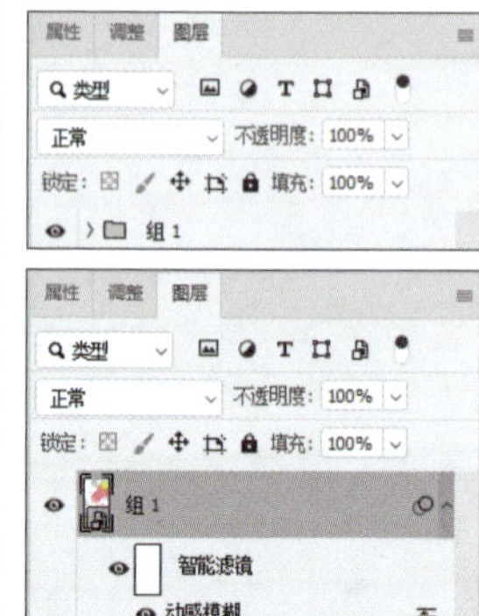

图2-73　查看“组1”图层添加滤镜后的变化

步骤 05 此时椭圆形状融合不够协调，选择【滤镜】/【模糊】/【高斯模糊】菜单命令，打开“高斯模糊”对话框，设置“半径”为“55.3”，预览图像编辑区内的效果，感到满意后单击 确定 按钮，如图 2-74 所示。

步骤 06 置入“花卉.png”图像（配套资源:\素材文件\项目 2\花卉.png），复制该图像并隐藏复制后的图像。选择未被隐藏的花卉图像，按“Ctrl + T”组合键显示图像定界框，拖曳图像定界框将其放大，效果如图 2-75 所示。

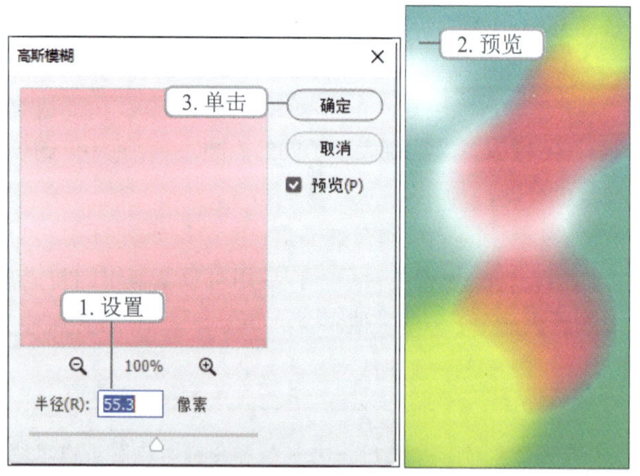

图2-74　设置“高斯模糊”滤镜

图2-75　置入并放大图像

步骤 07 选择未被隐藏的花卉图像，选择【滤镜】/【滤镜库】菜单命令，打开“滤镜库”对话框，在“扭曲”下拉列表框中选择“玻璃”选项，设置“扭曲度”为“10”，“平滑度”为“4”，“纹理”为“磨砂”，“缩放”为“102”，单击 确定 按钮，如图 2-76 所示。完成后的效果如图 2-77 所示。

图2-76　设置“玻璃”滤镜

图2-77　添加“玻璃”滤镜效果

步骤 08 选择未被隐藏的花卉图像，选择【滤镜】/【模糊】/【方框模糊】菜单命令，打开“方框模糊”对话框，设置“半径”为“47”，预览图像编辑区内的效果，感到满意后单击 确定 按钮，如图 2-78 所示。

步骤 09 选择未被隐藏的花卉图像，使用与步骤 07 相同的方法添加“玻璃”滤镜，并设置“扭曲度”为“16”，“平滑度”为“8”，“纹理”为“磨砂”，“缩放”为“122”，单击 确定 按钮，完成后的效果如图 2-79 所示。

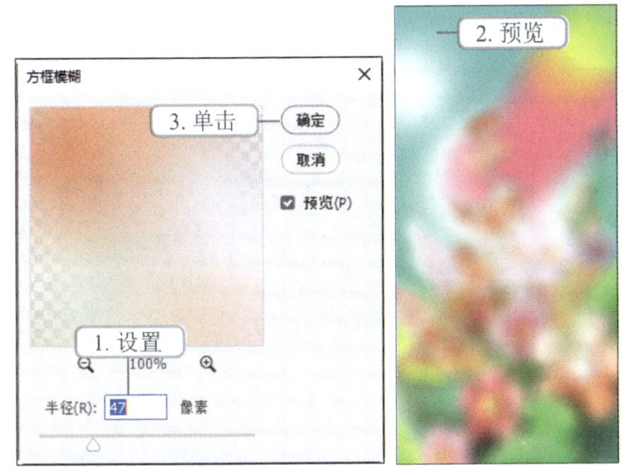

图2-78　设置“方框模糊”滤镜

图2-79　“玻璃”滤镜效果

二、使用图层样式和蒙版制作液态气泡

完成背景的制作后，App 开屏广告的顶部比较空旷，可添加一些装饰图像来均衡视觉效果。下面使用图层样式和蒙版制作液态气泡，用作顶部的装饰图像，其具体步骤如下。

步骤 01 选择椭圆工具，绘制一个“填充”为“#ffffff”的椭圆。

步骤 02 双击椭圆图层右侧的空白区域，打开“图层样式”对话框，单击选中“渐变叠加”复选框，单击渐变色条，打开“渐变编辑器”对话框，选择“粉色”文件夹中的“粉色_09”选项，单击 确定 按钮。返回“图层样式”对话框，设置角度为“49”，缩放为“101”，如图2-80所示。

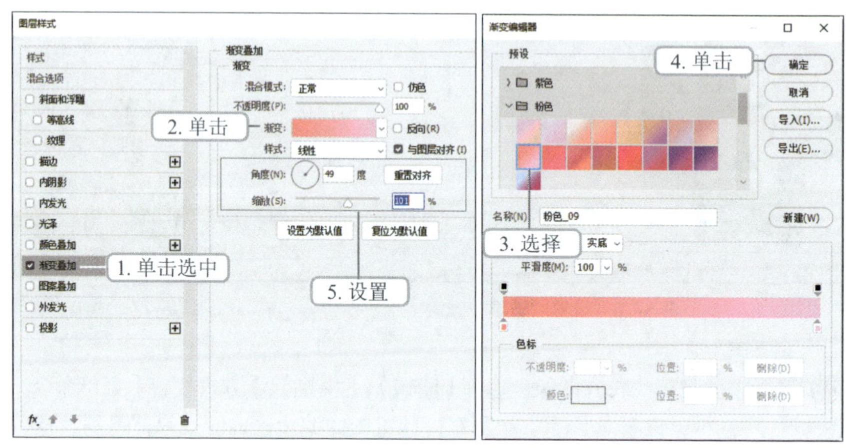

图2-80 设置“渐变叠加”图层样式

步骤 03 单击选中“斜面和浮雕”复选框，参数设置如图2-81所示，再单击“光泽等高线”右侧图表，打开“等高线编辑器”对话框，在其中通过单击曲线创建编辑点，再拖曳编辑点的形式调整曲线，单击 确定 按钮保存曲线设置，完成后单击 确定 按钮保存图层样式设置。

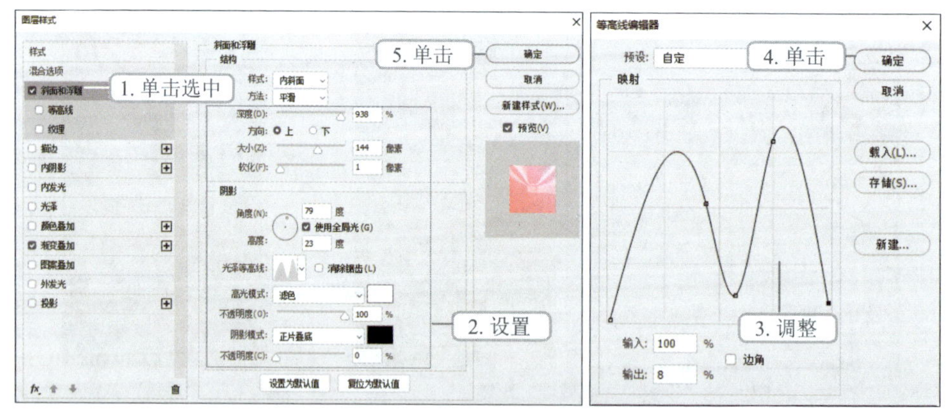

图2-81 设置“斜面和浮雕”图层样式

步骤 04 此时，可发现椭圆变为图2-82所示的状态。选择椭圆所在图层，单击“添加图层蒙版”按钮，设置“前景色”为“#000000”，选择画笔工具，打开工具属性栏中的“画笔设置”下拉列表框，设置“大小”为“94”，“画笔样式”为“柔边圆”，在图像编辑区中不断涂抹椭圆左下方和右上方，使其呈图2-83所示的形态。

步骤 05 按“Ctrl + T”组合键显示图像定界框，再单击鼠标右键，在弹出的快捷菜单中选择“变形”命令，图像定界框变为控制杆，拖曳控制杆的端点变形图像，然后按“Enter”键完成液态气泡的制作，如图 2-84 所示。

图2-82 添加图层样式效果

图2-83 涂抹椭圆

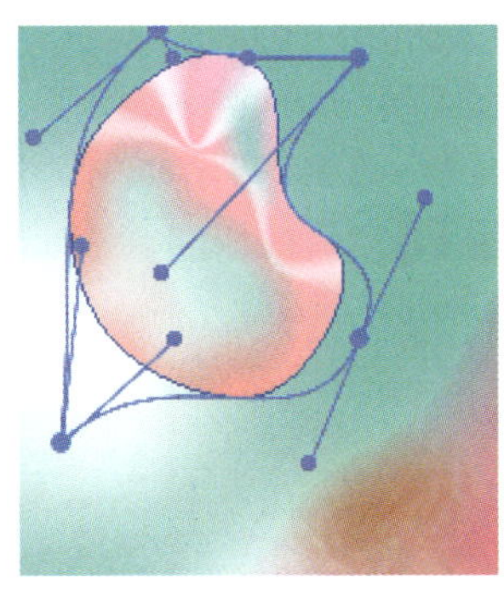
图2-84 变形图像

步骤 06 选择液态气泡，按“Ctrl + C”组合键和“Ctrl + V”组合键复制一个液态气泡图像，调整复制后液态气泡的位置，按“Ctrl + T”组合键显示图像定界框，缩小图像，再使用“变形”命令变形图像，如图 2-85 所示。

步骤 07 双击复制所得液态气泡图像所在图层右侧的空白区域，打开“图层样式”对话框，单击选中“渐变叠加”复选框，在右侧设置“渐变颜色”为“粉色 _06”，效果如图 2-86 所示。

步骤 08 按照与步骤 06 和步骤 07 相同的方法再复制 2 个液态气泡，调整位置并变形图像后，均修改“渐变颜色”为“粉色 _01”，效果如图 2-87 所示。

图2-85 变形复制后的图像

图2-86 叠加渐变颜色

图2-87 液态气泡效果

三、使用图层混合模式和不透明度美化图像

图层混合模式和不透明度都可以对图层内容的显示效果产生影响，因此也常用于美化图像。下面使用图层混合模式和不透明度提升图像的美观度，其具体步骤如下。

步骤 01 取消复制的花卉图像的隐藏状态，根据当前布局调整其位置，如图 2-88 所示。为了和另一个花卉图层区分，双击该图层名称，使名称呈可编辑状态，输入“花卉主体图”

文字。

步骤 02 选择“花卉主体图”图层，在“图层混合模式”下拉列表中选择“溶解”选项，再设置“填充”为“88 %”，如图 2-89 所示，效果如图 2-90 所示。

步骤 03 选择“组 1”图层，在“图层混合模式”下拉列表中选择“亮光”选项，再设置“不透明度”为“93 %”。

步骤 04 依次设置 4 个“椭圆 1”图层的“不透明度”为“70 %”“80 %”“90 %”和“70 %”，效果如图 2-91 所示。

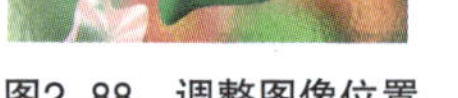

图2-88 调整图像位置

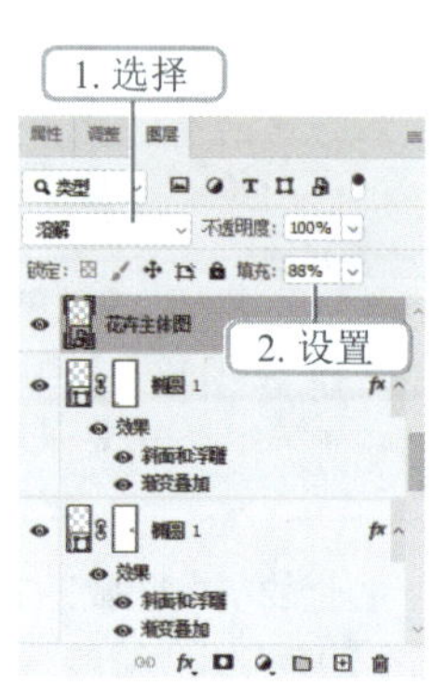

图2-89 设置图层

图2-90 设置图层效果

图2-91 设置其他图层

经验之谈

在Photoshop中，“图层”面板上的“不透明度”和“填充”参数都可用于调整所选图层内容的显示程度，但是，“不透明度”参数影响图层整体（即图层上的所有元素），而“填充”参数仅影响图层中的填充颜色或图案，不影响图层样式、图层蒙版及图层中形状的描边。

四、输入和装饰文字信息

目前，App 开屏广告的图像制作已接近尾声，但还缺乏文字信息。下面将为 App 开屏广告输入文字信息，包括活动名称、活动内容和活动时间，再绘制文本框并使用图层样式装饰部分文字，其具体步骤如下。

步骤 01 选择横排文字工具 **T**，在工具属性栏中设置“字体”“字体样式”“字号”“颜色”分别为“思源黑体 CN”“Normal”“30 点”“#002f23”，输入图 2-92 所示的文字。

步骤 02 依次选择“集市”“繁花映笑颜”文字，在“字符”面板中设置“字体”为“方正汉真广标简体”，“字号”为“72 点”，调整位置。

步骤 03 选择“COMING”文字，在“字符”面板中设置“字体”为“方正汉真广标简体”，“字号”为“24 点”。选择“缤纷花语集”文字，在“字符”面板中设置“字体”为“方正汉真广标简体”，“字号”为“30 点”。选择这两处文字，调整位置后再旋转文字方向，如图 2-93 所示。

步骤 04 选择“3.1-4.20”文字，在“字符”面板中设置“字号”为“48 点”，“颜色”为“#228037”，单击“仿粗体”按钮**T**和“仿斜体”按钮*T*。选择“快来参加吧！”文字，单击“仿斜体”按钮*T*，如图 2-94 所示。

图2-92　输入文字

图2-93　调整文字位置并旋转文字方向

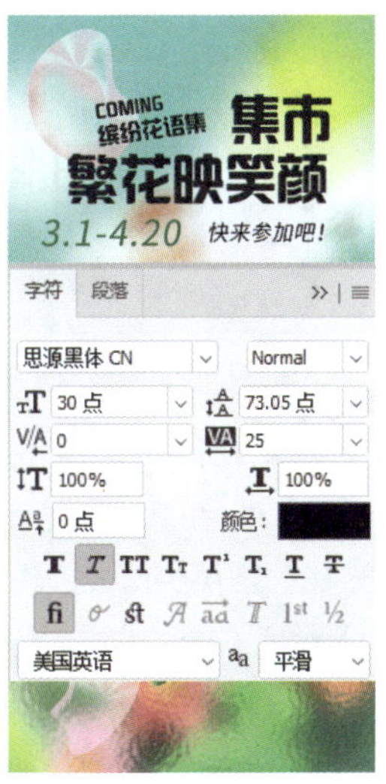

图2-94　调整其他文字

步骤 05 选择椭圆工具○，在工具属性栏中单击“填充”选项，在打开的下拉列表框中单击“渐变”按钮■，展开“蓝色”文件夹，选择“蓝色_03”选项，在图 2-95 所示的位置绘制椭圆，作为文字底纹，再将该椭圆所在图层移至“缤纷花语集”文字图层下方，如图 2-96 所示。

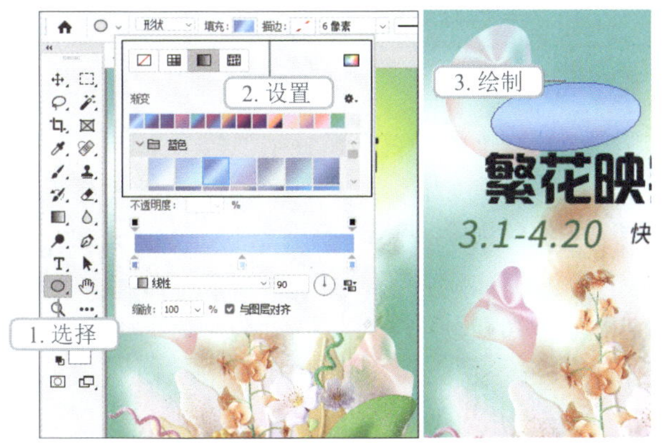

图2-95　绘制椭圆文字底纹

图2-96　添加文字底纹效果

步骤 06 选择圆角矩形工具，设置“填充”为“#228037”，在图 2-97 所示的位置绘制圆角矩形，作为文字底纹，再将该圆角矩形所在图层移至“快来参加吧！”文字图层下方。选择【窗口】/【属性】菜单命令，打开“属性”面板，单击按钮，使其变为状态，设置四个角的圆角半径分别为“40 像素”“10 像素”“10 像素”“40 像素”，如图 2-98 所示。

图2-97　绘制圆角矩形文字底纹

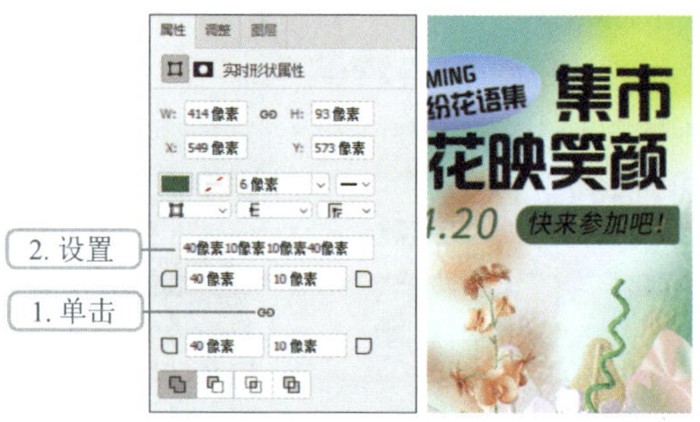

图2-98　编辑圆角矩形文字底纹

步骤 07 按照与步骤 06 相同的方法为“点击查看更多信息”文字绘制文字底纹，其中“填充”为“#514e54”，“描边”为“#ffffff”，“描边粗细”为“6 像素”，“半径”为“60”。然后在“图层”面板上设置“填充”为“80%”，效果如图 2-99 所示。

步骤 08 选择“点击查看更多信息”文字，在“字符”面板中设置“字号”为“36 点”，颜色为“#ffffff”，调整位置；选择“快来参加吧！”文字，在“字符”面板中设置“颜色”为“#ffffff”，调整位置，效果如图 2-100 所示。

图2-99　绘制并编辑其他文字底纹

图2-100　编辑部分文字效果

五、保存和导出图像

制作完 App 开屏广告后，保存并导出图像文件。下面将使用“导出为”命令导出 App 开屏广告图，其具体步骤如下。

保存和导出图像

步骤 01 按“Ctrl + S”组合键保存源文件（配套资源:\效果文件\项目 2\App 开屏广告.psd）.

步骤 02 选择【文件】/【导出】/【导出为】菜单命令，打开“导出为”对话框，设置“格式”为“JPG”，在“重新取样”下拉列表框中选择“两次立方”选项，单击导出按钮，如图 2-101 所示。

步骤 03 打开“导出”对话框，选择保存位置后，设置名称为“App 开屏广告图”，单击保存(S)按钮，如图 2-102 所示。查看导出图像，如图 2-103 所示。

图2-101　设置“导出为”对话框

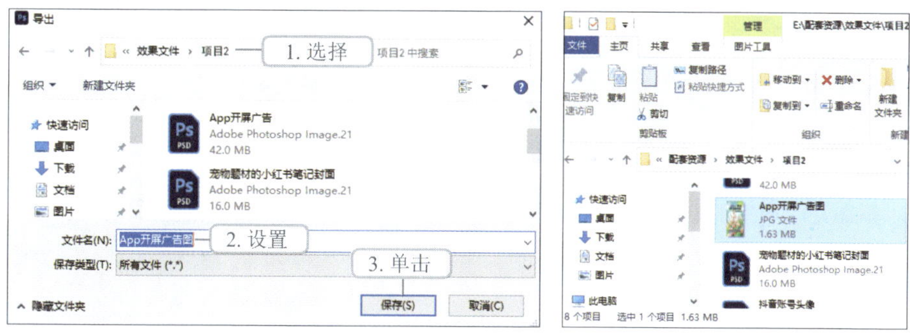

图2-102　设置“导出”对话框

图2-103　查看导出图像

拓展知识——AI 图像处理工具

随着科技的发展，目前出现了很多AI图像处理工具，使用这些工具也可以快速完成一些基础的图像处理操作，如抠图、图像修复等，从而提高图像处理效率。图可丽和remove.bg是AI图像处理工具中的佼佼者，新媒体从业人员可以掌握这两个工具的使用方法。

1. 图可丽

图可丽是一个集图像抠图、图像修复、图像艺术化等多个功能于一体的AI图像处理工具，能够有针对性地满足不同用户的需求。

（1）图像抠图

图可丽的图像抠图功能非常全面，不仅有“通用”抠图模式，还有专门针对“头部”“物体”“人像”等的抠图模式，可以满足用户多样化的抠图需求。

另外，在“图可丽”官方网站的首页中单击“一键抠图神器”选项，可进入“通用抠图”页面，单击电脑上传按钮，打开“打开”对话框，选择要抠取的图像，单击打开(O)按钮上传计算机中的图像；也可以单击手机上传按钮打开扫码弹框，使用手机扫描弹框中的二维码，上传手机中的图像。图像上传成功后，图可丽会自动抠图，如图 2-104 所示。

图2-104　自动抠图

抠图完成后单击下载按钮即可下载图像。如果需要对抠图完成后的图像进行其他操作，如添加纯色背景、添加图像背景、输入文字、添加贴纸等，可以单击编辑按钮，在打开的页面中对图像进行进一步处理。

（2）图像修复

单击“图可丽”官方网站首页顶部的“产品”选项卡，在“修复增强”栏中提供了修复 / 去水印、美化 / 自动曝光、老照片上色、图片高清等功能。

- 修复 / 去水印。用于去除图像中的瑕疵和水印。选择该选项，在打开的页面中上传图像后，自动进入操作页面，在页面上方根据实际需求选择修复工具，如“涂抹修复”工具、“勾选修复”工具、“点击修复”工具，在右侧进行修复操作。图 2-105 所示为利用“涂抹修复”工具修复人物脸部的瑕疵。
- 美化 / 自动曝光。用于调整亮度较暗、色彩灰暗等视觉效果较差的图像。选择该选项，在打开的页面中上传图像后，可自动完成美化操作。
- 老照片上色。用于为黑白照片上色，使其变为彩色图像。选择该选项，在打开的页面中上传图像后，可自动完成上色操作。
- 图片高清。通过使用增强图像清晰度的方式修复低质量图像。选择该选项，在打开的页面中上传图像后，可自动完成清晰化图像的操作。

图2-105　修复图像

（3）图像艺术化

在“产品”选项卡的“艺术化”栏中提供了动漫化、风格化 / 风格迁移、卡通头像功能。选择相应选项，进入操作界面，然后上传需要处理的图像，图可丽会自动处理。

- 动漫化。用于将图像风格变为动漫风格。
- 风格化 / 风格化迁移。用于将图像的绘制风格变为各类艺术家的风格，如图 2-106 所示。

图2-106　风格化/风格化迁移

- 卡通头像。用于自动识别图像的人脸，将其一键生成卡通头像，如图 2-107 所示。

图2-107　卡通头像

2. remove.bg

remove.bg 是一个免费的在线智能抠图网站，能够将图像背景快速消除干净，并且提供可替换的背景模板。

在 remove.bg 官方网站中，单击 上传图片 按钮或者直接将图像拖曳到该页面，便可自动抠取图像，如图 2-108 所示，单击 下载 按钮可根据需要选择图像下载质量。

图2-108 使用remove.bg智能抠图

除此之外，remove.bg 还提供了添加背景和擦除 / 恢复图像功能，能为抠取后的图像添加背景，以及擦除和恢复部分图像区域。

（1）添加背景

单击 + 添加背景 按钮，打开图 2-109 所示的对话框，可使用照片、颜色和虚化充当图像背景，设置完成后单击 完成 按钮即可完成背景的添加，单击 重置 按钮可重置设置。

图2-109 添加背景

● 照片。可使用 remove.bg 提供的或自定义的照片充当背景。在使用 remove.bg 提供的照片时，拖曳下方的滑块可浏览提供的照片；若使用自定义的照片，需要单击按钮，打开"打开"对话框，选择所需照片后单击 打开(O) 按钮，remove.bg 会自动使用该照片充当背景。

● 颜色。可使用 remove.bg 提供的或自定义的颜色充当背景。若使用自定义的颜色，需要单击按钮，打开图 2-110 所示的对话框，在其中设置颜色值。

● 虚化。用于调整图像添加背景的模糊程度。拖曳模糊背景参数前的按钮，使其呈状态以激活该参数设置，然后拖曳下方滑块设置模糊量，如图2-111所示。

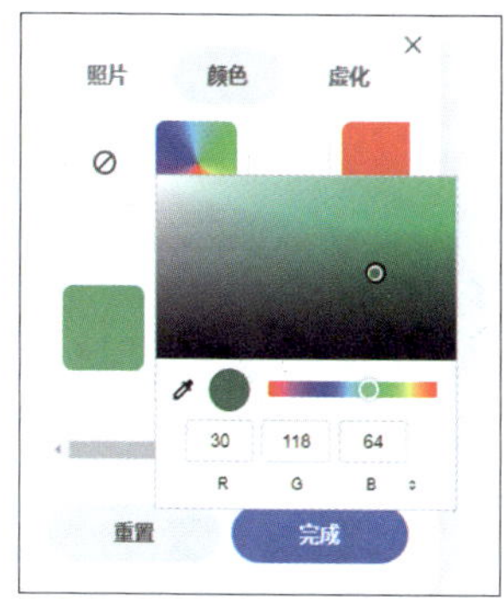

图2-110　自定义颜色的对话框

图2-111　虚化背景

（2）擦除/恢复图像

单击 擦除/恢复 按钮，打开图 2-112 所示的对话框，可使用"擦除"或"恢复"魔力笔刷调整当前图像的内容，完成后单击 完成 按钮，单击 重置 按钮可重置设置。在操作过程中，可单击 – 按钮缩小图像，单击 + 按钮放大图像，单击按钮比较原图，单击按钮撤销当前操作，单击按钮重做操作。

选择"擦除"选项并设置画笔尺寸后，将鼠标指针移至图像上，拖曳鼠标指针可擦除图像，如图 2-113 所示；选择"恢复"选项并设置画笔尺寸后，将鼠标指针移至图像上，拖曳鼠标指针可恢复图像，如图 2-114 所示。

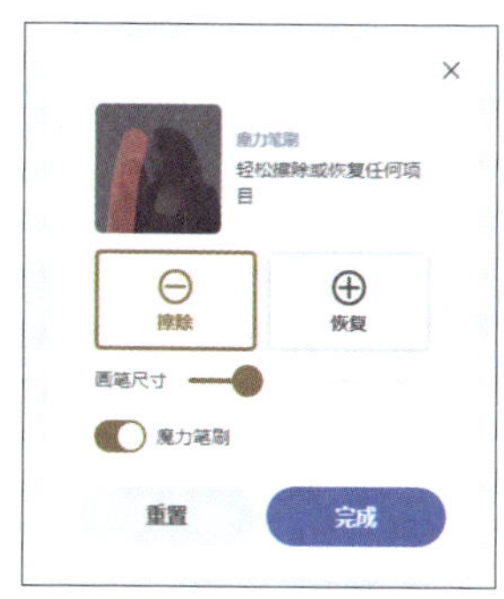

图2-112　擦除/恢复图像对话框

图2-113　擦除图像效果

图2-114　恢复图像效果

课后练习

（1）使用“狗狗 . jpg”图像文件（配套资源 :\ 素材文件 \ 项目 2 \ 狗狗.jpg）制作以“宠物喂养”为主题的小红书笔记封面，完成前后的对比效果如图 2-115 所示（配套资源 :\ 效果文件 \ 项目 2 \ 宠物题材的小红书笔记封面 .psd）。

提示：首先新建图像文件，通过矩形工具和“图案叠加”图层样式制作背景，再置入并调整狗狗图像的亮度、饱和度，利用图像蒙版调整显示区域，通过横排文字工具和竖排文字工具输入文字内容，利用椭圆工具和画笔工具绘制文字底纹，最终完成“宠物题材的小红书笔记封面”图像的制作。

图2-115　宠物题材的小红书笔记封面

（2）为“猫趣画廊”工作室制作一个艺术风格较强的抖音账号头像，完成后的效果如图 2-116 所示（配套资源 :\ 效果文件 \ 项目 2 \ 艺术风格的抖音账号头像 .psd）。

提示：首先新建图像文件，通过椭圆工具和设置图层的混合模式、填充制作背景；通过多边形工具和椭圆工具绘制出猫咪的大致轮廓，再使用画笔工具绘制细节，将其编组成图层组后，使用“晶格化”滤镜制作特殊效果；使用横排文字工具输入工作室名称，使用图层样式美化名称，最终完成“艺术风格的抖音账号头像”图像的制作。

图2-116　艺术风格的抖音账号头像

（3）利用“开屏广告背景素材 .png”“开屏广告素材 .psd”图像文件（配套资源 :\ 素材

文件 \ 项目 2 \ 开屏广告背景素材 .png、开屏广告素材 .psd)，制作以“七夕”为主题的 App 开屏广告，完成后的效果如图 2-117 所示（配套资源 :\ 效果文件 \ 项目 2 \“七夕”主题的 App 开屏广告)。

提示 ：首先打开“开屏广告素材 .psd”图像文件，修改图像大小和画布大小，再置入“开屏广告背景素材 .png”图像文件，使用渐变工具和“半调图案”滤镜制作背景图像，再添加其他素材，通过横排文字工具输入文字内容，使用圆角矩形工具绘制文字底纹，最终完成“‘七夕’主题的 App 开屏广告”图像的制作。

图2-117 “七夕”主题的App开屏广告

项目3

使用Audition处理音频

音频除了可以通过传统的广播等媒介收听，还可以在新媒体平台上收听，甚至可用到视频、动画等内容的制作中，属于一种重要的信息表现形式。Audition 是一款专业的音频处理软件，提供了录制、剪辑、合成音频，以及为音频添加特殊效果等功能。

【知识目标】

- 掌握音频处理的基础知识。
- 掌握音频处理软件 Audition 的基础知识。

【能力目标】

- 掌握录制音频的方法。
- 能够制作宣传语音频。
- 能够处理录制的音频。

【素养目标】

- 提升自己对声音的感知能力，以准确判断声音的音高、音色等要素。
- 持续关注音乐、影视、广告等领域的发展趋势，不断学习和提升自己的音频处理能力，从而更好地适应职场变化。

任务 1 音频处理基础知识

在新媒体技术的运用中，除了需要提供丰富的视觉效果，使用音频提升用户的视听体验同样重要。新媒体从业人员在使用 Audition 处理音频前，需要对音频的概念和关键属性、类型、文件格式，以及该软件的基础知识有一定的了解。

一、音频的概念和关键属性

当发音物体振动时，会引发周围的弹性媒质（指传递波动或振动的物质介质）——空气的气压产生波动，从而形成疏密波，这就是声波（即一种连续的模拟音频信号）。在电子设备中，这些模拟音频信号通常被转换为数字信号进行存储和处理。另外，由于声音的传播主要通过声波进行，因此科学家们采用从左到右呈现连续波动的波形图可视化数字信号，以直观地展示其内容和变化，这便形成了音频，如图 3-1 所示。

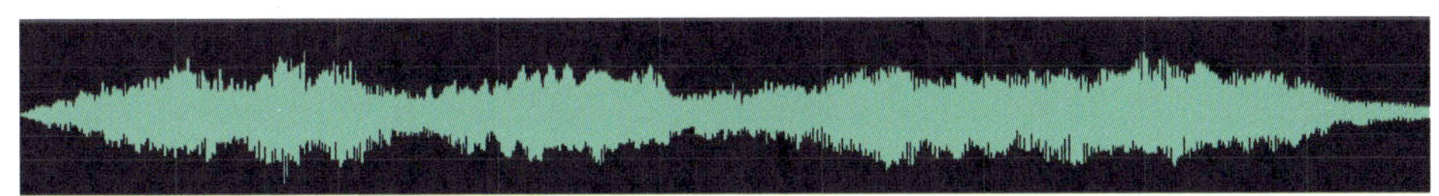

图3-1 音频

频率、采样率、取样大小和位深度、声道是音频的关键属性。了解这些属性的概念及作用，可以更深入地了解音频。

1. 频率

频率是指振动物体每秒振动的次数，也是音频波形的振荡频率，用于描述一段音频单位时间内声源所完成的全振动的周期数，单位是赫兹（Hertz，Hz）。人类的听觉范围为 20Hz ～ 20kHz（kilohertz，赫兹的千倍单位），在这个范围内的声音被称为音频，频率范围低于 20Hz 的信号被称为亚音频，频率范围高于 20kHz 的信号被称为超音频或超声波。

2. 采样率

采样率是指一段时间内连续采集音频信号的频率，表示每秒采集的样本数，它决定了音频的频率范围。采样率越低，音频的频率范围越窄；采样率越高，音频的波形越接近原始音频的波形，其频率范围越宽。

3. 取样大小和位深度

取样大小是指每个采样点的位数，也称为比特数。而位深度又称量化比特，是指多少位表示一个采样点的量化级别，决定了音频信号的动态范围和分辨率。动态范围是指音频系统记录与重放时最大不失真输出功率与静态时系统噪声输出功率之比的对数值，单位为分贝，常用字母 dB 表示。

一般情况下，位深度等于“取样大小 ×8”，如取样大小为 16 位的音频，对应的位深度为 128 位。当采样音频时，需要为每个采样指定最接近原始声波振幅的振幅值，而较高的位深度可以提供更多可能的振幅值，从而产生更大的动态范围，提高声音保真度。但位深度越高，音频文件也越大。在实际使用中，经常要在音频文件的大小和音频质量之间权衡。

4. 声道

由于音频信号在传输、记录、编辑处理的过程中常常会用到多个音频轨道（简称音轨），为了使其信号在用户终端能得到正确的重放，可使用单声道、双声道、多声道 3 种标准制式（标准制式是指在音频录制、传输和播放过程中，所遵循的特定声道配置和音频处理技术标准）重现音频信号。

（1）单声道

单声道也称为单耳声，单声道音频仅有一个音频波形。在播放单声道音频时，左右两个音箱发出的声音完全相同，听者可能会感觉声音效果相对单调，并且难以感知声音的方位。

（2）双声道

双声道也称为立体声，双声道音频包含左声道（缩写 L）、右声道（缩写 R），有 2 个音频波形，并且两个音频波形不能完全一致，如图 3-2 所示。

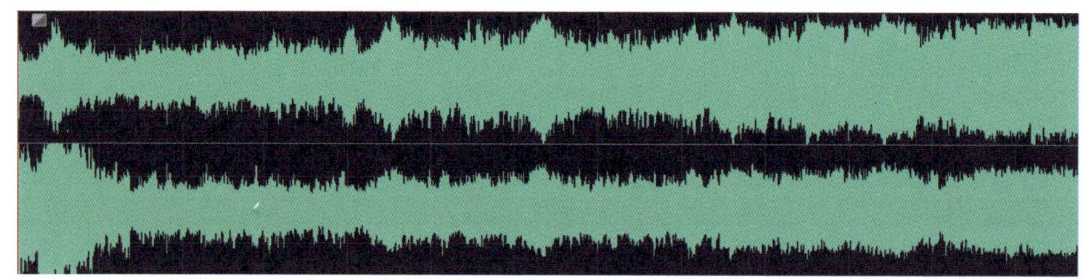

图3-2　双声道音频

在播放双声道音频时，左右两个音箱发出声音的相位（指声音的起点位置和方向）和声强（衡量声音在传播过程中强弱的物理量）不完全一样，它可以还原真实声源的方位。与单声道音频相比，双声道音频的听觉效果更丰富，但其产生的文件需要两倍的存储空间。

（3）多声道

常见的多声道为 5.1 环绕声，是指声音把听者包围起来的一种重放方式，包含“5+1”共 6 个声道，分别是中央声道（C）、左声道（L）、右声道（R）、左环绕声道（Ls）、右环绕声道（Rs），以及重低音声道（LFE）。

多声道音频能逼真地再现声源的直达声和厅堂各方向的反射声，具有更真实的代入感。多声道产生的文件需要更大的存储空间，也需要特定的播放设备。

二、音频的类型

根据音频的内容特征，音频大致分为语音、音乐、音效、噪声和静音 5 种类型。

● 语音。语音即语言的声音，是语言符号系统的载体，也是包含信息量较大的数字音频载体。语音通常由人的发声器官发出，并在特定语境中携带相应的语言意义。

● 音乐。音乐是一种由规则振动发出的声音，它是表达人们思想情感和反映现实生活的艺术形式。

● 音效。音效又称效果声，是伴随着一些自然界现象发出的，或有特殊内容和效果的音频，如雷雨声、脚步声和爆炸声等，是影视作品中的重要组成元素。

● 噪声。噪声是发声体做无规律振动时，发出的与音频信息内容无关的声音，通常来自机械、电子、交通等各种杂乱环境，一般将干扰生活和工作的声音称为噪声。

● 静音。静音是指不存在可被人感知的声音，在音频中可以起到营造对比效果、分隔音频片段、去除噪声和调整节奏等重要作用。

三、音频文件格式

音频文件格式有许多种，下面将介绍 WAV 格式、MP3 格式、OGG 格式和 AIFF 格式。

● WAV 格式。WAV 格式是一种被 Windows 系统广泛支持的、无损压缩的音频文件格式。用不同的采样频率采样声音的模拟波形，可以得到一系列离散的采样点，以不同的量化位数（8 位或 16 位）把这些采样点的值转换成二进制数，然后存入磁盘，可产生 WAV 格式的音频文件。

● MP3 格式。MP3 是指 MPEG 标准中的音频部分，也就是 MPEG 音频层。根据压缩质量和编码处理的不同可分为 3 层，分别是 *.mp1、*.mp2、*.mp3。需要注意的是，MPEG 音频文件的压缩是一种有损压缩，基本保持了低音频部分不失真，但牺牲了声音文件中 12kHz ～ 16kHz 高音频部分的质量。相同长度的音频文件，用“*.mp3”格式进行存储，一般只有“*.wav”文件的 1/10，音质要低于 CD 格式或 WAV 格式的音频文件。

● OGG 格式。OGG 格式是一种非常先进的音频文件格式，可以不断地进行大小和音质的改良，而不影响旧有的编码器或播放器。OGG 格式采用有损压缩，但使用了更加先进的声学模型减少了损失，因此，同样位速率（BitRate）编码的 OGG 格式文件比 MP3 格式文件效果更好，因而使用 OGG 格式文件的好处是可以用更小的文件获得更好的声音质量。

● AIFF 格式。AIFF 是一种无损音频编码格式，可以存储高保真音频，保留了原始音频的所有细节和动态范围。AIFF 格式可以在所有操作系统和音频编辑软件中使用，具有很好的跨平台兼容性。AIFF 格式还支持添加元数据信息，如艺术家、专辑、曲目等，方便管理和检索音频文件。

经验之谈

无损音频编码格式压缩比大约是2∶1，解压时不会产生数据/质量上的损失，解压产生的数据与未压缩的数据完全相同。有损压缩格式是基于心理声学的模型，除去人类很难听到或根本听不到的声音，即解压产生的数据与未压缩的数据并不相同。

四、音频处理软件Audition

Audition 是一款功能强大的、专业的音频处理软件，它可以变换音频属性、调整音频音量、录制音频、剪辑音频、添加音频效果器、混缩音频，满足新媒体从业人员对音频处理的需求。

1. Audition 操作界面

在计算机中双击 Audition 软件图标可启动该软件，并进入操作界面（见图 3-3），该界面包括菜单栏、工具栏、面板组、状态栏等部分。

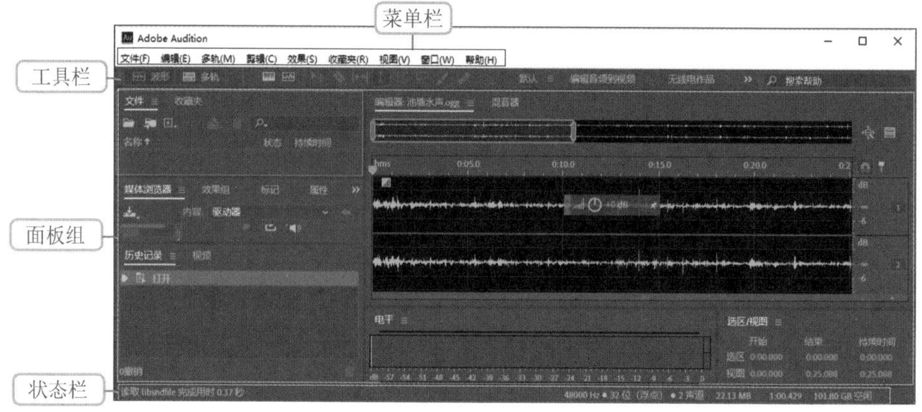

图3–3　Audition 操作界面

● 菜单栏。Audition 所有命令都位于菜单栏的 9 个菜单选项中，每个菜单选项包括多个命令。若命令右侧标有 › 符号，则表示该命令还有子菜单。若命令呈灰色显示，则表示该命令没有被激活或当前不可用。

● 工具栏。工具栏主要用于对音频波形进行简单的编辑操作，工具图标默认为浅灰色，选择某个工具后，该工具图标变为蓝色，表示可以执行对应的操作。另外，切断所选剪辑工具的图标下方有符号，表示该工具处于一个工具组；长按鼠标左键可显示一个下拉框，在该框中可选择工具组中另一个切断所有剪辑工具。

● 面板组。面板组是 Audition 操作界面的主要组成部分，主要用于对音频进行相应的设置，其中“编辑器”面板是处理音频的主要位置。

● 状态栏。状态栏用于显示当前操作状态、视频帧率、采样率、位深度、文件大小、文件总时长、磁盘剩余空间等。

2. 切换编辑模式

切换编辑模式可以简单理解为切换“编辑器”面板的显示模式，Audition 提供了波形、多轨、频谱、音高 4 种模式，其中常用的只有波形模式和多轨模式，这里对这两种模式的切换方法进行讲解。

● 切换波形模式。波形模式为默认显示模式，单击工具栏中的“查看波形编辑器”

按钮可切换到波形模式，在该模式下只会显示所打开音频的波形，同时可使用工具栏中的时间选择工具处理音频，如图 3-4 所示。

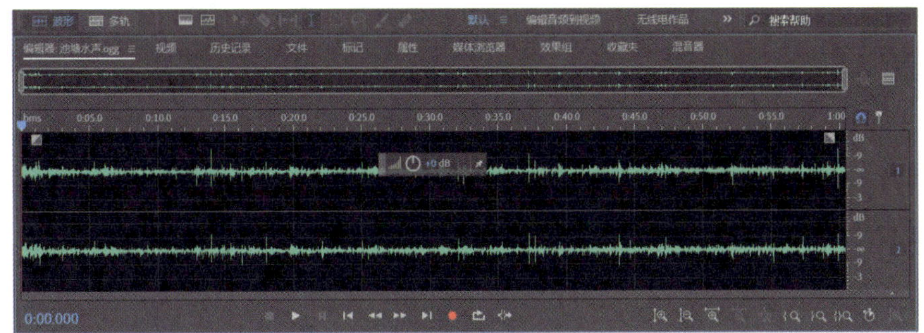

图3-4　波形模式

● 切换多轨模式。单击工具栏中的“查看多轨编辑器”按钮可切换到多轨模式（若“文件”面板中不存在多轨音频文件，则会弹出“新建多轨会话”对话框，新建多轨会话后，才会切换到多轨模式），在该模式下会显示多个音频轨道，同时工具栏中的移动工具、切断所选剪辑工具、切断所有剪辑工具、滑动工具和时间选择工具都可使用，如图 3-5 所示。

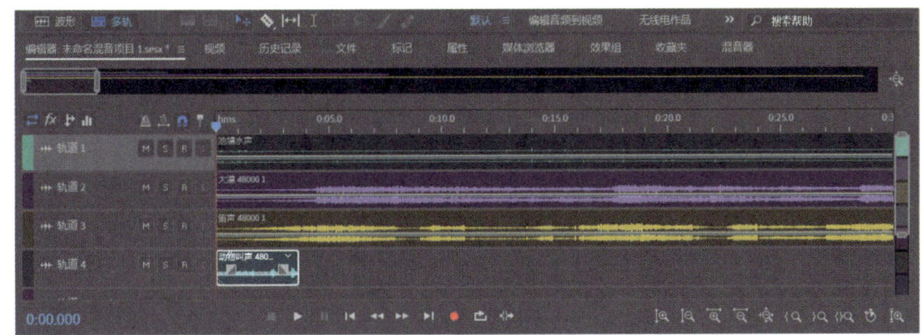

图3-5　多轨模式

3. 录制音频

使用 Audition 录制音频一般有录制计算机外部设备输入的声音（简称“外录”）和录制计算机系统中的声音（简称“内录”）两种形式。

（1）外录

录制计算机外部设备输入的声音，需要先在计算机上安装声卡，再安装外部输入设备，最后调试计算机系统和设置 Audition，以确保录制设备能正常工作。

● 安装声卡。声卡也叫音频卡（见图 3-6），用于将声波振幅信号采样转换成一串数字信号存储到计算机中，在需要收听时，再将数字信号以同样的采样速度还原成模拟波形，放大后再送到扬声器发声，是实现声波和数字信号转换的硬件，能够帮助用户完成有关音频的创作、编辑等操作。需要注意的是，声卡上有一个游戏杆连接器（用于连接游戏机和声卡），若一个游戏杆已经连在机器上，则应使声卡上的游戏杆连接器处于未选用状态，否则2个游戏杆会互相冲突。而且，声卡上游戏杆端口的设置、声卡的IRQ号（每个外部设备都有唯一的一个中断号）和DMA通道（声卡录制或播放音频时所使用的通道）的设置，不能与系统上其他设备的设置相冲突，否则声卡就无法工作，甚至会导致计算机死机。

● 安装外部输入设置。常用的外部输入设备主要有话筒和有麦耳机。其中话筒是一种将声音信号转换为电信号的能量转换器件，如图3-7所示。有麦耳机是一种同时具备耳机和话筒功能的设备，如图3-8所示，适合于一些需要同时听声音和通话的场合，如打电话、视频会议、网络教学等。有麦耳机的话筒部分通常位于耳机线上或耳机的一侧，方便用户进行语音通话或录音。

图3-6 声卡

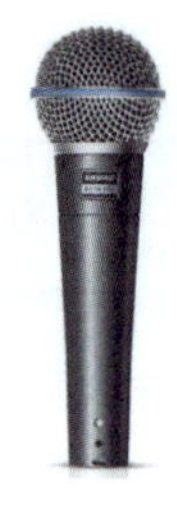

图3-7 话筒

图3-8 有麦耳机

● 调试计算机系统。正式录制音频前，应确保有麦耳机、话筒等外部设备已经正确安装到计算机上，在Windows系统的“设置”对话框的“声音”选项卡中可查看计算机当前的输入设备。另外，为防止录制的音量过小，可以将鼠标指针移至Windows系统任务栏中的“音量”图标处，单击鼠标右键，在弹出的快捷菜单中选择“声音”选项，打开“声音”对话框，在“录制”选项卡中选择当前外部设备的名称选项，再单击右下角的 属性(P) 按钮，在打开的对话框中单击“级别”选项卡，向右拖曳“麦克风加强”滑块，增强该设备录制的音量和音质，最后单击 确定 按钮保存设置。

● 设置Audition。启动Audition，选择【编辑】/【首选项】/【音频硬件】菜单命令，打开“首选项”对话框，此时默认输入已被设置为安装的外部设备名称选项，在外录过程中要保持该选项被选中。

（2）内录

录制计算机系统中的声音，则需要先调试计算机系统，再设置Audition。

● 调试计算机系统。将鼠标指针移至Windows系统任务栏中的“音量”图标处，单击鼠标右键，在弹出的快捷菜单中选择“声音”选项，打开“声音”对话框，单击“录制”选项卡，然后拖曳滚动条到下方，发现“立体声混音”设备，该设备右下角显示“禁用”文字，选择该设备，单击鼠标右键，在弹出的快捷菜单中选择“启动”命令，可以看到该设备下方显示“准备就绪”文字，最后依次单击 确定 按钮保存设置。

● 设置Audition。启动Audition，选择【编辑】/【首选项】/【音频硬件】菜单命令，打开“首选项”对话框，在“默认输入”下拉列表框中出现“立体声混音（Realtek High

Definition Audio)”选项，选择该选项，弹出图 3-9 所示的提示框，单击 是 按钮，待提示框消失后，再单击“首选项”对话框的 确定 按钮保存设置。

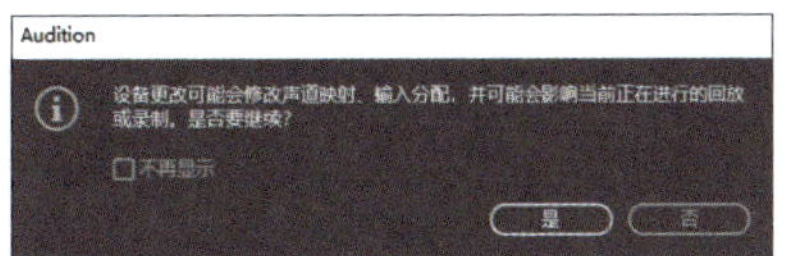

图3-9　提示框

任务 2　实战——处理抖音短视频配音

配音的常见类型有旁白配音、角色配音、音效配音、情感配音和方言配音，本实战的抖音短视频时长在 1 分 20 秒左右，以测评为主题，可采用旁白配音。该类配音通常用于介绍背景、情境、人物等，以帮助观众更好地理解视频内容，增加信息的传递效率。

效果预览

本实战将使用 Audition 处理录制的配音素材，包括删除多余内容、提高音量、变换音频属性等，使其时长符合需求，内容更加清晰、悦耳，音质和听感效果更佳。

一、打开音频文件

处理单个音频文件时，可直接使用 Audition 打开该文件，无须新建音频文件，其具体步骤如下。

打开音频文件

步骤 01 双击 Audition 软件图标 Au 启动该软件，进入操作界面。

步骤 02 选择【文件】/【打开】菜单命令，打开“打开文件”对话框，找到“测评录音 .mp3”音频文件（配套资源 :\ 素材文件 \ 项目 3\ 测评录音 .mp3），单击 打开(O) 按钮，如图 3-10 所示。

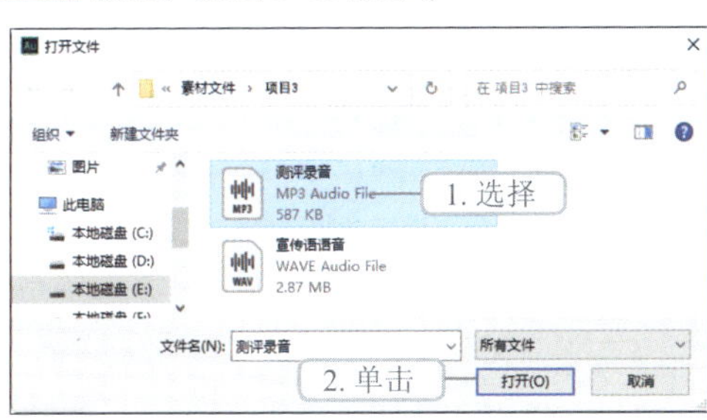

图3-10　打开音频文件

步骤 03 此时，“编辑器”面板中会显示所打开音频文件的波形，如图 3-11 所示。

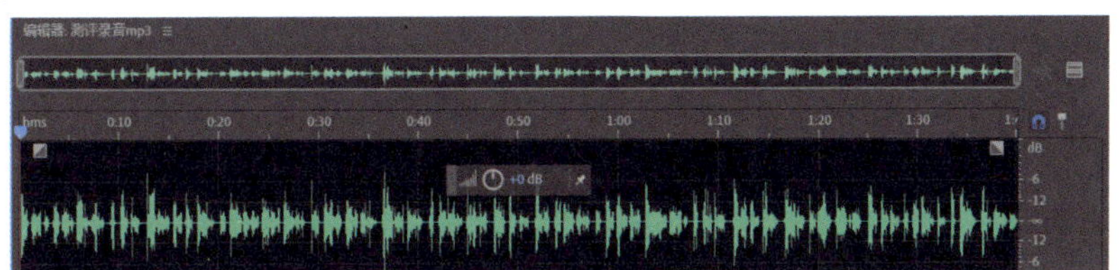

图3-11　打开音频文件的波形

二、变换音频属性

由于“测评录音”音频文件为单声道音频，可将其变为双声道音频，以提升听感，其具体步骤如下。

步骤01 选择【编辑】/【变换采样类型】菜单命令，如图 3-12 所示，打开“变换采样类型”对话框。

步骤02 在“声道”下拉列表中选择“立体声”选项，单击 按钮，展开“高级”选项，如图 3-13 所示。

步骤03 设置“右混合”为“80%”，单击 确定 按钮，如图 3-14 所示。此时的音频波形如图 3-15 所示。

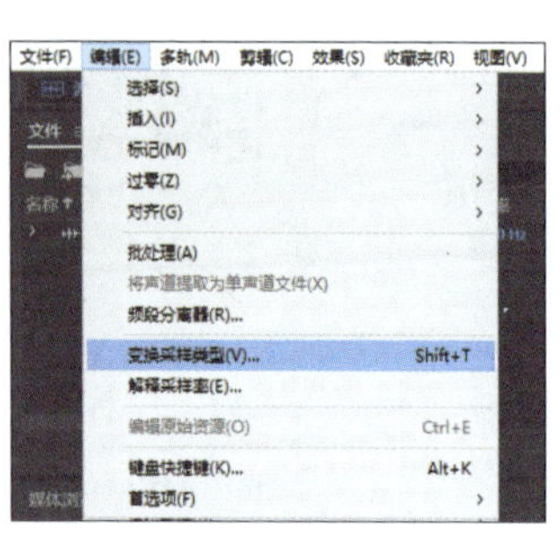

图3-12 选择命令

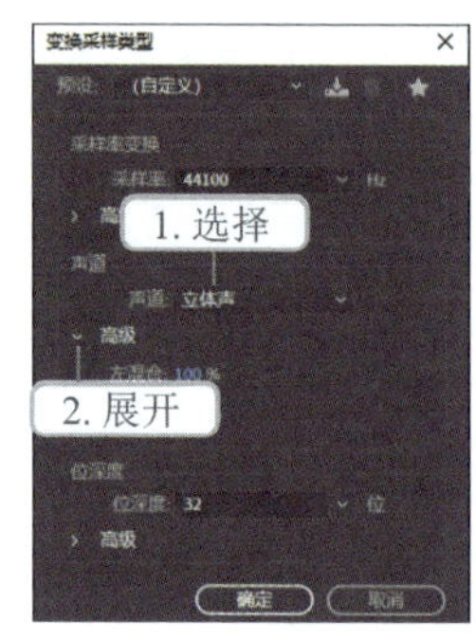

图3-13 选择声道并展开“高级”选项

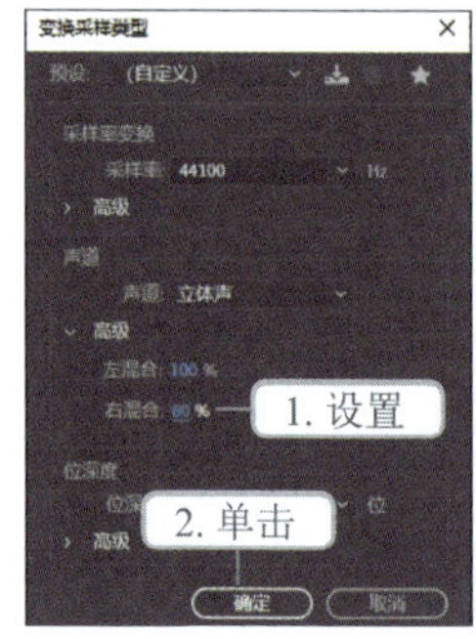

图3-14 调整右声道波形

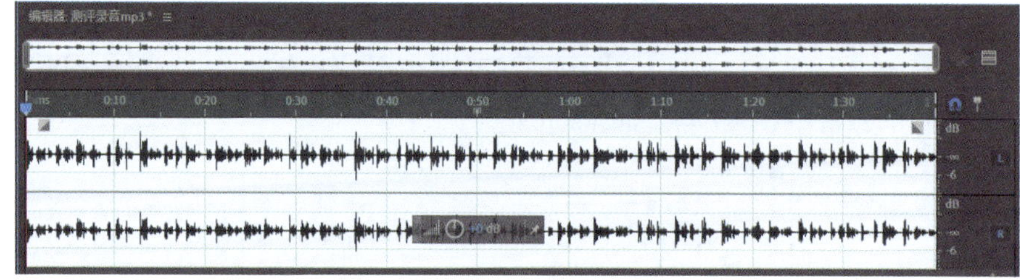

图3-15 变换音频属性的效果

三、标记与剪辑音频文件

通过查看波形上方标尺栏的刻度值，可知当前音频时长在 1 分 40 秒左右，需要删除 20 秒的内容才符合要求。下面将运用标记功能定位删除波形的位置，再使用时间选择工具 选取要删除的波形，按“Delete”键删除，其具体步骤如下。

步骤01 在任意波形处单击鼠标左键，取消音频波形的全选状态。在时间码处输入“0:00.000”，按“Enter”键确认，保证音频能够从开始处播放，如图 3-16 所示。

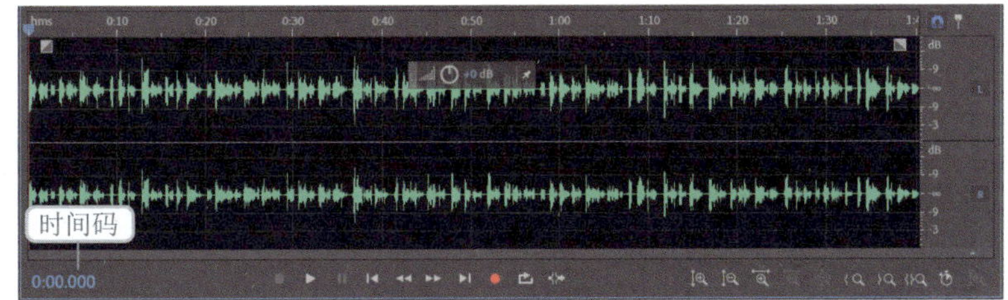

图3-16　设置时间码

步骤 02 选择【窗口】/【标记】菜单命令，打开“标记”面板。按空格键播放音频，当播放到 0:19.938 处时，单击“标记”面板上的“添加提示标记”按钮创建第一个标记点，如图 3-17 所示。

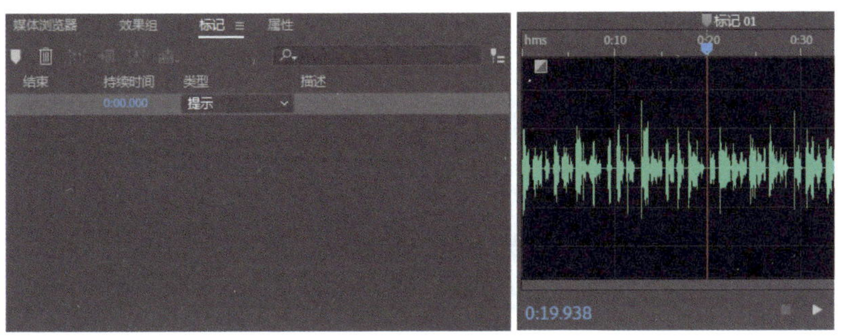

图3-17　创建第一个标记点

步骤 03 按照和步骤 02 相同的方法，继续播放音频并创建标记点，标记点分别为 0:28.668、0:41.223、0:47.491、0:57.918、1:07.203 和 1:24.986，如图 3-18 所示。

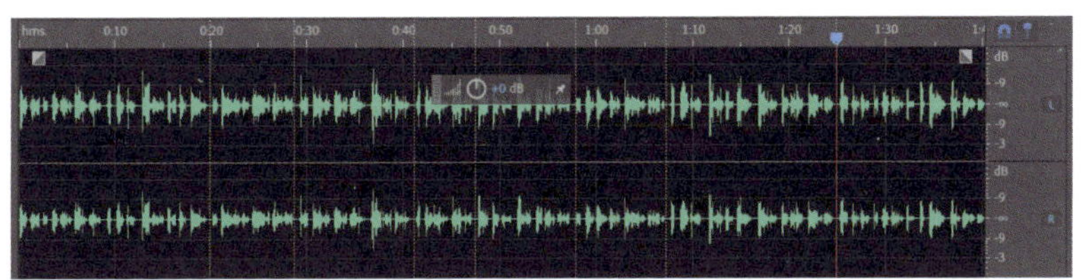

图3-18　创建其他标记点

步骤 04 在“标记”面板上按住“Shift”键不放并选择第一、第二个标记点，单击“合并所选标记”按钮，如图 3-19 所示，此时这两个标记点变为一个标记范围，如图 3-20 所示。

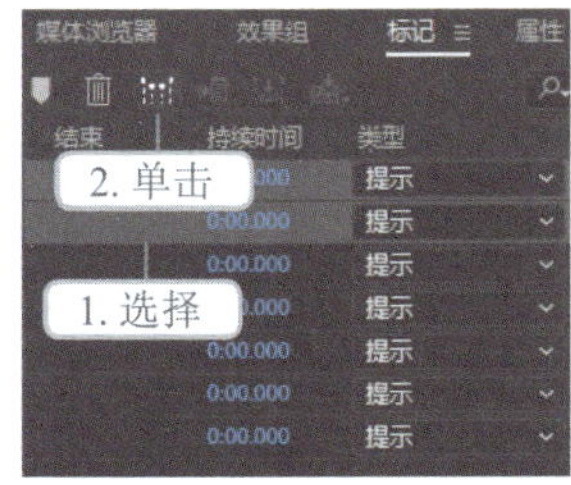

图3-19　选择第一、第二个标记点

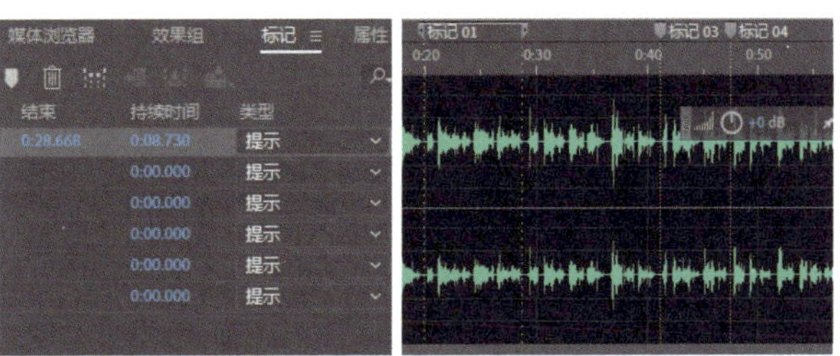

图3-20　合并标记点为标记范围

步骤 05 在“标记”面板上双击标记范围空白处，即可选择对应时段的音频波形，如图 3-21 所示。按“Delete”键将所选音频波形删除，效果如图 3-22 所示。

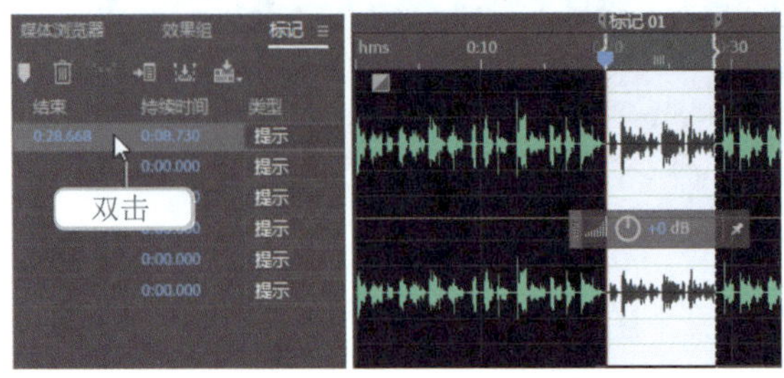

图3-21　选择标记范围处的音频波形

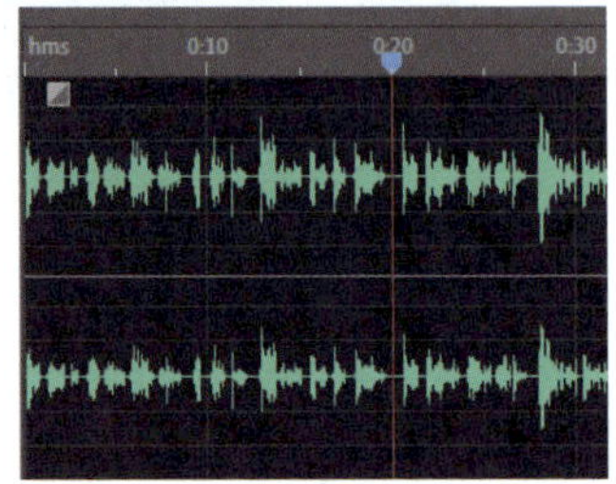

图3-22　删除标记范围处的音频波形

步骤 06 按照与步骤 04 相同的方法分别两两合并标记点，只保留第七个标记点；按照与步骤 05 相同的方法删除标记范围处的音频波形，如图 3-23 所示。

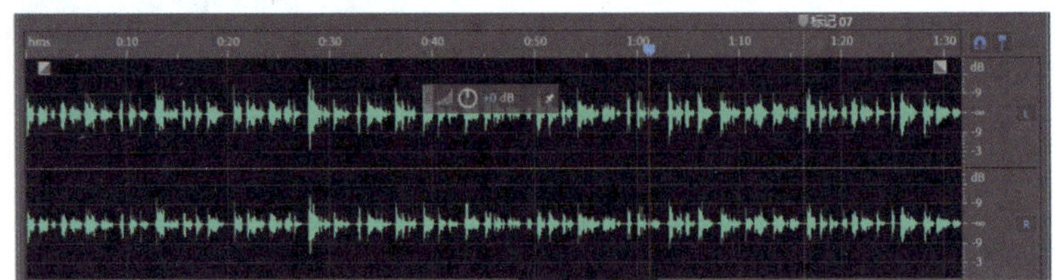

图3-23　删除其他标记范围处的音频波形

步骤 07 由于此时身处波形模式，Audition 自动选中时间选择工具。将鼠标移至第七个标记点的虚线处，沿着该线框选至音频结束处的波形，按“Delete”键删除波形，效果如图 3-24 所示。

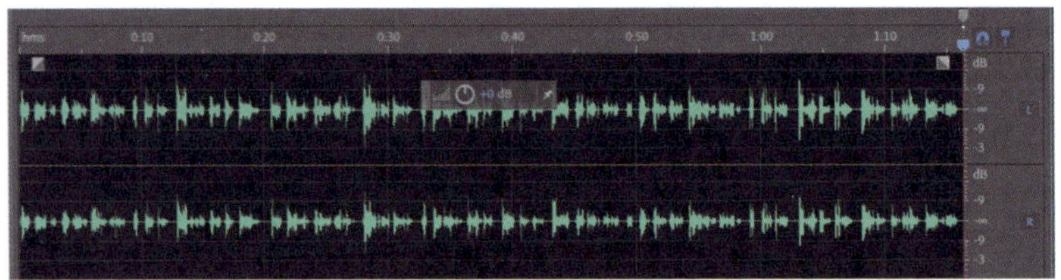

图3-24　删除标记点后的波形

四、调整音频音量

播放音频文件时发现音频音量稍低，可在 Audition 中通过 HUD 增益控件和声道开关调整音频整体、左右声道音量，其具体步骤如下。

调整音频音量

步骤 01 将鼠标指针移至 HUD 增益控件的旋钮处，通过向右拖曳鼠标指针，使其数值变为“+1.8”，如图 3-25 所示，效果如图 3-26 所示。

图3-25 拖曳HUD增益控件的旋钮

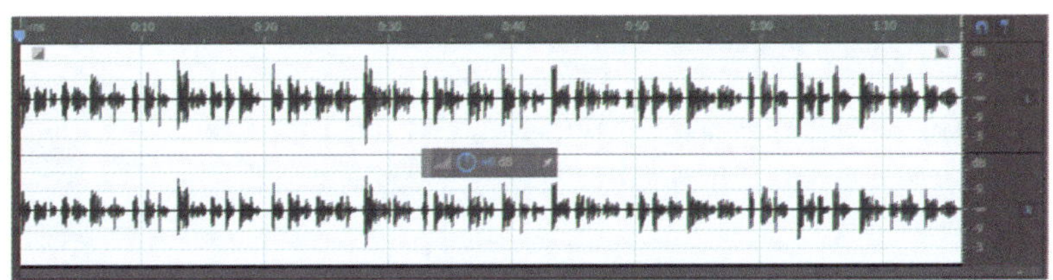

图3-26 调整整体音量的效果

经验之谈

通过HUD增益控件调整音量时，除了直接拖曳旋钮，还可直接在“调节振幅”数值框中输入数值，数值将在Audition调整音量后自动归零，表示已经执行操作。另外，在拖曳旋钮时，可能会导致HUD增益控件的位置发生变动，此时可单击“将HUD固定在当前位置”按钮，将其固定在当前位置。

步骤 02 单击“切换声道启用状态：左侧”按钮，关闭左声道。使用与步骤 01 相同的方法拖曳 HUD 增益控件的旋钮，使其数值变为“+2.4”，增强右声道的音量，效果如图 3-27 所示。

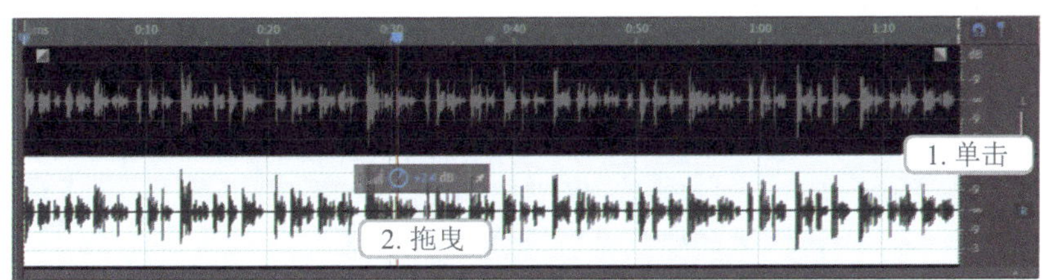

图3-27 调整右声道音量

步骤 03 单击灰色状态的“切换声道启用状态：左侧”按钮开启左声道，单击“切换声道启用状态：右侧”按钮关闭右声道，然后使用与步骤 01 相同的方法拖曳 HUD 增益控件的旋钮，使其数值变为“-1.2”，再单击灰色状态的“切换声道启用状态：右侧”按钮开启右声道。

步骤 04 取消选中音频波形的状态，此时左右声道波形不同，表示左右声道音量不相同，如图 3-28 所示。

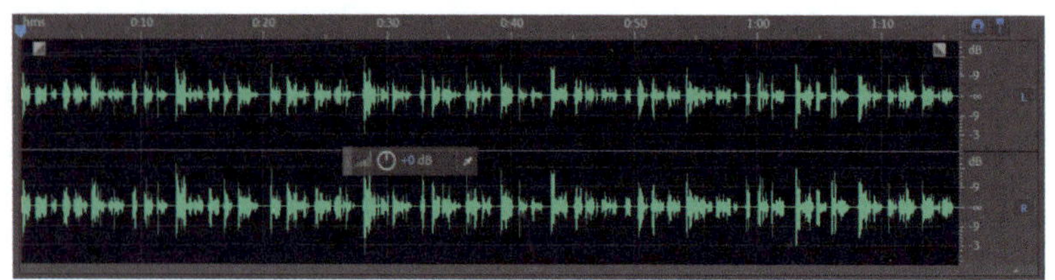

图3-28　调整左右声道音量的效果

五、另存音频文件

此时，音频的处理工作已经接近尾声，还需要将其保存为无压缩格式，以及更改文件名称。下面使用“另存为”菜单命令执行该操作，其具体步骤如下。

步骤01 选择【文件】/【另存为】菜单命令，或按“Ctrl + Shift + S”组合键，打开“另存为”对话框，如图3-29所示。

步骤02 单击 浏览... 按钮，在打开的对话框中选择保存位置，在“文件名”文本框中输入“抖音短视频配音”，在“保存类型”下拉列表中选择“Wave PCM.(*.wav,*.bwf,*.rf64,*.amb)”选项，单击 保存(S) 按钮，如图3-30所示。

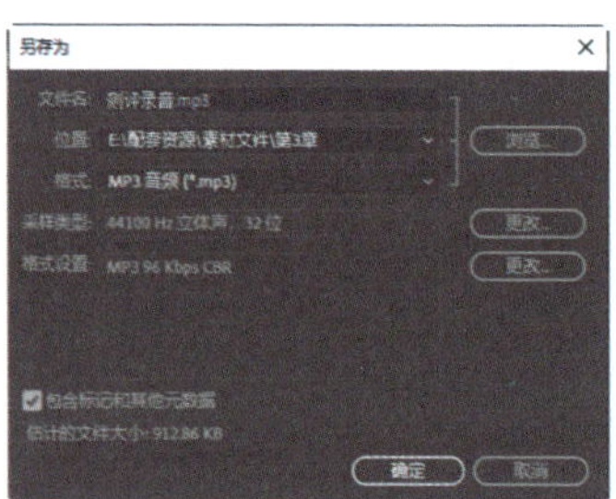

图3-29　打开“另存为”对话框

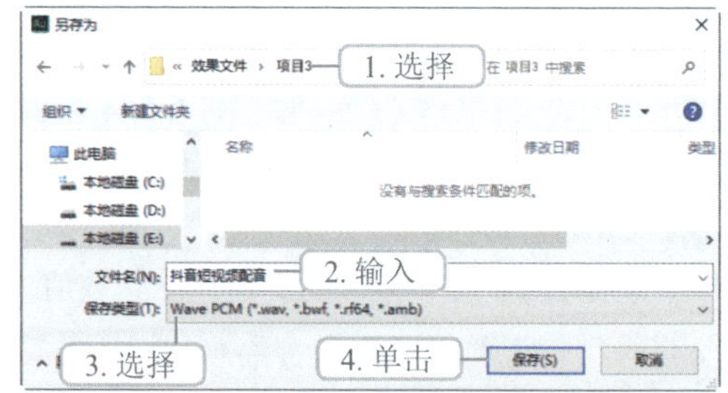

图3-30　设置保存情况

步骤03 此时，音频波形上添加的标记点已经不再需要，可取消选中“包含标记和其他元数据”复选框，单击“确定”按钮完成音频文件的另存操作，如图3-31所示。

步骤04 在设置的保存位置处可查看保存的音频文件（配套资源:\效果文件\项目3\抖音短视频配音.wav、抖音短视频配音.pkf），如图3-32所示。

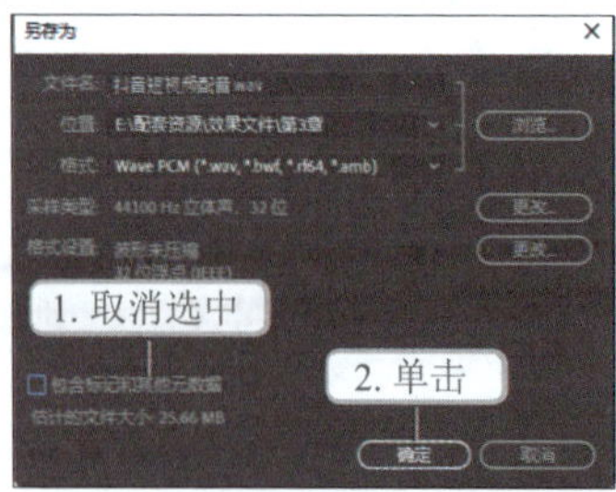

图3-31　设置“另存为”对话框参数

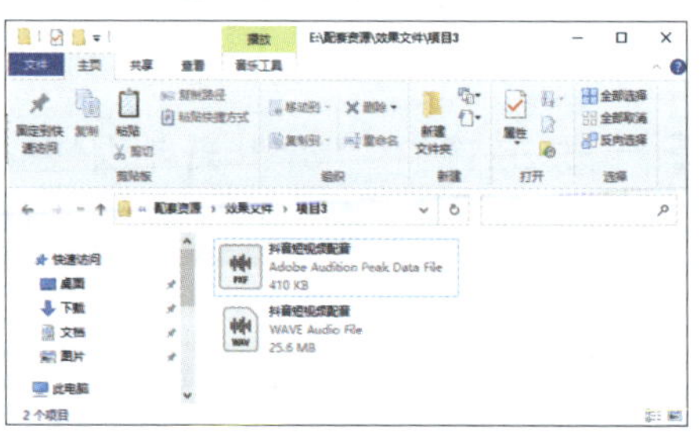

图3-32　查看保存的音频文件

经验之谈

Adobe Audition Peak Data File（.pkf）是Audition创建的一种音频制作应用程序的峰值文件。该文件主要用于存储相关波形音频文件的波形峰值数据，如音频格式、时长、在操作界面上的位置，以及它所在的硬盘路径位置等。

PKF文件使用浮点数格式，并且峰值数据默认保存为PKF文件。只有高品质的音频文件（如WAV格式）才会生成PKF文件，而MP3格式的音频文件则不会生成。在Audition中，PKF文件常被用作音轨数据记录文件，可以将其视为一种缓存文件，有助于提高处理音频文件的速率。

任务 3 实战——制作服务宣传语音频

在新媒体时代，无论是推广服务还是产品，都需要一种强有力的手段吸引目标用户的注意。视频广告凭借互动性强、传播面广、生动直观、创意空间大、信息传达效率高等特点，成为许多企业和品牌的优先选择。在制作视频广告时，往往需要添加宣传语音频，宣传语音频可以通过鲜明的节奏、清晰的语音、悠扬的背景音乐、充满情感共鸣和创意的构思等特点，让用户轻松记住广告信息。

本实战将为一款名称为“指导助手”的在线旅游规划服务的视频广告制作一个时长为10秒的宣传语音频，要求通过磁性的人声语音和悠扬的背景音乐，宣传该服务能让用户享受旅行。

效果预览

一、新建音频文件

新建音频文件

在需要使用多个音频文件制作音频时，需要先在Audition中新建多轨会话音频文件。下面将通过“新建多轨会话”菜单命令进行该操作，其具体步骤如下。

步骤 01 双击Audition软件图标Au启动该软件，进入操作界面，选择【文件】/【新建】/【多轨会话】菜单命令，打开“新建多轨会话”对话框，如图3-33所示。

步骤 02 设置会话名称为“服务宣传语音频”，单击“浏览...”按钮，打开“选择目标文件夹”对话框，选择保存位置后，单击“选择文件夹”按钮，如图3-34所示。

步骤 03 在“采样率”下拉列表中选择“44100”选项，单击“确定”按钮，如图3-35所示。此时，“文件”面板中会显示新建的音频文件，如图3-36所示；“编辑器”面板会自动打开新建的空白多轨模式音频文件，如图3-37所示。

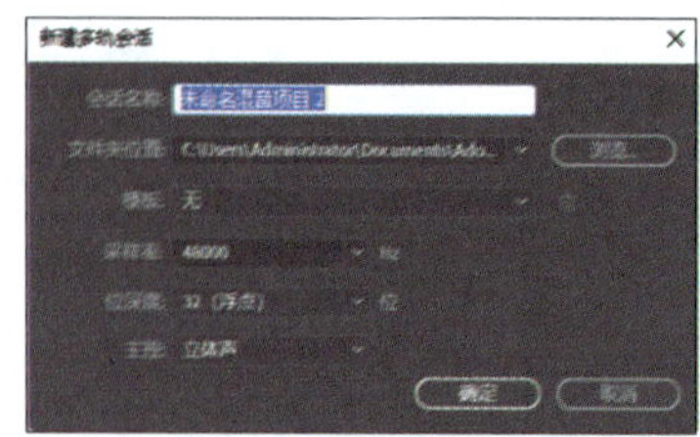

图3-33　打开“新建多轨会话”对话框

图3-34　设置保存位置

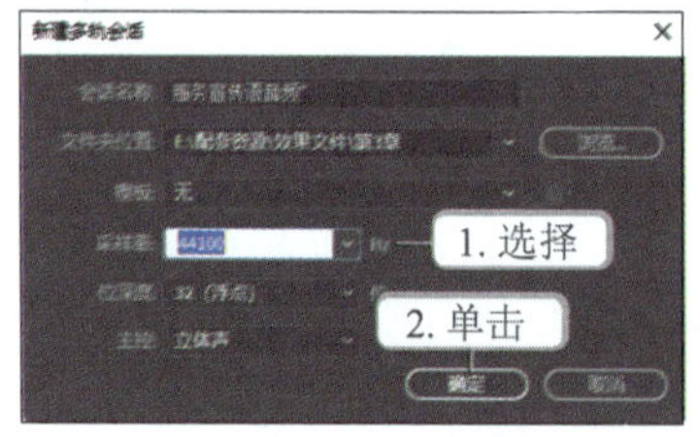

图3-35　设置采样率

图3-36　查看新建音频文件

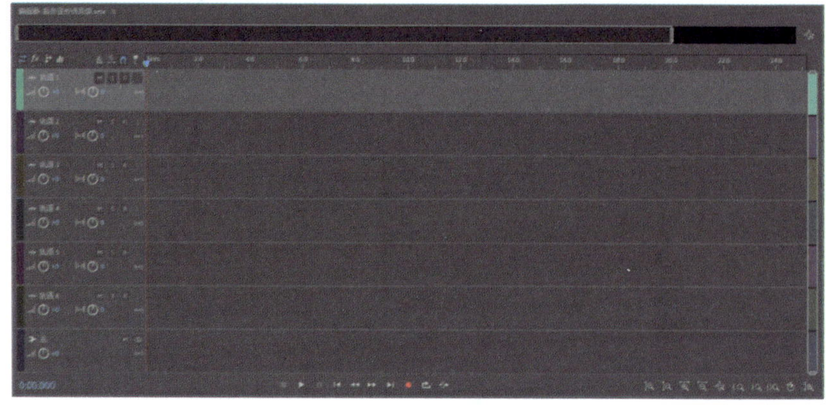

图3-37　打开新建音频文件

二、插入音频文件

在 Audition 中使用“导入”菜单命令导入的音频素材会被添加在“文件”面板中，需要自行将其拖曳到“编辑器”面板才能使用。而使用“插入文件”菜单命令为多轨会话文件添加音频素材会更加便捷。下面通过“插入文件”菜单命令插入已有的语音素材，其具体步骤如下。

步骤 01 保持选中轨道 1 的状态，选择【多轨】/【插入文件】菜单命令，打开“导入文件”对话框。

步骤 02 找到“宣传语语音.wav”音频文件的存放位置（配套资源:\素材文件\项目3\宣传语语音.wav)，选择该文件，单击 打开(O) 按钮，如图 3-38 所示。

步骤 03 在轨道 1 中显示插入的“宣传语语音”音频文件，如图 3-39 所示。

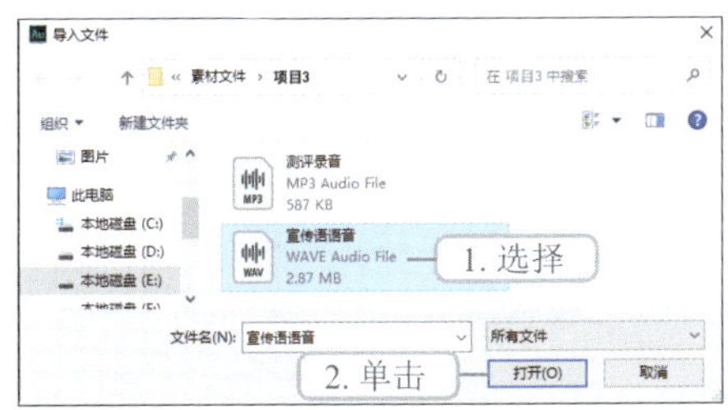

图3-38　选择需导入的音频文件

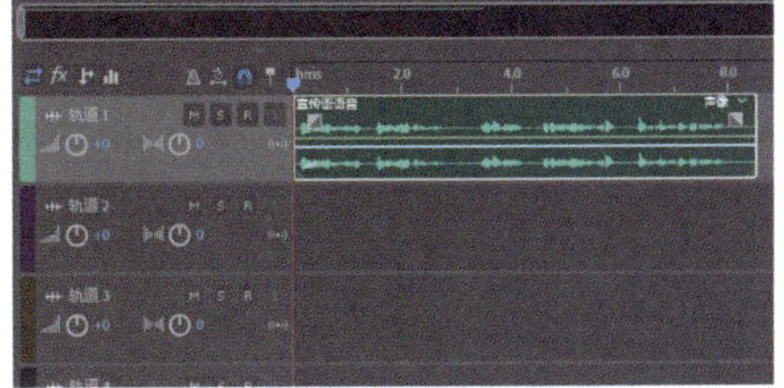

图3-39　插入音频文件的效果

步骤 04 由于 Audition 默认新建的多轨会话文件具有 6 条音频轨道和 1 条主轨道（不可删除），而宣传语音频只需要 1 条放置背景音乐的轨道和 1 条放置语音的轨道，因此需删除 4 条音频轨道。选择轨道 3，选择【多轨】/【轨道】/【删除所选轨道】菜单命令，如图 3-40 所示，删除该轨道，效果如图 3-41 所示。

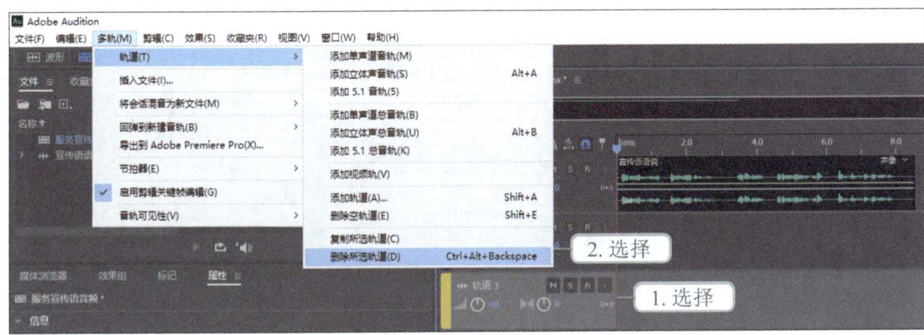

图3-40　选择“删除所选轨道”命令

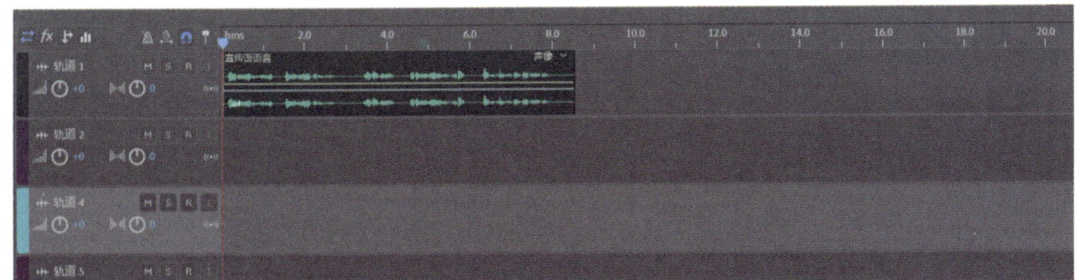

图3-41　删除轨道3的效果

步骤 05 按照与步骤 04 相同的方法删除轨道 4 至轨道 6。

三、录制音频文件

当在互联网中找到符合使用需求但不能直接下载的音频素材时，可以直接使用 Audition 的录制功能录制音频素材。例如，Pixabay 网站提供了很多音频素材，虽然该网站允许用户使用素材，但由于该网站访问受限制或存在兼容性问题，“音乐”类型的素材无

录制音频文件

法被用户正常下载，此时可以通过录制功能内录 Pixabay 网站中的音频素材，将其作为宣传语音频的背景音乐，其具体步骤如下。

步骤 01 选择【编辑】/【首选项】/【音频硬件】菜单命令，打开“首选项”对话框，在“默认输入”下拉列表中选择“立体声混音（Realtek High Definition Audio）”选项，此时弹出提示框，单击 是 按钮，如图 3-42 所示，再单击 确定 按钮保存设置，即可启用“立体声混音”设备。

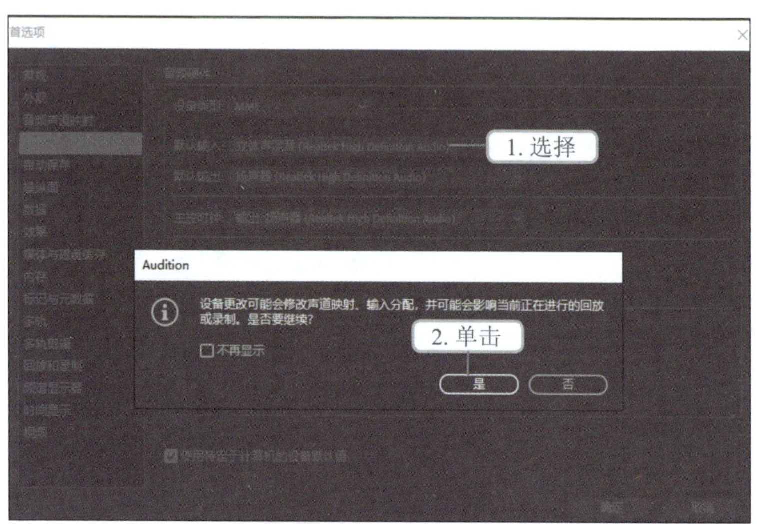

图3-42 内录前期准备

步骤 02 打开 Pixabay 网站，单击首页的“音乐”选项卡，单击音乐名称前方的 ▶ 按钮试听音乐，通过试听发现“Moverment”歌曲比较符合需要，可录制该音乐作为宣传语的背景音乐。

素养课堂

使用录制功能录制互联网上的音频时，必须牢记版权问题，始终遵守法律法规，尊重知识产权，维护市场秩序，保护创作者权益。这样做才能够营造一个良好的互联网环境，让优质的音频作品得到广泛传播。

步骤 03 将计算机的音量调高到“74 %”，返回 Audition 操作界面，单击轨道 1 的“静音”按钮 M（单击后其将变为 M 状态），防止将轨道 1 的音频内容录制进去。

步骤 04 单击轨道 2 的“录制准备”按钮 R（单击后其将变为 R 状态），再单击“录制”按钮 ● 开始录制，接着播放 Pixabay 网站中的“Moverment”歌曲，确保歌曲的开头部分能够被完整录制，此时轨道 2 中出现音频波形，如图 3-43 所示。

步骤 05 等到录制的音频时长到达 15 秒时，单击“停止”按钮 ■ 结束录制，效果如图 3-44 所示。

图3-43　开始录制音频

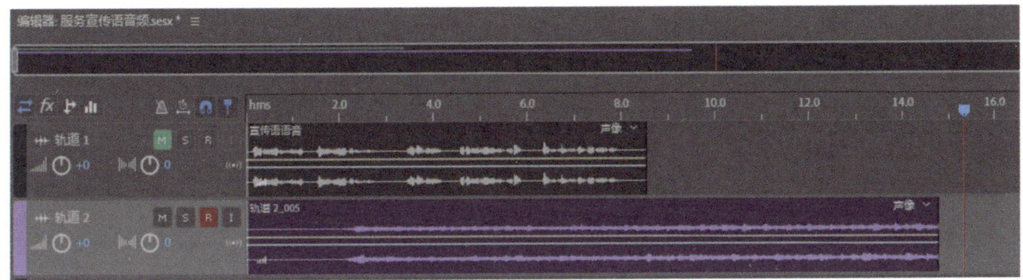

图3-44　录制音频的效果

四、分割和移动音频文件

由于录制的音频文件超过 10 秒, 并且该音频开始处的前奏过长, 节奏略显拖沓, 因此需要删除部分音频内容, 并调整音频开始处的波形。本实战将使用切断所选剪辑工具分割音频, 删除多余的时长；使用滑动工具调整音频波形的位置；再使用移动工具调整音频文件位置, 其具体步骤如下。

步骤 01 在工具栏中选择切断所选剪辑工具, 然后在时间码位置输入“0:10.000”, 按“Entet”键定位播放指示器位置, 为分割音频做准备, 效果如图 3-45 所示。

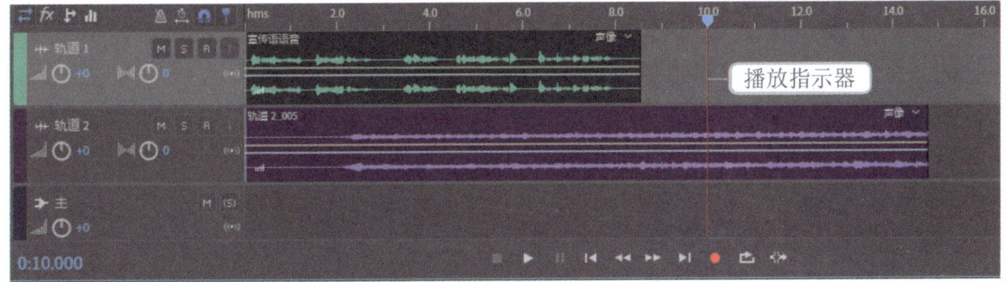

图3-45　定位播放指示器位置

步骤 02 将鼠标指针移至播放指示器处, 当鼠标指针变为形态时, 单击鼠标左键, 分割音频文件, 如图 3-46 所示。

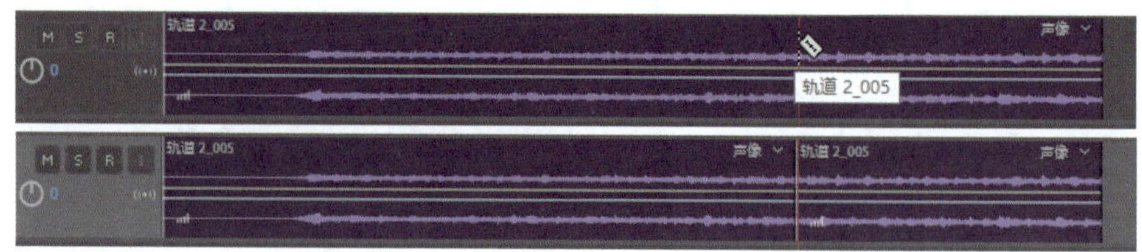

图3-46　分割音频文件

步骤 03 选择移动工具，单击播放指示器右侧的音频片段，按“Delete”键将其删除。在工具栏中选择滑动工具，将鼠标指针移至轨道 2 的音频波形处，向左拖曳鼠标指针移动音频波形的位置，从而调整音频内容，如图 3-47 所示。

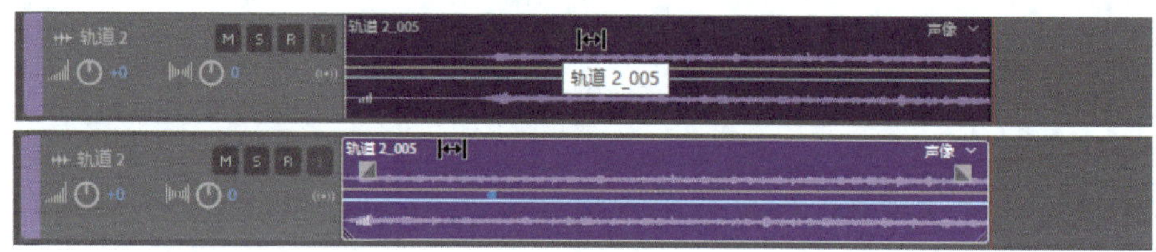

图3-47　调整音频内容

步骤 04 选择移动工具，将鼠标指针移至轨道 1 处，按住鼠标左键不放并向右拖曳，移动音频文件位置，使该轨道内的音频开始处位于时间标尺刻度 1.0 处，如图 3-48 所示。

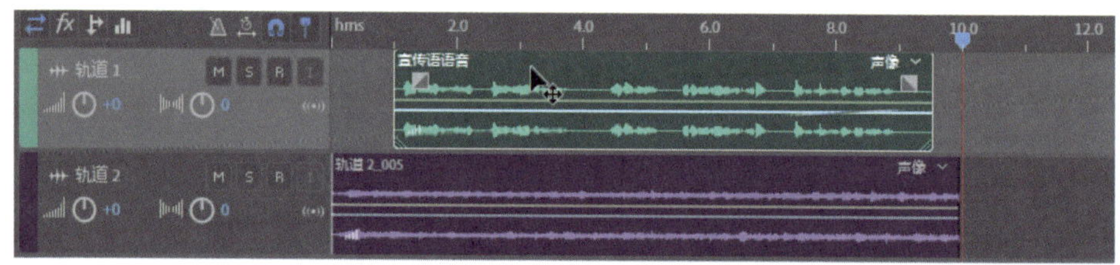

图3-48　移动音频文件

五、为音频文件添加效果

为音频文件添加效果

若一个音频中既有语音又有背景音乐，通常情况下，语音的音量应大于背景音乐。Audition 提供的音频效果器既可以加强语音音频的音量，又可以为所有类型的音频添加特殊效果，是处理音频时常用的功能之一。本实战将使用音频效果器调整音频音量，并为背景音乐添加混响效果，提升听觉效果，其具体步骤如下。

步骤 01 选择轨道 1，选择【窗口】/【效果组】菜单命令，打开“效果组”面板，选择效果器插槽 1，单击按钮，在打开的下拉列表中选择【特殊效果】/【人声增强】选项，如图 3-49 所示。

步骤 02 打开“组合效果 - 人声增强”对话框，保持默认参数，单击按钮关闭对话框，如图 3-50 所示。

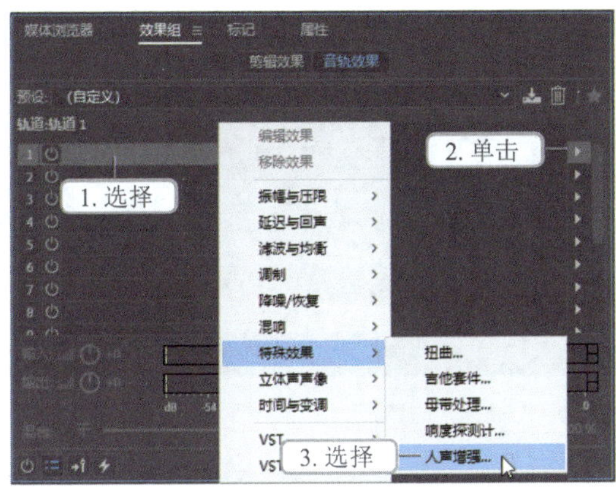

图3-49　添加“人声增强”效果器

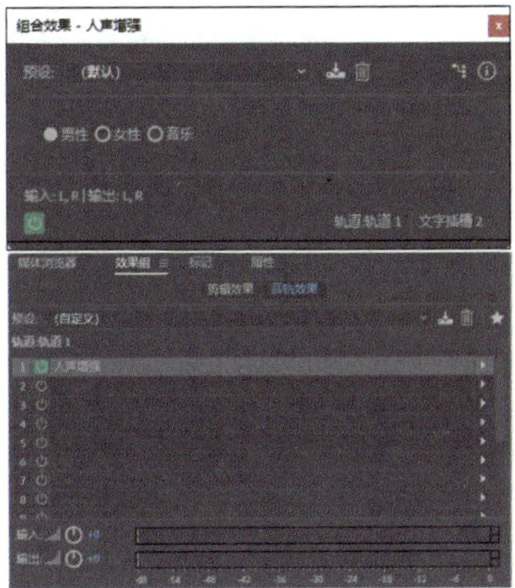

图3-50　打开“组合效果-人声增强”对话框

步骤 03 选择轨道 2，在效果器插槽 1 中单击▶按钮，在打开的下拉列表中选择【调制】/【和声】选项，打开“组合效果 - 和声”对话框，在“预设”下拉列表框中选择“四重唱”选项，在“声音”下拉列表框中选择“8”选项，单击×按钮关闭对话框，效果如图 3-51 所示。

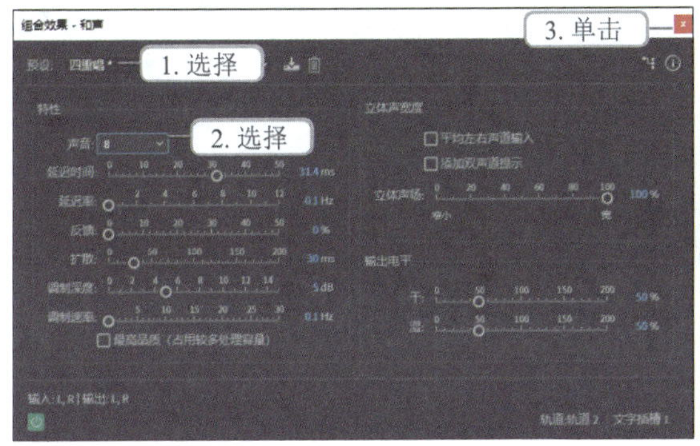

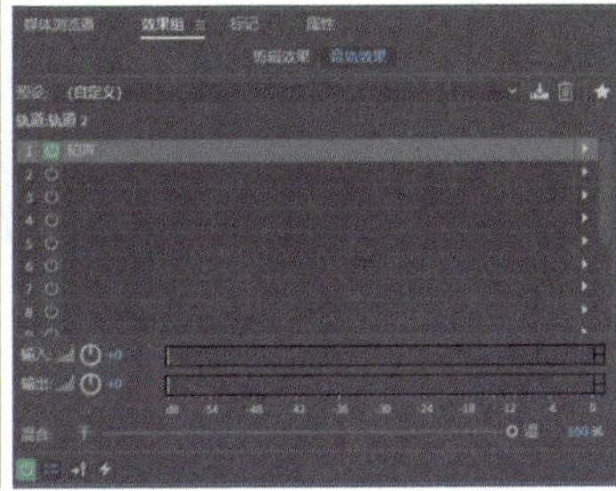

图3-51　为轨道2添加“和声”效果

六、淡化处理音频文件

由于背景音乐仅录制部分片段，其音频结束处较为突兀，需要进行调整，使其自然地结束播放。下面将使用“回弹到新音轨”命令将两个音频混合成一个音频，再使用“淡化处理”功能调整该音频结尾处波形，使其自然过渡到播放结束，其具体步骤如下。

步骤 01 按住“Ctrl”键不放依次选择轨道 1 和轨道 2 内的音频，单击鼠标右键，在弹出的快捷菜单中选择【回弹到新音轨】/【仅所选剪辑】菜单命令。

步骤 02 等待进度条结束后，在轨道 2 下方新增一个名称为“回弹 _1”的轨道，该轨道内的音频内容为轨道 1 和轨道 2 内的音频内容的总和，如图 3-52 所示。

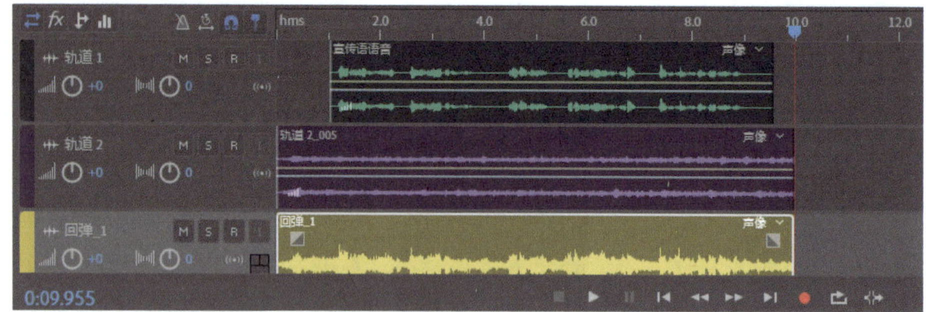

图3–52　混合两个轨道内的音频

步骤 03 此时不再需要轨道 1 和轨道 2 内的音频，可依次单击这两个轨道的“静音”按钮 M。滑动鼠标滚轮调整“编辑器”面板的显示比例，使“回弹_1”轨道的音频能够完全显示出来。

步骤 04 将鼠标指针移至“回弹_1”音频结束处的“淡出”图标上，按住鼠标左键不放向左侧拖曳成图 3-53 所示的形态。

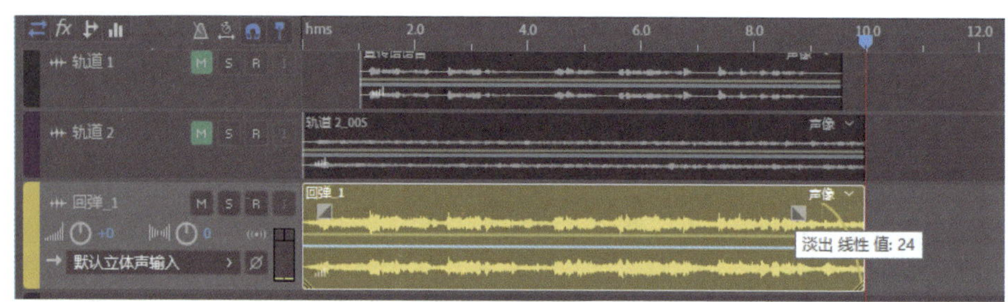

图3–53　淡化处理音频

步骤 05 此时“回弹_1”音频的左右声道波形一致，但效果较为单调。双击该音频可切换到波形模式，在该模式下只显示该音频的波形，使用 HUD 增益控件调整左右声道的音量来调整对应的波形，这里设置左声道为“+3”，右声道为“+4.2”，再次拖曳“淡出”图标调整结尾处音量，如图 3-54 所示。

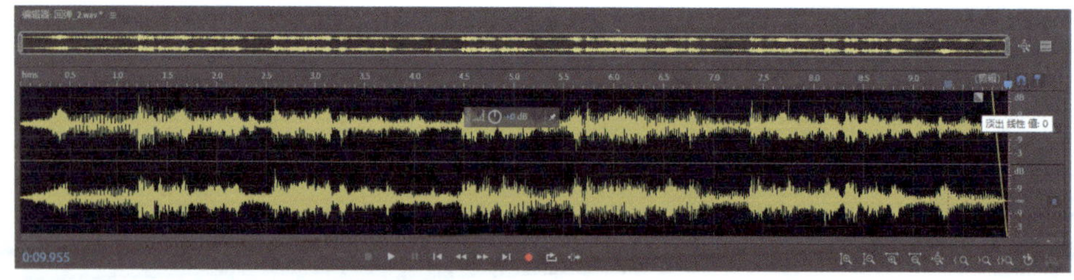

图3–54　处理音频文件的音量

步骤 06 单击工具栏中的“查看多轨编辑器”按钮 多轨 可切换到多轨模式，此时“回弹_1”音频的波形随着波形模式的编辑结果发生一定的改变。

七、导出音频文件和多轨会话文件

导出音频文件和多轨会话文件

Audition 不但能够导出完整的单个音频文件，还能导出整个多轨会话文件，以便于后续重新使用该会话文件。下面将使用“导出”命令导出“回弹_1”音频文件，再导出多轨会话文件和该会话中所有使用到的音频文件，使其能够在不同计算机中使用，其具体步骤如下。

步骤 01 选择“回弹_1”音频，选择【文件】/【导出】/【多轨混音】/【所选剪辑】菜单命令，打开“导出多轨混音”对话框，在“文件名”文本框中输入“服务宣传语音频”文字，单击 浏览... 按钮，打开“导出多轨混音”窗口，选择文件存储位置，单击 保存(S) 按钮，如图 3-55 所示。

步骤 02 取消选中“在导出之后打开文件”复选框，单击 确定 按钮，如图 3-56 所示，导出音频文件（配套资源:\效果文件\项目 3\服务宣传语音频.wav、服务宣传语音频.pkf）。

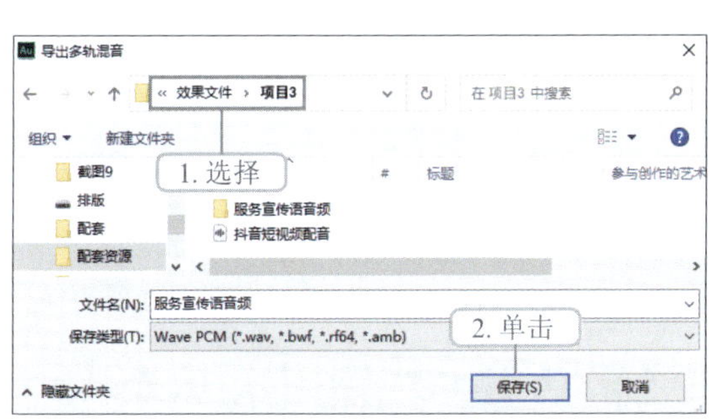

图3-55 设置保存位置

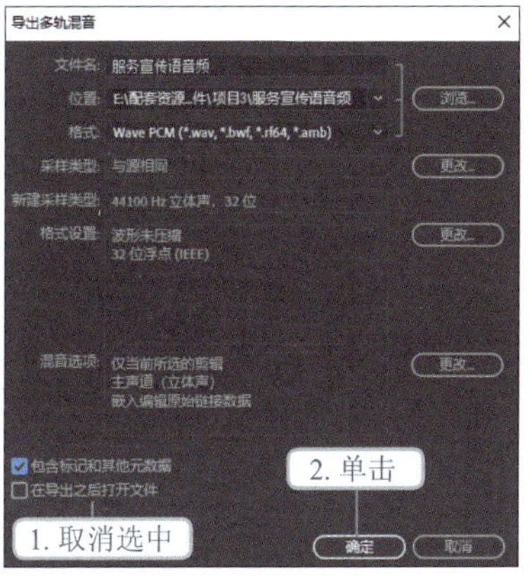

图3-56 设置“导出多轨混音”对话框

步骤 03 选择【文件】/【导出】/【会话】菜单命令，打开“导出混音项目”对话框，在“文件名”文本框中输入“服务宣传语音频”文字，单击选中“保存关联文件的副本”复选框，单击 选项... 按钮，如图 3-57 所示。

步骤 04 打开“保存副本选项”对话框，在“媒体选项”下拉列表框中选择“复制裁切为剪辑长度的源文件”选项，以保存修改后的背景音乐源文件，再取消选中“包含视频”复选框，单击 确定 按钮，如图 3-58 所示，再返回“导出混音项目”对话框并单击 确定 按钮完成会话文件的保存（配套资源:\效果文件\项目 3\“服务宣传语音频_已复制文件”文件夹、服务宣传语音频.sesx）。

步骤 05 在文件存储位置可查看导出文件，其中格式为 SESX 的文件便是多轨会话文件，名称为“服务宣传语音频_已复制文件”的文件夹内存放的文件便是该文件所使用的文件备份，如图 3-59 所示。

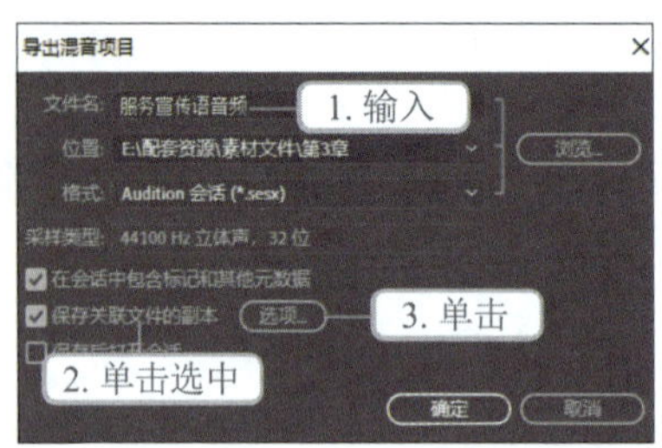

图3–57　设置“导出混音项目”对话框

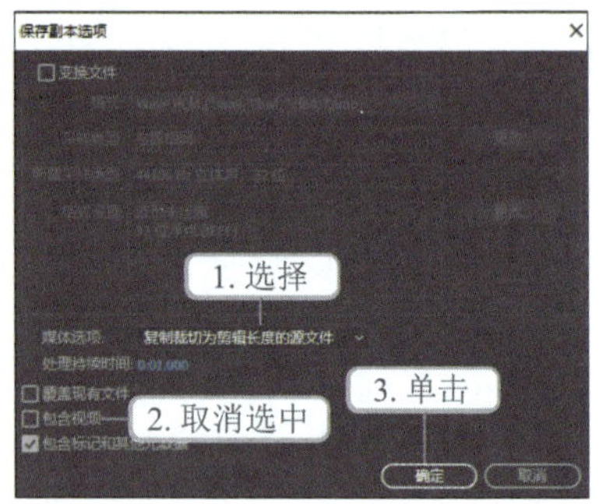

图3–58　设置“保存副本选项”对话框

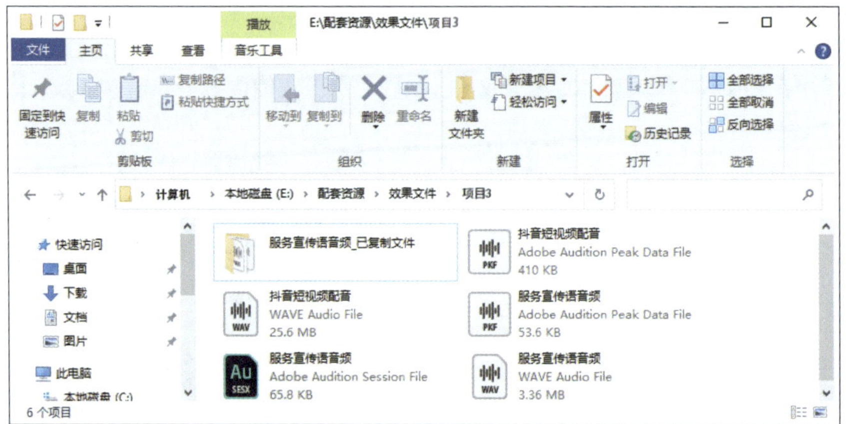

图3–59　查看导出的音频文件和多轨会话文件

拓展知识——AI 音频采集工具

随着科技的发展，出现了AI 音频采集工具，使用这些工具可以将文字转换为音频，以满足新媒体从业人员对音频的基本需求。TTSMAKER 和讯飞智作是 AI 音频采集工具中的佼佼者，新媒体从业人员应掌握这两个工具的使用方法。

1. TTSMAKER

TTSMAKER 是一个简单易用的音频采集工具，可以将文字转换为语音，并为语音添加背景音乐，支持 50 多种语言和超过 300 种语音风格，常用于制作视频配音和有声书朗读，下载的音频文件支持商业用途。

（1）文字转音频

TTSMAKER 的官网即操作页面，无须登录，新媒体从业人员可直接通过搜索网站名称进入操作页面，在文本框内输入文字，然后在语句间隔处单击鼠标左键插入定位点，在“插入停顿”下拉列表框中选择所需的语句间隔选项，接着在文本框右侧选择文本语言和

AI 配音角色，输入验证码后，单击 开始转换 按钮，便可将文本框内的文字转换为音频，如图 3-60 所示。

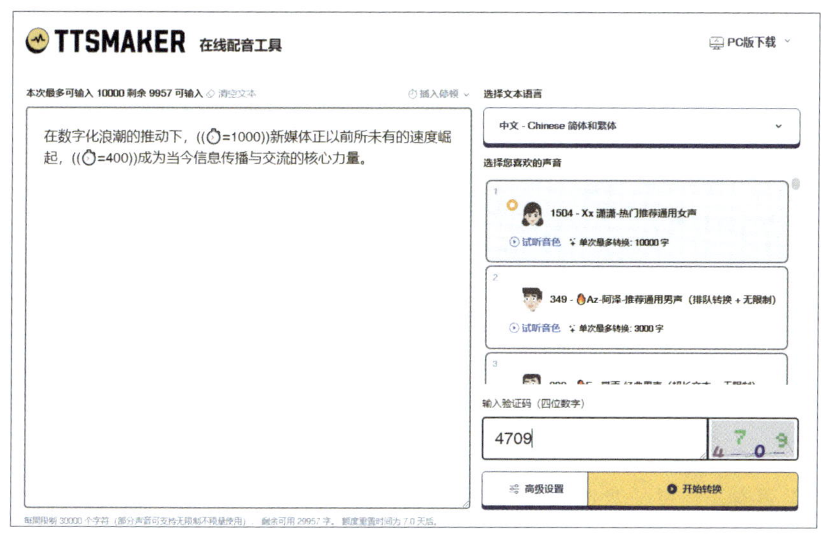

图3-60　文字转音频操作

等转换进度条消失后，该操作页面左侧将变为图 3-61 所示的效果，并且自动播放转换的音频，新媒体从业人员可单击 下载文件到本地 按钮下载该音频。

图3-61　下载音频

（2）高级设置

TTSMAKER 还提供了“高级设置”功能用于设置输出格式、语速、音量等参数。具体操作方法与文字转语音的方法较为类似，只是在输入验证码前需要单击 高级设置 按钮，打开“高级设置”下拉列表框，如图 3-62 所示，进行相应的操作后，再输入验证码，单击 开始转换 按钮生成音频。

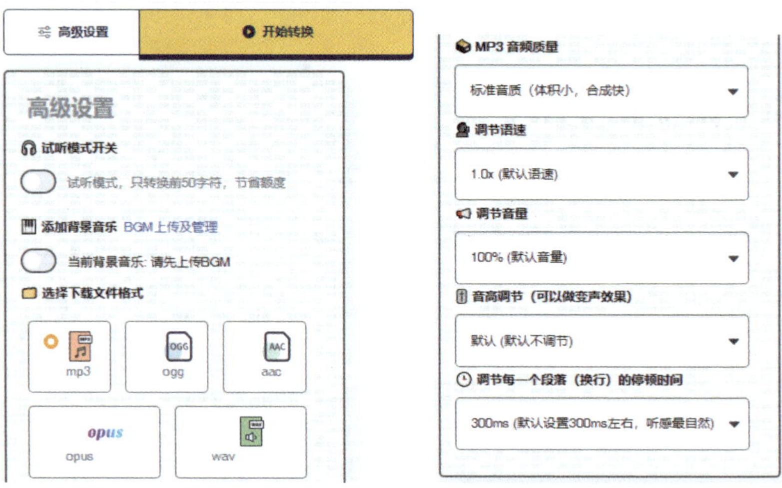

图3-62　“高级设置”下拉列表框

若需要为音频添加背景音乐，先单击“BGM上传及管理”超链接，打开“添加背景音乐”对话框，单击 选择文件 按钮，打开“打开”对话框，选择要上传的背景音乐，单击 打开(O) 按钮，返回“添加背景音乐”对话框，单击 上传 按钮，等待背景音乐上传成功后，该对话框下方会新增“背景音乐设置”栏（用于设置背景音乐音量、BGM循环次数和BGM播放延迟）和“最近上传”栏（用于选择背景音乐，并显示音频文件的总时长和过期时间）参数，以及 保存设置 按钮和 取消 按钮，如图3-63所示。单击 保存设置 按钮返回“高级设置”下拉列表，同时“BGM上传及管理”超链接下方的“当前背景音乐：请先上传BGM”滑块会被激活，且滑块名称变为背景音乐名称。

图3-63　“添加背景音乐”对话框

另外，添加背景音乐后，在“文本转换语音文件成功！”提示语下方会显示两条音频波形，但是单击 下载文件到本地 按钮下载的音频只有一个，即语音和背景音乐的集合体，如图3-64所示。

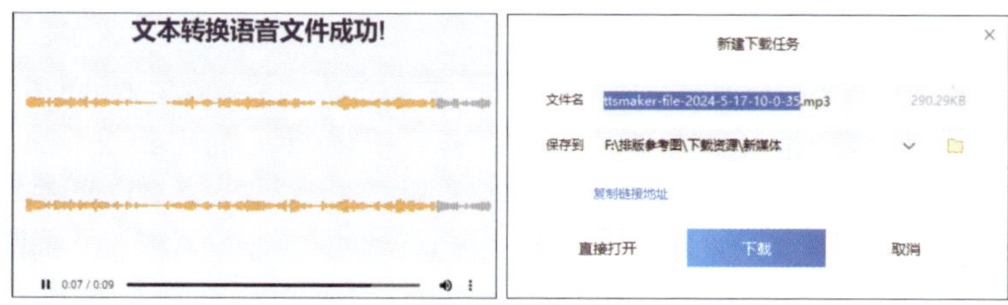

图3-64　下载带有背景音乐的音频

2. 讯飞智作

讯飞智作是一款集合成配音，调节音量、语速、语调，添加背景音乐，以及纠错、改写和翻译文字等功能于一体的工具，支持多语种、多种声音风格，如有声阅读、新闻播报、纪录片配音、视频解说等。

进入"讯飞智作"官网并登录账号后，在网页顶部选择【讯飞配音】/【AI配音】/【立即制作】选项，便可进入操作页面，页面顶部为功能栏，中间为文本框，右下方为状态栏，如图3-65所示。

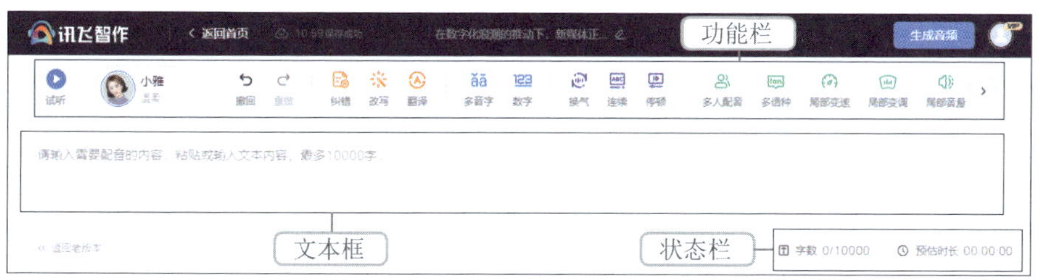

图3-65　"讯飞智作"操作页面

使用AI配音的操作流程为选择并设置主播角色、根据文字生成音频。

（1）选择并设置主播角色

在操作页面的功能栏中单击主播头像，在打开的对话框左侧根据名称、性别、年龄、语种等选项筛选主播，在右侧能设置所选主播的语速、语调和音量增益等参数，如图3-66所示，单击"使用"按钮关闭该对话框，并使用设置好的主播角色进行后续操作。

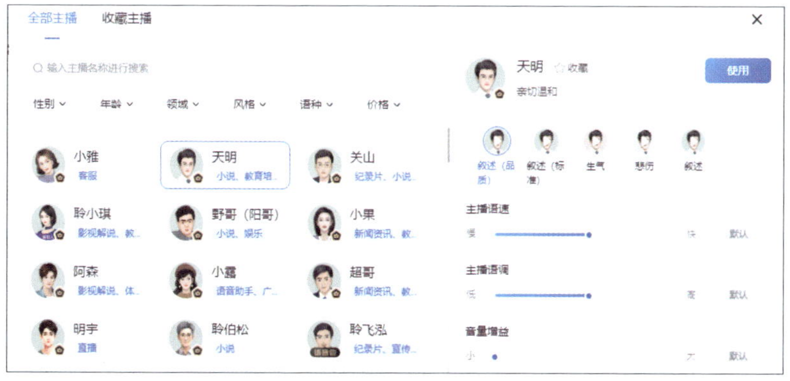

图3-66　选择并设置主播角色

（2）根据文字生成音频

设置好主播角色后，在文本框中输入文字，然后在语句间隔处单击鼠标左键插入定位点，单击停顿功能图标，在弹出的下拉列表中选择停顿时长，完成语句间隔的设置，如图 3-67 所示。单击生成音频按钮，打开“作品命名”对话框，设置音频名称和格式后，单击确认按钮，如图 3-68 所示。打开“订单支付”对话框，如图 3-69 所示，单击去下载按钮进入个人中心页面，单击文件名称右侧的↓按钮可下载该音频，如图 3-70 所示。

图3-67　设置语句间隔

图3-68　设置音频名称和格式

图3-69　打开“订单支付”对话框

图3-70　下载音频

课后练习

（1）使用提供的音频素材（配套资源 :\ 素材文件 \ 项目 3\ 吹哨 .wav、欢呼声 .wav、唏嘘声 .wav、有声读物语音 .wav），按照“剧本 .txt”文件（配套资源 :\ 素材文件 \ 项目 3\ 剧本 .txt）内的文字合成一个时长约 1 分 40 秒的有声读物音频，完成后的效果如图 3-71 所示（配套资源 :\ 效果文件 \ 项目 3\ 有声读物音频 .wav、有声读物音频 .pkf、有声读物音频 .sesx、“有声读物音频 _ 已复制文件”文件夹）。

提示：首先新建多轨会话文件，插入音频素材，删除不需要的轨道，按照“剧本”文件的文字分割“有声读物语音”“欢呼声”音频，从“文件”面板拖曳“唏嘘声”音频满足使用两次的需求，再通过移动音频位置调整所有音频位置，变换“有声读物语音”音频为双声道，对每种音效进行淡化处理，为“有声读物语音”音频增强音量等，最后混合所有音频、调整音量、应用音频效果器等，最终完成制作。

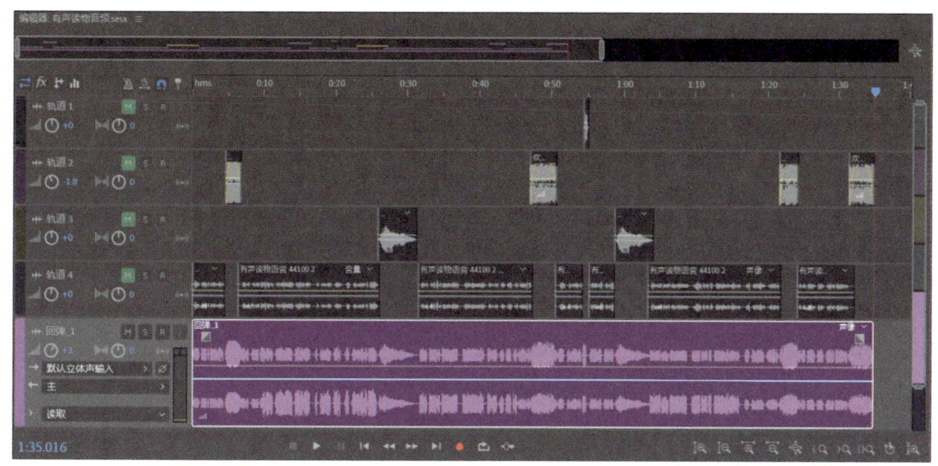

图3–71　有声读物音频效果

（2）根据提供的“美食文案 .txt”文件（配套资源 :\ 素材文件 \ 项目 3\ 美食文案 .txt）录制一段“成都美食之旅”小红书视频笔记的配音，并搭配提供的“美食背景音乐 .mp3”文件（配套资源 :\ 素材文件 \ 项目 3\ 美食背景音乐 .mp3），完成后的效果如图 3-72 所示（配套资源 :\ 效果文件 \ 项目 3\ 美食之旅音频 .wav、“美食之旅音频 _ 已复制文件”文件夹、美食之旅音频 .pkf、美食之旅音频 .sesx）。

提示：首先在计算机中安装声卡和话筒等设备，调整计算机系统的音量，打开 Audition 软件，在“首选项”对话框中检查“默认插入”选项是否已变为话筒设备的对应名称，接着新建多轨会话文件，使用录音功能按照文案开始录制，录制结束后，添加音频效果器提高人声；在其他轨道插入“美食背景音乐”文件，根据录制的时长调整该音频的时长及音频内容，再进行淡化处理和调整音量处理；最后混合音频，淡化处理该音频开始前音量。

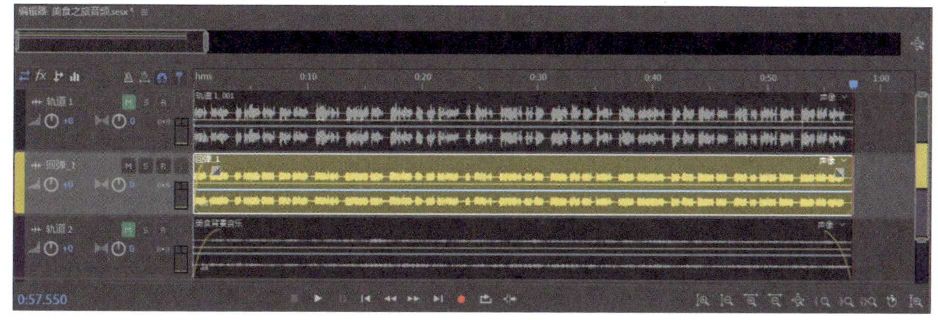

图3–72　美食之旅音频效果

项目4

使用Premiere处理视频

视频能够直观、高效地展示信息，并迅速捕捉用户的注意力，逐渐成为不可或缺的新媒体形式。Premiere 作为一款专业的视频处理软件，足以解决视频中常出现的播放速度不恰当、存在多余片段、画面色彩不鲜明、视觉效果不丰富等问题。

【知识目标】

- 掌握视频的获取方法。
- 掌握视频分辨率、帧速率、时间码、编码格式和比特率等的含义及作用。
- 掌握视频处理软件 Premiere 的基础知识。

【能力目标】

- 能够熟练运用 Premiere 的基础功能。
- 能够使用 Premiere 制作出完整的视频作品。

【素养目标】

- 具备独立思考能力，能够全面考虑视频的整体结构，以清晰地表达视频的核心思想。
- 具备足够的耐力和毅力，能够持续优化视频。

4

任务 1　视频处理基础知识

随着技术的发展，视频制作成本不断降低，吸引更多的人进入视频创作领域，并进一步丰富了视频内容的形式和种类。然而，新媒体从业人员要想制作出满意的视频，仍需了解视频的产生原理、获取方法、常用格式，并熟练掌握 Premiere 的基础知识。

一、视频的产生原理

视频是由一系列单幅图像组成的连续画面，一幅单幅图像称为一帧，通过在屏幕上播放连续的若干帧，就能形成人们看到的动态效果。之所以会有这种动态效果，是因为人眼在观察对象时会出现一种“视觉暂留”的现象，又称“余晖效应”。具体来说，人眼在观看影像时，影像在视网膜上成像，影像消失后视网膜上的影像会停留 0.1 ～ 0.4 秒，当有连续动作的单幅图像不断出现、消失时，人们的眼睛看到的就是连续动作的影像。“视觉暂留”现象很早就应用到视觉和影像领域，如走马灯、西洋镜、费纳奇镜。

二、视频的获取方法

一般而言，视频可以通过手机或摄像机拍摄、通过计算机录制、通过视频网站下载 3 种方式来获取。

- 通过手机或摄像机拍摄。使用手机或摄像机等设备拍摄视频时，首先要明确拍摄的主体物是谁，再将主体物置于镜头画面的中心位置，聚焦后开始拍摄。在拍摄过程中可运用一些拍摄技巧，拍摄完成的视频将保存在拍摄设备中，拍摄者可将其传输到计算机或直接在手机中进行编辑。
- 通过计算机录制。利用 Windows 操作系统中的屏幕截图功能（见图 4-1），可录制当前计算机正在进行的操作。通过这种形式可录制网页中的视频和软件操作视频，录制的视频直接存储在计算机中。

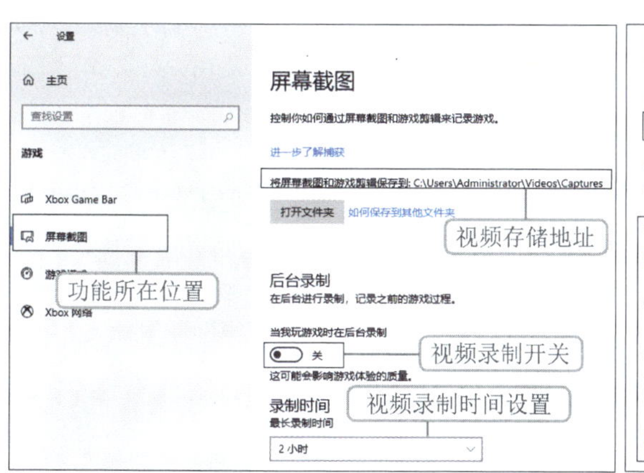

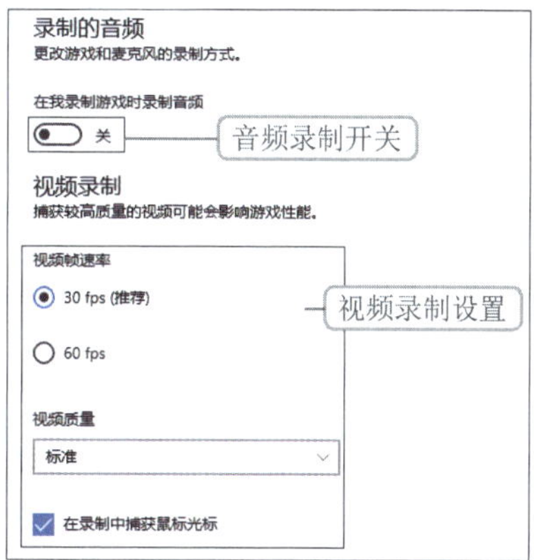

图4-1　屏幕截图功能

- 通过视频网站下载。通过视频网站可下载各种视频，但需要保证下载的视频能够用于商业领域，防止侵害他人权益。

三、视频分辨率、帧速率和时间码

视频分辨率、帧速率和时间码是构成视频的重要因素，它们在视频的呈现质量、编辑和观感上扮演着重要角色。

1. 视频分辨率

视频分辨率是指视频图像在一个单位尺寸内像素的数量，它决定了视频图像细节的精细程度，是影响视频质量的重要因素之一。常见的视频分辨率有720P、1080P和4K。

- 720P是指1280像素×720像素的分辨率，表示视频水平方向有1280个像素，垂直方向有720个像素，即常说的“高清”。
- 1080P是指1920像素×1080像素的分辨率，表示视频水平方向有1920个像素，垂直方向有1080个像素，即常说的“超清”。
- 4K是指水平方向每行达到或接近4096个像素，多数情况下特指4096像素×2160像素的分辨率。

2. 帧速率

对视频而言，帧速率是指每秒显示的画面帧数，单位为fps（Frames Per Second，帧/秒）。一般来说，帧速率越大，视频画面越流畅，视频播放速度也越快，同时视频文件大小也越大，进而可能会影响后期视频的编辑、渲染，以及视频的输出等环节。

要想生成平滑连贯的动画效果，帧速率一般不能低于8fps，其中，电影的帧速率多为24fps，国内电视使用的帧速率为25fps。理论上，捕捉动态内容时，帧速率越高，视频越清晰，所占用的空间也越大。

帧速率对视频的影响主要取决于播放时所使用的帧速率大小。若拍摄了8fps的视频，然后以24fps的帧速率播放，则是快放的效果。相反，若用高速功能拍摄96fps的视频，然后以24fps的帧速率播放，其播放速率将放慢4倍，视频中的所有动作都会变慢，如电影中常见的慢镜头播放效果。

3. 时间码

时间码是指摄像机在记录图像信号的时候，针对每一幅图像记录的时间编码，是一种应用于流（数据流）的数字信号。通过为视频每一帧分配一个数字，表示小时、分钟、秒钟和帧数。时间码以“小时 : 分钟 : 秒 : 帧”的形式确定每一帧的位置，其格式为××:××:××:××，其中的××代表数字。

四、视频的像素长宽比与画面长宽比

像素长宽比是指视频画面中每个像素的宽度与高度之间的比例关系。常见的像素长宽比有方形像素（见图4-2）和矩形像素（见图4-3）。

图4-2 方形像素

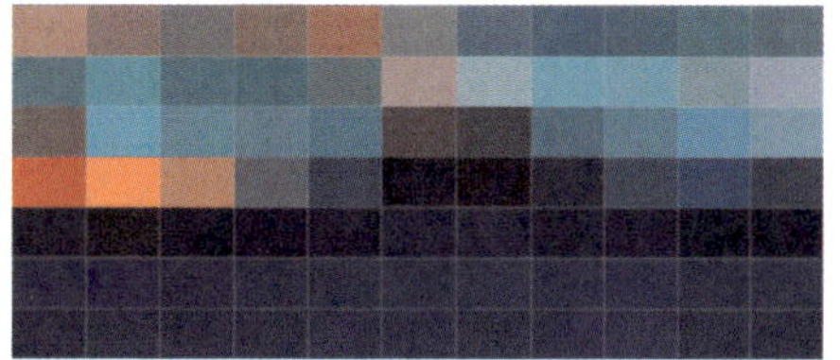

图4-3 矩形像素

画面长宽比是指视频画面的宽度和高度之比。目前常见的画面长宽比有4∶3、16∶9、1.85∶1和2.39∶1等，其中4∶3和16∶9常用于大多数的视频编辑，而1.85∶1和2.39∶1常用于电影制作。图4-4所示为同一幅图在不同视频画面长宽比下的展示效果。

图4-4 同一幅图在不同视频画面长宽比下的展示效果

五、视频的编码格式和比特率

视频的编码格式和比特率对视频的质量、传输效率和存储成本都有重要影响。

1. 编码格式

编码格式是指视频文件在单位时间内使用的压缩编码标准，旨在通过特定的压缩算法去除视频中的冗余信息，减小文件大小，同时尽量保持视频的质量。视频常用的编码格式如下。

● H.264/AVC（Advanced Video Coding）。H.264是由国际电信联盟电信标准化部门（ITU-T）和国际标准化组织（ISO/IEC）共同开发的视频编码标准。它是目前广泛使用的视频编码格式之一，应用于高清电视广播、网络流媒体、蓝光光盘等领域。

● H.265/HEVC（High Efficiency Video Coding）。H.265是H.264的继任者，旨在进一步提高压缩效率，同时保持视频质量。H.265的压缩效率比H.264高约50%，适用于需要更高压缩率的应用场景，如超高清（4K、8K）视频的传输和存储。

2. 比特率

比特率（也称码率）是指每秒传送的比特数，比特率越高，视频的质量越好，但是高比特率也意味着更大的文件大小，这会增加视频的传输和存储的成本。

比特率对视频质量的影响主要体现在以下几个方面。

● 视频清晰度。高比特率的视频可以提供更高的分辨率和更丰富的色彩层次，使画面更加清晰细腻。

● 流畅度。高比特率的视频可以减少因压缩而产生的帧间差异，使视频播放更加流畅。

● 细节表现。高比特率的视频可以保留更多的图像细节，如纹理、光影等，使视频效果更加真实自然。

六、常用的视频文件格式

视频文件常用的格式有以下几种。

● AVI 格式。AVI 格式是一种将视频信息与同步音频信息一起存储的常用多媒体文件格式。它以帧作为存储动态视频的基本单位，在每一帧中，都是先存储音频数据，再存储视频数据，音频数据和视频数据相互交叉存储。播放时，音频流和视频流交叉使用处理器的存取时间，保持同期同步。通过 Windows 的对象链接与嵌套技术，AVI 格式的动态视频片段可以嵌入任何支持对象链接与嵌套的 Windows 应用程序中。

● MPEG 格式。MPEG 格式是基于运动图像压缩算法的国际标准的格式，拥有 MPEG-1、MPEG-2 和 MPEG-4 这 3 种压缩标准。其中，MPEG-1 和 MPEG-2 已较少使用，MPEG-4 是专门为高质量流式媒体设计的一种压缩标准，能够保存接近于 DVD 画质的小体积视频文件。

● WMV 格式。WMV 格式是微软公司开发的一组数位视频编解码格式的通称，ASF 是其封装格式。ASF 封装的 WMV 具有“数位版权保护”功能。

● MOV 格式。MOV 是苹果公司开发的 QuickTime 播放器生成的视频格式，文件的后缀名为“.mov”。该格式支持 25 位彩色，具有领先的集成压缩技术，其画面效果较好，有时可能比某些 AVI 文件的画面效果更好。

● DV 格式。DV 通常指用数字格式捕获和存储视频的设备（如便携式摄像机），而 DV 格式就是使用这些设备拍摄的视频的格式，可分为 DV 类型Ⅰ和 DV 类型Ⅱ两种 AVI 文件。其中，DV 类型Ⅰ和 DV 类型Ⅱ的数字视频 AVI 文件都包含原始的视频和音频信息，但 DV 类型Ⅰ文件通常小于 DV 类型Ⅱ文件，并且与大多数 AV 设备兼容，如 DV 便携式摄像机和录音机；而 DV 类型Ⅱ文件包含作为 DV 音频副本的单独音轨，能够与更多的软件兼容，这是大多数使用 AVI 文件的程序都希望做到的。

● F4V 格式。F4V 格式是高清流媒体格式，文件小且清晰，更利于网络传播，已逐渐开始取代传统的 FLV 格式。相比于传统的 FLV 格式，F4V 格式在同等体积下，能够实现更高的分辨率，并支持更高比特率。但由于 F4V 格式是新兴的格式，目前各大视频网站采用的 F4V 格式标准非常之多，而这也导致 F4V 格式相比于传统 FLV 格式，兼容能力相对较弱。

● MKV 格式。MKV 是一种新的多媒体封装格式，这种封装格式可把多种不同编码的视频及 16 条或 16 条以上不同格式的音频和语言不同的字幕封装起来。它也是一种开放源代码的多媒体封装格式。MKV 格式同时还可以提供非常好的交互功能，比 MPEG 格式提供了更好的交互功能和更好的封装灵活性。

● ASF 格式。ASF 格式是一种可以直接在网上观看视频节目的文件压缩格式，可以直接使用 Windows 自带的 Windows Media Player 对这种格式的文件进行播放。它使用了

MPEG-4 的压缩算法，其压缩率和图像质量都很不错。由于 ASF 是以一种可以在网上即时观赏的视频流格式存在的，因而其图像质量虽然不如 VCD 格式的图像质量，但比同是视频流格式的 RAM 格式的图像质量好。

七、视频处理软件Premiere

Premiere 是一款由 Adobe 公司推出的视频处理软件，具有功能全面、性能卓越、操作界面简洁直观等特点，广泛应用于新媒体行业的电影、电视、广告、宣传片、短视频等多类视频的处理和制作中。

1. Premiere 操作界面

在计算机中双击 Premiere 软件图标启动该软件，进入首页界面，单击按钮新建项目文件，再单击按钮打开某个项目文件，即可进入图 4-5 所示的操作界面，该界面由标题栏、菜单栏、界面切换栏和面板组组成。

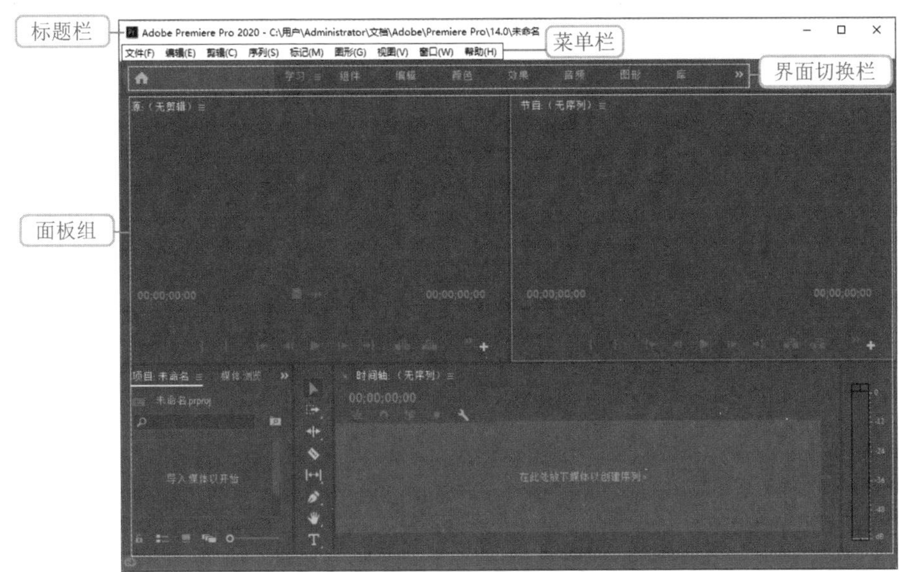

图4-5 Premiere 操作界面

（1）标题栏

标题栏包括 Premiere 的软件图标、Premiere 的版本信息、项目文件的保存路径，以及窗口控制按钮组。单击图标，在弹出的快捷菜单中选择相应命令可对窗口进行移动、最小化、最大化和关闭等操作。

（2）菜单栏

菜单栏包括 Premiere 中的所有菜单命令，选择需要的菜单命令，在弹出的子菜单中选择需要执行的命令。若命令右侧标有 › 符号，则表示该命令还有子菜单。若命令呈灰色状态，则表示该命令没有被激活或当前不可用。

（3）界面切换栏

界面切换栏包括学习（默认的工作区）、组件、编辑、颜色、效果、音频、图形、库 8 种工作区模式。单击任一工作区名称，操作界面的面板组合及布局会发生变化。若要查看更多模式下的工作区，选择【窗口】/【工作区】菜单命令，在展开的子菜单中可以看到多种工作区。

（4）面板组

面板组是 Premiere 操作界面的主要组成部分，每个面板在处理视频时都具有独特的作用。常用的面板有“项目”面板、“节目”面板、“源”面板、“工具”面板和“时间轴”面板。

- “项目”面板。用于存放和管理当前项目文件的素材（包括视频、音频、图像等），以及创建的序列。
- “节目”面板。用于预览“时间轴”面板中当前播放指示器所处位置帧的视频效果，也是最终视频效果的预览面板。
- “源”面板。用于预览还未添加到“时间轴”面板中的源素材，以及对源素材进行一些简单的编辑操作。在“项目”面板中双击素材，即可在“源”面板中显示该素材效果。
- “工具”面板。用于放置编辑“时间轴”面板中素材的工具，单击需要的工具按钮即可将其激活。有的工具右下角有一个小三角图标◢，表示该工具位于工具组中，在该工具组上按住鼠标左键不放，可显示该工作组中的全部工具。
- “时间轴”面板。用于对序列中的视频、音频进行剪辑、插入、复制、粘贴和修整等操作。各类文件在“时间轴”面板中按照时间的先后顺序从左到右排列在各自的轨道上。

经验之谈

在 Premiere 中，项目文件和序列是两个核心概念。项目文件（扩展名为 .prproj）不直接包含媒体素材，而是存储了对这些素材的引用，主要用于组织和管理。每个项目文件可以包含多个序列，序列作为独立的工作空间，用于对素材进行编辑。序列不能直接保存为项目文件，而是作为项目文件的一部分进行存储。新媒体从业人员在使用 Premiere 处理视频时，需要先创建项目文件，再创建序列来进行视频处理操作。

2. Premiere 基础功能

Premiere 提供了查看素材、替换素材、调整视频素材的显示大小、复制和粘贴素材、重命名素材、取消链接素材和调整面板大小等基础功能。

（1）查看素材

除了可以使用“源”面板、“节目”面板查看视频素材的画面，还可以在“项目”面板中选择素材后，单击鼠标右键，在弹出的快捷菜单中选择“属性”命令，在打开的“属性”对话框中查看素材的基本属性，包括文件路径、类型、文件大小、图像大小、帧速率等信息，如图 4-6 所示；也可以单击该面板下方的“列表视图”按钮☰查看素材的相关信息，如图 4-7 所示。

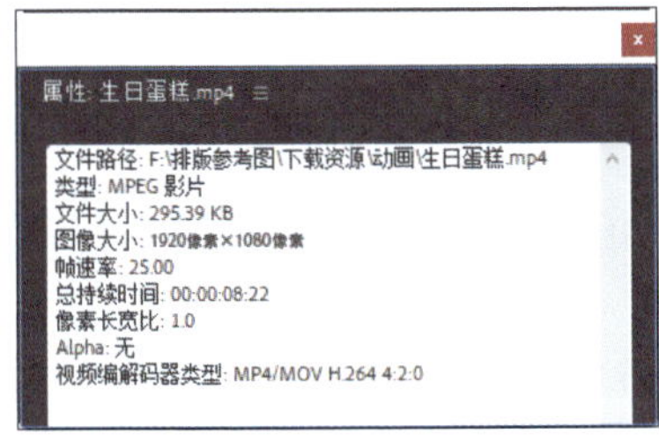

图4-6　使用“属性”对话框查看素材

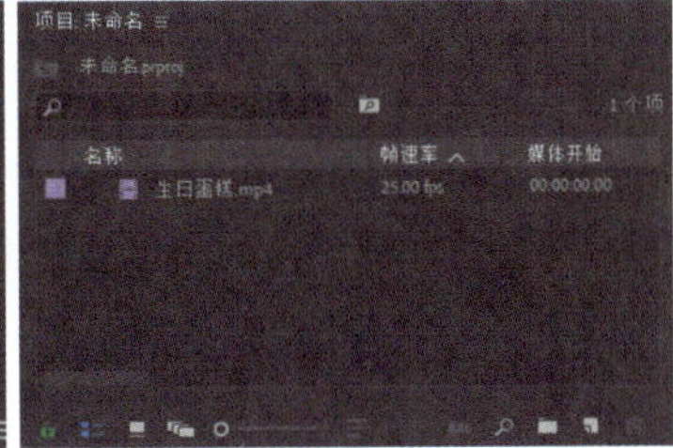

图4-7　单击“列表视图”按钮查看素材

（2）替换素材

若对添加到“时间轴”面板中的素材效果感到不满意，可以进行素材替换操作。替换素材可在“项目”面板或“源”面板中进行。

● 在“项目”面板中替换素材。在“项目”面板中选择用于替换的素材，按住“Alt”键不放，将其拖曳到“时间轴”面板中需要替换的素材上，便可完成替换操作。

● 在“源”面板中替换素材。在“源”面板中将播放指示器移动到起始替换的帧上，在“时间轴”面板中选择需要替换的素材，再选择【剪辑】/【替换为剪辑】/【从源监视器，匹配帧】菜单命令，便可完成替换操作。

（3）调整视频素材的显示大小

在“节目”面板中双击视频素材画面可显示定界框，拖曳定界框四角的任意一角可等比例调整视频素材的显示大小。

（4）复制和粘贴素材

在“项目”面板中选择需要复制的素材，按“Ctrl+C”组合键复制素材，按“Ctrl+V”组合键粘贴素材，可生成一个与原始文件名称一致的复制文件。

在“时间轴”面板中选择需要复制的素材，按住“Alt”键不放并向空白区域拖曳，可生成一个与原始文件名称一致的素材。

（5）重命名素材

在“项目”面板中需重命名的素材上单击鼠标右键，在弹出的快捷菜单中选择“重命名”命令，素材名称呈可编辑状态，输入重命名的名称后，按“Enter”键。

在“时间轴”面板中需重命名的素材上单击鼠标右键，在弹出的快捷菜单中选择“重命名”命令，打开“重命名剪辑”对话框，在“剪辑名称”栏中输入名称后，单击 确定 按钮。

经验之谈

在 Premiere 中，添加到“时间轴”面板中的素材都被称为子剪辑。每个子剪辑都是主剪辑（指位于“项目”面板的素材）的一个具体使用，对子剪辑进行剪辑、添加效果等操作不会影响主剪辑的原始数据。

（6）取消链接素材

有时一些视频素材会自带音频，若不需要自带音频，需要先将其拖曳到“时间轴”面板，然后单击鼠标右键，在弹出的快捷菜单中选择“取消链接”命令，此时音频和视频波形会各自独立。

（7）调整面板大小

在 Premiere 中，面板的大小并不是固定的，而是可以随着实际运用的需要进行调整的。以调整“工具”面板为例，将鼠标指针移至该面板左侧，当鼠标指针变为形态时，向左拖曳可调整该面板宽度，如图 4-8 所示。同理，拖曳面板顶部可调整面板高度。

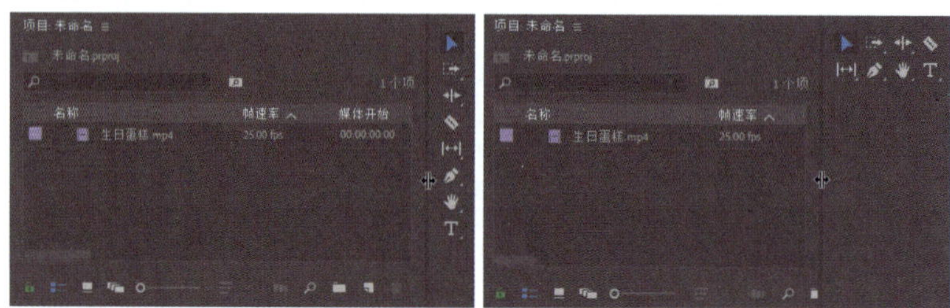

图4-8 调整“工具”面板宽度

任务 2 实战——剪辑“汤圆制作教程”短视频

随着社会的发展，人们的工作与生活节奏日益加快，闲暇时间变得越来越碎片化，这使得短视频以时长短、内容丰富、互动性强、传播迅速和娱乐性强等特点，在新媒体社交平台上迅速崛起，成为品牌推广、娱乐和信息传播的重要工具。本实战将制作“汤圆制作教程”短视频，其内容紧密围绕汤圆制作的步骤展示，以确保用户能够清晰跟随并学习。本实战的制作效果如图 4-9 所示。

图4-9 剪辑“汤圆制作教程”短视频效果

一、新建项目文件和序列

下面将新建一个项目文件和序列，并设置其中的关键参数，如帧速率和尺寸，以确保处理后的视频符合主流 24fps 的帧速率、16 ∶ 9 的画面比宽比，以及 44100Hz 的音频采样率，其具体步骤如下。

步骤 01 在计算机中双击 Premiere 软件图标 Pr 启动该软件，进入首页界面后，单击 新建项目... 按钮，如图 4-10 所示。

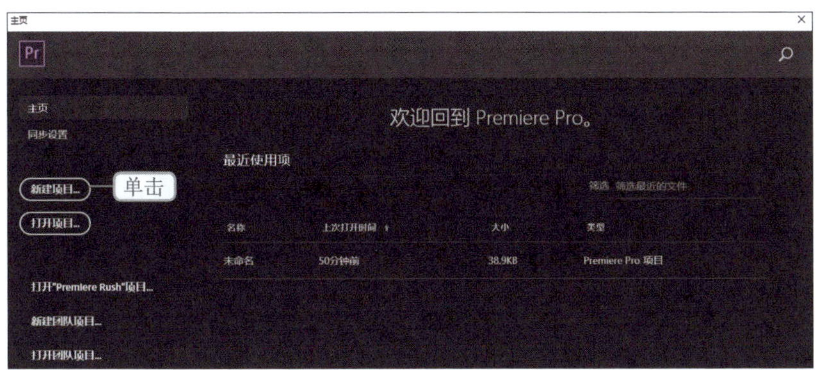

图4-10　单击“新建项目”按钮

步骤 02 打开“新建项目”对话框，在“名称”文本框中输入“汤圆制作教程”，在“位置”文本框右侧单击 浏览... 按钮，打开“请选择新项目的目标路径。”对话框，选择文件存储位置后，单击 选择文件夹 按钮返回“新建项目”对话框，再单击 确定 按钮，如图 4-11 所示。

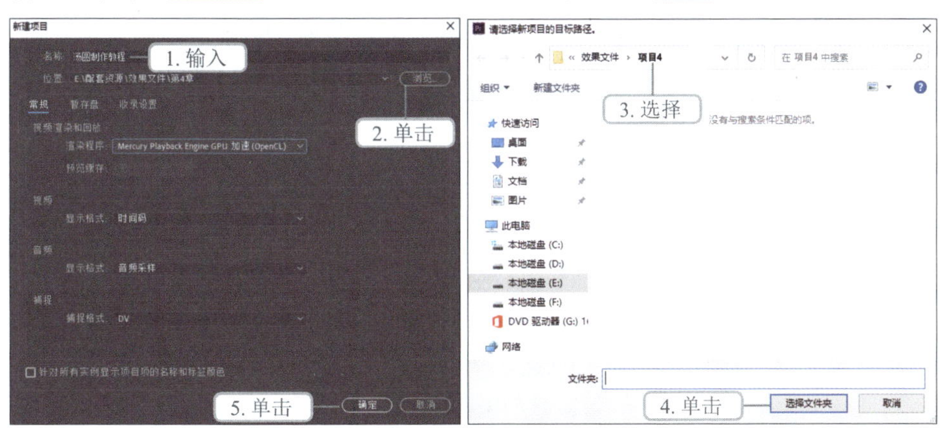

图4-11　设置“新建项目”对话框

步骤 03 选择【文件】/【新建】/【序列】菜单命令，打开“新建序列”对话框，单击“设置”选项卡，在“编辑模式”下拉列表框中选择“自定义”选项，保持“时基”为“25.00 帧 / 秒”不变，设置“帧大小”为“1920”，“水平”为“1080”，“垂直”为“16 ∶ 9”，在“像素长宽比”下拉列表框中选择“方形像素（1.0）”选项，在“采样率”下拉列表框中选择“44100Hz”选项，在“序列名称”文本框中输入“汤圆制作”文字，单击 确定 按钮，如图 4-12 所示。

经验之谈

时基是一个时间显示的基本单位，可以理解为时间基准，通常用于表示时间线上每个单位长度（如秒、分钟等）对应的实际时间长度。在 Premiere 中，时基和帧速率是相互关联的，时基的设置通常以所选的帧速率为基础。例如，选择 24fps 的帧速率后，时基会相应地设置为与 24fps 相匹配的数值。因此，若要设置序列的帧速率，可通过设置时基来实现。

步骤 04 此时，在“项目”面板中可查看新建的项目文件和序列，如图 4-13 所示。

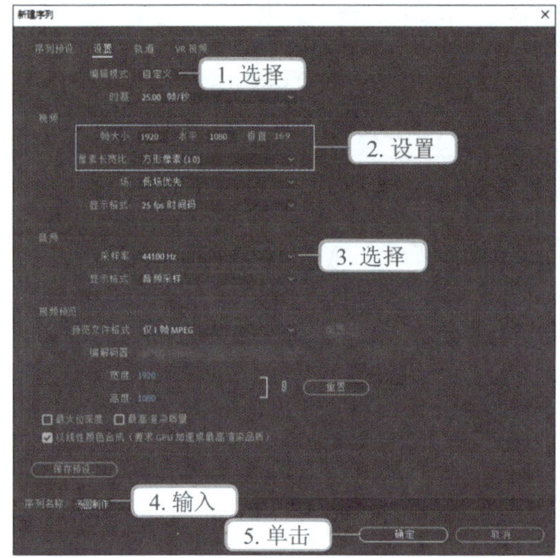

图4-12　设置“新建序列”对话框

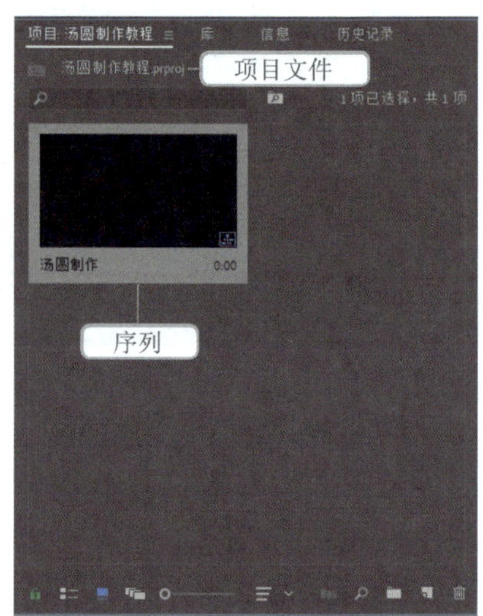

图4-13　查看新建的项目文件和序列

二、导入和管理素材文件

本案例提供了 14 个视频素材和 2 个音频素材，可分类导入项目文件中，以便管理。下面将使用“新建素材箱”功能创建两个素材箱，再使用“导入”菜单命令导入对应类型的素材文件，其具体步骤如下。

步骤 01 单击“项目”面板底部的“新建素材箱”按钮，新建一个素材箱，此时素材箱名称呈可编辑状态，输入“视频”文字，如图 4-14 所示，单击素材箱空白区以确认编辑。

步骤 02 双击“视频”素材箱进入内部，选择【文件】/【导入】菜单命令，打开“导入”对话框，选择“汤圆素材”文件夹内的视频素材（配套资源 :\ 素材文件 \ 项目 4\ 汤圆素材 \ 1.mp4 ～ 14.mp4），单击 打开(O) 按钮，如图 4-15 所示。

步骤 03 等待导入进度条消失后，已导入的视频素材文件会显示在“项目”面板中，如图 4-16 所示。单击“项目”面板顶部的“项目 : 汤圆制作教程”文字返回主素材区。

步骤 04 按照与步骤 01 至步骤 03 相同的方法创建“音频”素材库，并导入“汤圆素材”

文件夹内的音频素材(配套资源:\素材文件\项目 4\汤圆素材\背景音乐.mp3、配音.mp3)，如图 4-17 所示。

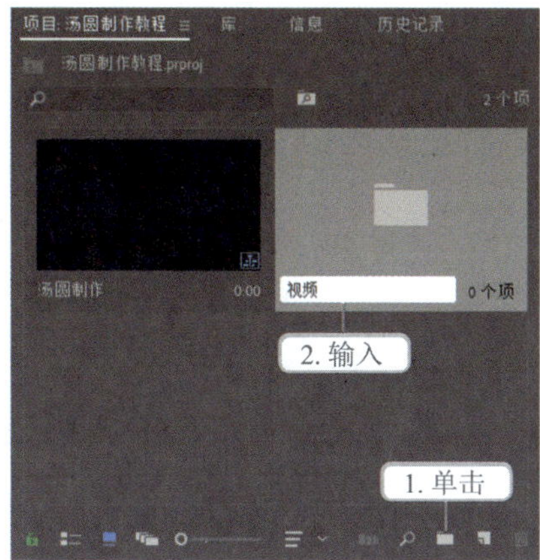

图4-14　创建“视频”素材箱

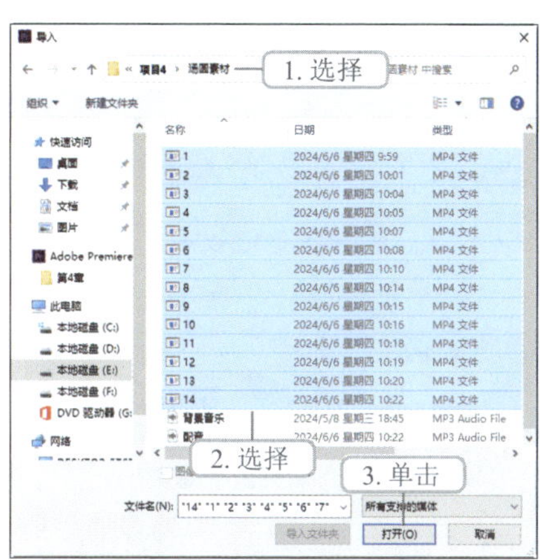

图4-15　导入视频素材

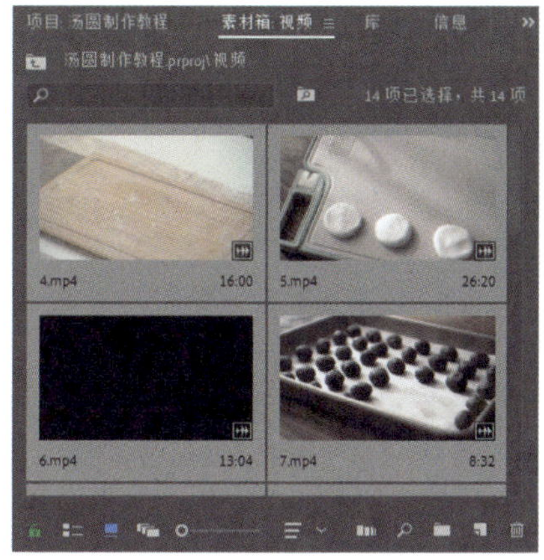

图4-16　查看导入的视频素材文件

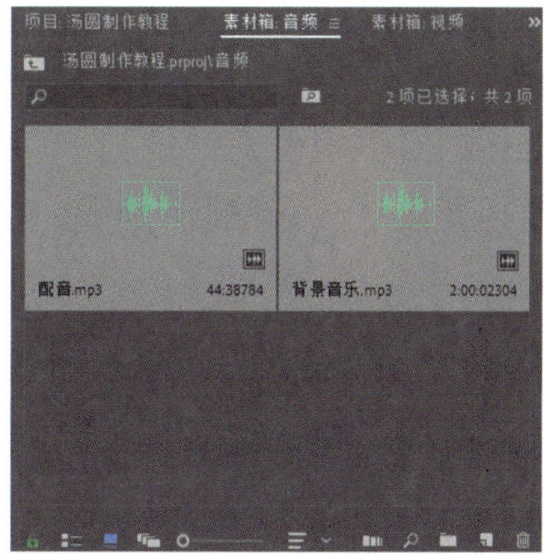

图4-17　查看导入的音频素材文件

三、选择并插入视频片段

由于视频素材的时长不一，为保证视频的节奏性，应选择所需的片段制作本实践的视频。下面在“源”面板中查看视频素材，通过标记视频的入点、出点，将符合要求的视频片段插入“时间轴”面板，其具体步骤如下。

步骤 01 进入“视频”素材箱内部，通过滑动鼠标滚轮找到“1”视频素材，双击该素材，在“源”面板中预览视频画面(预览和处理视频时，可通过调整面板的大小，预留充足的显示空间)。将播放指示器移至“00:00:30:01”处，单击“标记出点”按钮，如图 4-18 所示。

步骤 02 此时，“1”视频素材只有部分片段被选中，单击“插入”按钮，被选中的视频片段即被插入“时间轴”面板中，如图 4-19 所示。

图4-18　为“1”视频素材设置出点

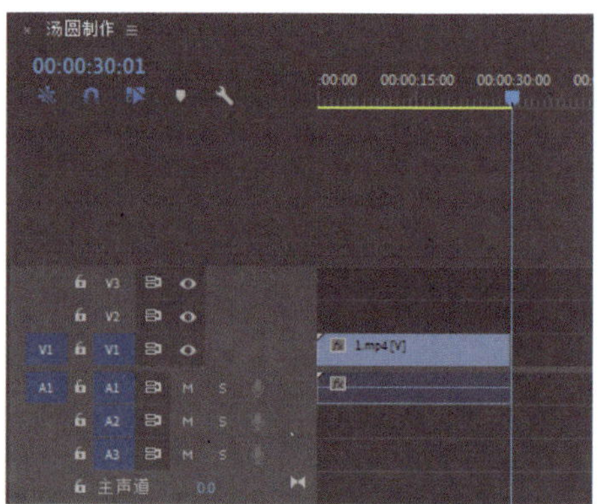

图4-19　插入“1”视频片段

步骤 03 预览“2”视频素材，将播放指示器移至“00:01:00:00”处，单击“标记入点”按钮，此时该素材的出点自动设置为视频结束处，如图 4-20 所示。单击“插入”按钮，将选中的片段插入“时间轴”面板中，该片段位于“1”视频片段后面，如图 4-21 所示。

图4-20　为“2”视频素材设置入点

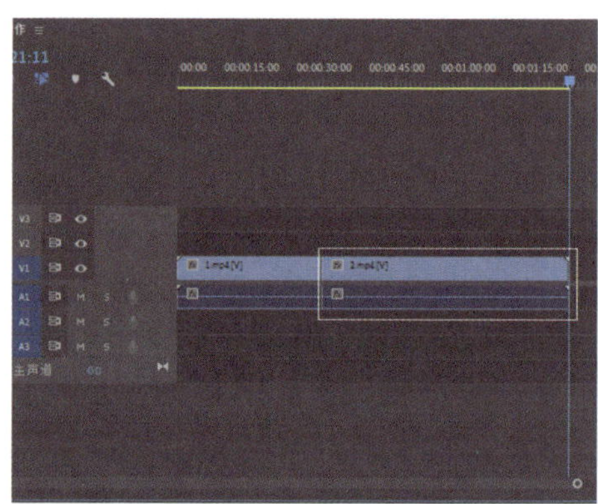

图4-21　插入“2”视频片段

步骤 04 由于“3”视频素材中的和面手法在“00:00:00:00—00:01:00:00”处便已能完整展示，按照与步骤 02、步骤 03 相同的方法，设置该素材的出点为“00:01:00:00”，然后将选中的片段插入“时间轴”面板中。

步骤 05 按照步骤 04 的分析方法选择其他视频素材所需的片段，按照与步骤 01 至步骤 03 相同的方法为视频素材设置入点或出点，再将选中的片段插入“时间轴”面板中，其中“4”视频素材选取“00:00:00:00—00:00:07:00”片段，“5”视频素材选取“00:00:00:00—00:00:10:00”片段，“6”视频素材选取“00:00:00:00—00:00:09:00”片段。

步骤 06 由于“7”视频素材动作画面的前置时间较长，可先设置入点为“00:00:01:25”，将播放指示器移至“00:00:05:02”处，单击“标记出点”按钮，通过为同一素材设置入点和出点选取部分片段，如图 4-22 所示。

步骤 07 由于“8”视频素材部分画面的视觉中心偏移，可通过为该素材设置两次入点和出点来规避偏移的画面。首次选取“00:00:00:00—00:00:03:18”片段，插入片段后，再将播放指示器移至“00:00:04:49”处设置入点，在“00:00:11:26”处设置出点，如图 4-23 所示，通过这种方法可在同一个视频素材中选取不同片段。

图4-22　为“7”视频素材设置入点和出点

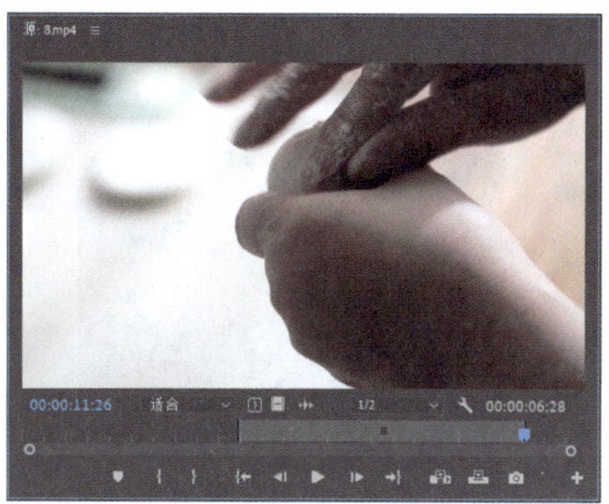

图4-23　为“8”视频素材设置入点和出点

步骤 08 按照与步骤 01 至步骤 07 相同的方法选择并插入其他视频素材的部分片段，效果如图 4-24 所示。其中，“9”视频素材选取“00:00:00:00—00:00:08:00”片段，“10”视频素材选取“00:00:02:40—00:00:04:10”片段，“11”视频素材选取“00:00:00:00—00:00:33:45”片段，“12”视频素材选取“00:00:03:24—00:00:09:48”片段，“13”视频素材选取“00:00:00:00—00:00:06:18”片段，“14”视频素材选取“00:00:09:46—00:00:21:15”片段。

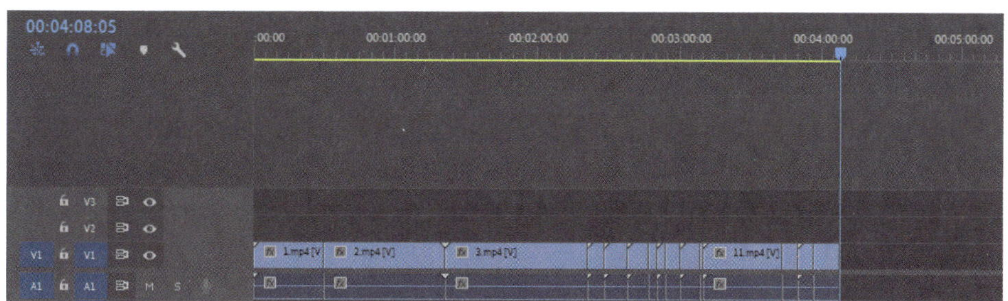

图4-24　插入其他视频素材的部分片段效果

四、调整视频片段播放速度

调整视频片段播放速度

教程类短视频的时长通常控制在几分钟之内，有的甚至只有几十秒，以便用户能够在短时间内快速获取所需信息。目前，插入的视频片段总时长约为 4 分钟，下面将通过“速度 / 持续时间”命令调整各个视频片段的播放速度，缩短时长，其具体操作如下。

步骤 01 在“1”视频片段上单击鼠标右键，在弹出的快捷菜单中选择“速度 / 持续时间”

命令，打开“剪辑速度 / 持续时间”对话框。由于“1”视频片段总时长为 30 秒，为了缩短时长，可以大幅度提升其播放速度，设置“速度”为“800 %”，单击选中“波纹编辑，移动尾部剪辑”复选框，在“时间插值”下拉列表框中选择“帧采样”选项，单击确定按钮，如图 4-25 所示。

步骤 02 此时，“1”视频片段上可显示调整后的播放速度，效果如图 4-26 所示。

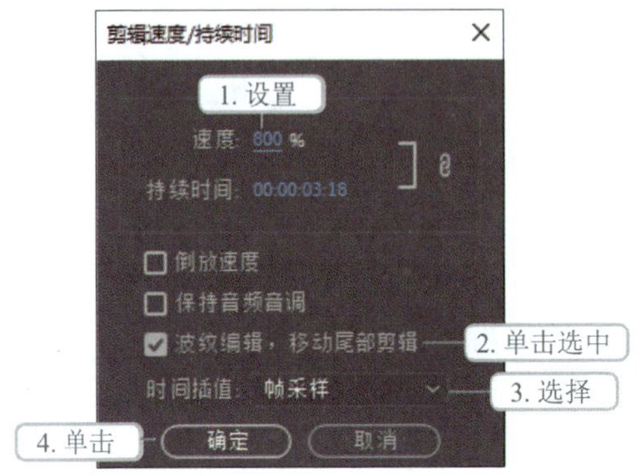

图4-25　调整“1”视频片段播放速度

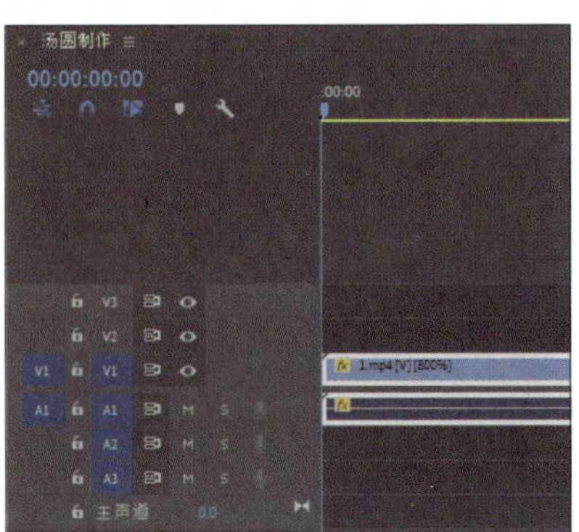

图4-26　调整播放速度后的效果

经验之谈

在“剪辑速度 / 持续时间”对话框中，“时间插值”下拉列表框中的“帧采样”选项可根据需要重复或删除帧，以达到所需的速度；“帧混合”选项可根据需要重复帧，并在重复帧之间形成新的混合帧，以提升动作的流畅度；“光流法”选项可以插入缺失的帧，以便进行时间重映射，这样将正常拍摄的视频处理成慢动作效果时，画面效果会更加美观和流畅。

步骤 03 按照与步骤 01 相同的方法调整其他视频片段的播放速度。其中，“2”视频片段的“速度”为“900 %”，“3”视频片段的“速度”为“900 %”，“4”视频片段的“速度”为“300 %”，“5”视频片段的“速度”为“300 %”，“6”视频片段的“速度”为“200 %”，“7”视频片段的“速度”为“150 %”，“8”视频片段 1 的“速度”为“300 %”，“8”视频片段 2 的“速度”为“400 %”，“9”视频片段的“速度”为“500 %”，“11”视频片段的“速度”为“900 %”，“13”视频片段的“速度”为“200 %”，“14”视频片段的“速度”为“200 %”，“10”视频片段和“12”视频片段的速度保持不变，效果如图 4-27 所示。

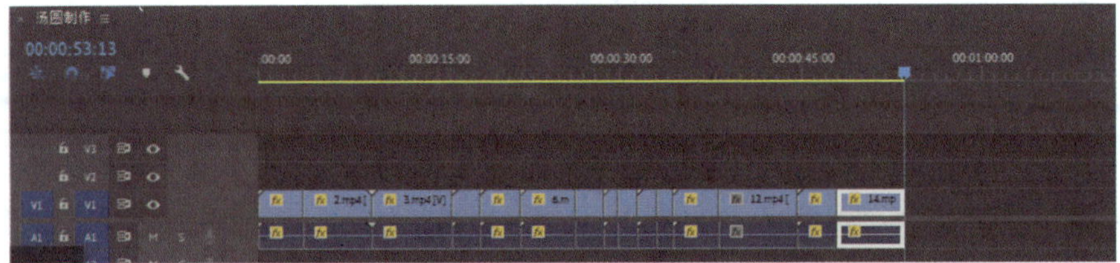

图4-27　调整其他视频片段的播放速度效果

任务 3 实战——后期处理“汤圆制作教程”短视频

完成短视频的剪辑后，视频的主要画面已经构建完成，此时新媒体从业人员可以对短视频进行后期处理，如添加过渡效果、字幕、音频及调整颜色等，丰富视频效果，提升整个短视频的完成度和精细度。本实战将对“汤圆制作教程”短视频进行后期处理，制作效果如图 4-28 所示。

图4-28 后期处理“汤圆制作教程”短视频效果

一、添加与编辑视频过渡效果

通常情况下，教程类的短视频只需在切换场景时添加视觉过渡效果，以减缓用户因场景突然变化而产生的不适感，同时还能在一定程度上增加视频的趣味性和吸引力。下面将为发生场景变换的视频片段添加与编辑过渡效果，以确保这些效果能够满足实际需要，其具体步骤如下。

添加与编辑视频过渡效果

步骤 01 由于“1”“2”视频片段是近景切换为特写的关系，可添加视频过渡效果来减缓视频突然切换带来的视觉冲击感，以平滑地连接两个不同视频的画面。选择【窗口】/【效果】菜单命令，打开“效果”面板，依次展开“视频过渡”“划像”文件夹，选择“圆划像”视频过渡效果，将其拖曳到“1”“2”视频片段之间，如图 4-29 所示。

步骤 02 选择【窗口】/【效果控件】菜单命令，打开“效果控件”面板，选择添加的视频过渡效果，此时在该面板中出现该视频过渡效果的参数，如图 4-30 所示。

步骤 03 将鼠标指针移至效果控制块处，当鼠标指针变为形态时向左侧拖曳，使该效果比默认出场时间更早出场，如图 4-31 所示，视频过渡效果如图 4-32 所示。

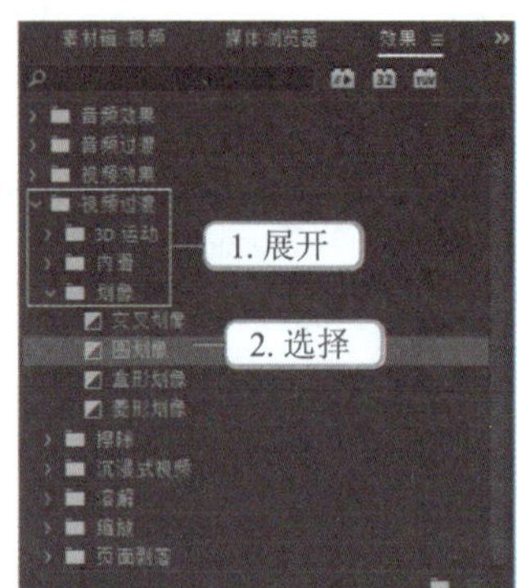

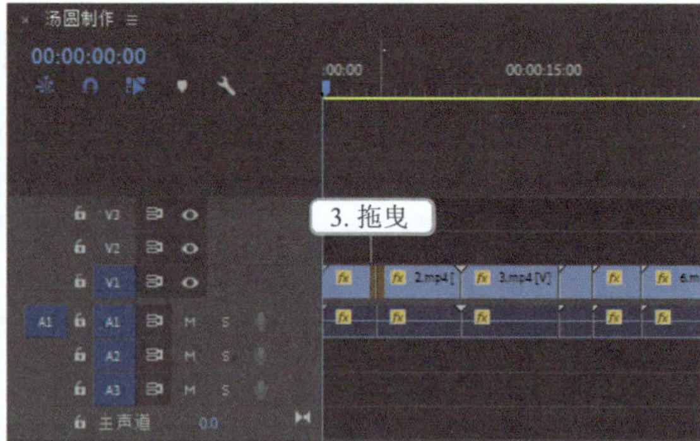

图4-29 添加“圆划像”视频过渡效果

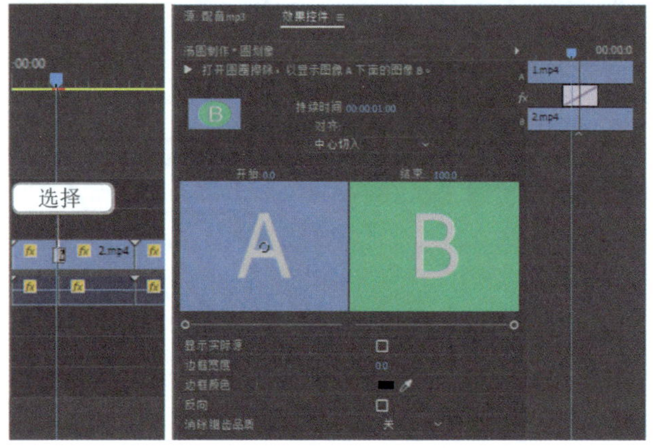

图4-30 查看“圆划像”视频过渡效果参数

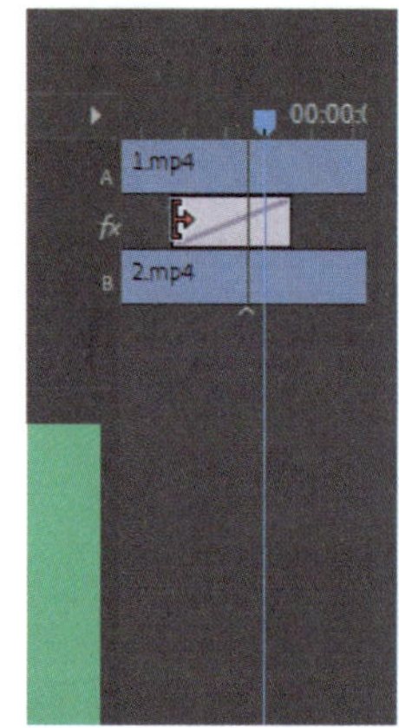

图4-31 设置“圆划像”视频过渡效果

图4-32 查看“圆划像”视频过渡效果

步骤 04 按照与步骤 01 相同的方法在“2”“3”视频片段之间添加“溶解”效果组中的“交叉溶解”视频过渡效果，在弹出的“过渡”对话框中单击 确定 按钮。再按照与步骤 02 相同的方法，在“效果控件”面板中设置“持续时间”为“00:00:02:00”。

步骤 05 按照与步骤 04 相同的方法在“3”“4”视频片段、“4”“5”视频片段、“6”“7”视频片段、“10”“11”视频片段、“12”“13”视频片段、“13”“14”视频片段中添加“交叉溶解”视频过渡效果，如图 4-33 所示。若添加的效果不位于两个视频片段之间，则在“效果控件”面板的“对齐”下拉列表框中选择“中心切入”选项，持续时间保持默认设置。

图4-33　为其他视频片段添加“交叉溶解”视频过渡效果

步骤 06 按照与步骤 04 相同的方法在“5”“6”视频片段之间添加“推”视频过渡效果，设置“对齐”为“起点切入”，通过添加切换幅度较大的效果，提示汤圆制作进入下一阶段，如图 4-34 所示。在“9”“10”视频片段之间添加“交叉缩放”视频过渡效果（该效果会先逐渐放大“9”视频片段画面，再切换到“10”视频片段画面的放大状态，并逐渐将“10”视频片段画面缩小到原始大小），减缓切换不同拍摄角度带来的不适感，如图 4-35 所示。

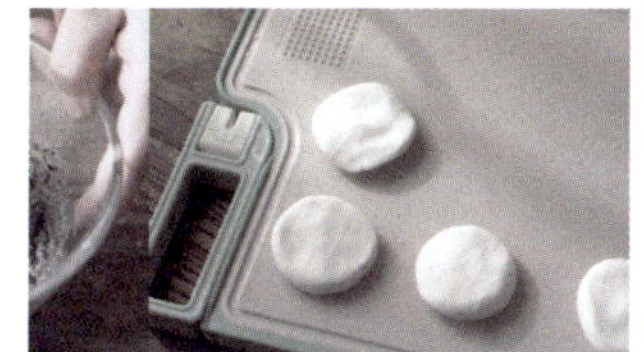

图4-34　添加“推”视频过渡效果

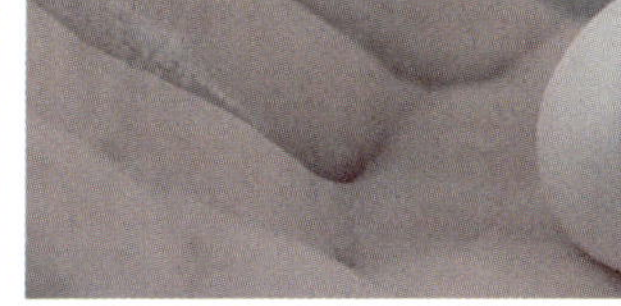

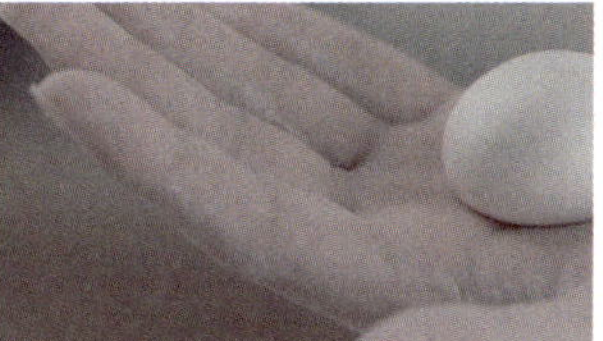

图4-35　添加“交叉缩放”视频过渡效果

经验之谈

景别是指在镜头焦距范围固定不变的情况下，由于摄影机与被摄主体的距离不同，因此造成被摄主体在摄影机录像器中所呈现出的范围大小的区别。这种范围大小的划分一般可分为 5 种，由近至远分别为特写（如拍摄人体肩部以上的画面）、近景（如拍摄人体胸部以上的画面）、中景（如拍摄人体膝盖以上的画面）、全景（如拍摄人体整体的画面）和远景（如拍摄人体所在环境的画面）。

二、调整视频片段颜色

当视频画面切换存在颜色不统一的情况时，调整画面颜色是一种强有力的手段。下面将使用“Lumetri 颜色”面板调整视频片段的颜色，以提升视频的美观程度，其具体步骤如下。

调整视频片段颜色

步骤 01 预览“1”视频片段画面，发现画面颜色偏淡。选择【窗口】/【Lumetri 颜色】菜单命令，打开“Lumetri 颜色”面板，单击“基本校正”选项卡，展开“色调”栏，设置“对比度”为“22.7”，“阴影”为“-30.4”，“饱和度”为“111.6”，如图 4-36 所示，调整前后的对比效果如图 4-37 所示。

步骤 02 此时可以以“1”视频片段的颜色为基准，调整“和面”阶段其他视频片段的颜色。选择“2”视频片段，设置“对比度”为“20.4”，“阴影”为“-12.7”，“饱和度”为“111.6”，调整前后的对比效果如图 4-38 所示。

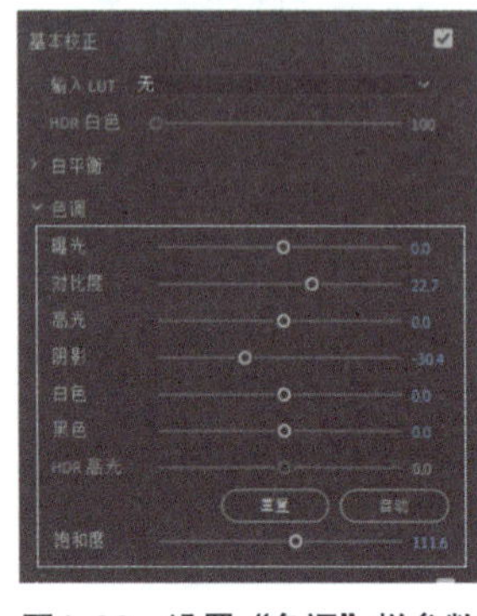

图4-36 设置“色调”栏参数

图4-37 调整“1”视频片段颜色

图4-38 调整“2”视频片段颜色

步骤 03 选择“3”视频片段，设置“曝光”为“0.9”，“对比度”为“5.0”，“阴影”为“-27.1”，“饱和度”为“129.3”，调整前后的对比效果如图 4-39 所示。

步骤 04 选择“4”视频片段，设置“曝光”为“0.5”，“对比度”为“24.9”，“阴影”为“-27.1”，“饱和度”为“114.9”，调整前后的对比效果如图 4-40 所示。

步骤 05 选择“5”视频片段，设置“曝光”为“0.9”，“对比度”为“14.9”，“阴影”为“-18.2”，“饱和度”为“117.1”，调整前后的对比效果如图 4-41 所示。

图4-39 调整“3”视频片段颜色

图4-40 调整“4”视频片段颜色

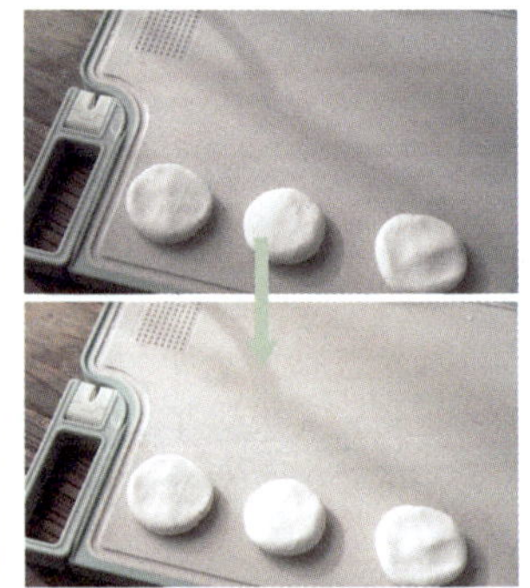

图4-41 调整“5”视频片段颜色

步骤 06 此时“和面”阶段的视频片段颜色已统一，接下来为“包馅”阶段的视频片段进行调色。由于该环节涉及的场景和颜色众多，但亮度和饱和度不均衡，因此只需要提升部分视频片段的亮度和饱和度，便可在视觉上基本达成统一。选择“6”视频片段，设置“对比度”为“-30.4”，“阴影”为“-18.2”，“饱和度”为“131.5”，调整前后的对比效果如图 4-42 所示。

步骤 07 选择“9”视频片段，设置“曝光”为“1.1”，“对比度”为“18.2”，“阴影”为

"-10.5","饱和度" 为"112.9",调整前后的对比效果如图 4-43 所示。

步骤 08 选择"10" 视频片段,设置"曝光" 为"1.5","对比度" 为"21.5","阴影" 为"-22.7","饱和度" 为"118.2",调整前后的对比效果如图 4-44 所示。

图4-42 调整"6"视频片段颜色

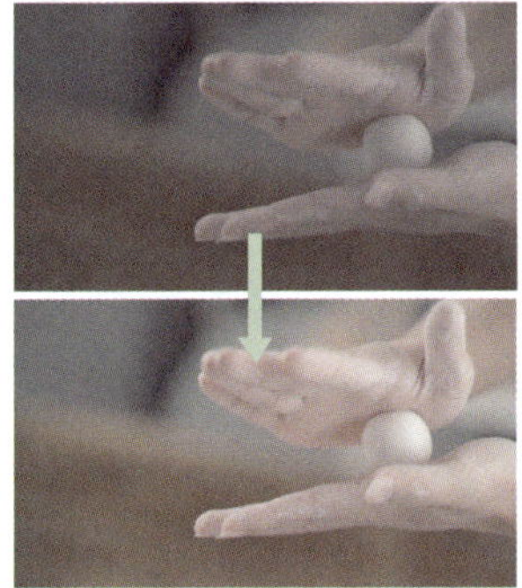

图4-43 调整"9"视频片段颜色

图4-44 调整"10"视频片段颜色

步骤 09 "烹饪" 环节所涉及的视频片段的画面都存在亮度不足、饱和度较低的问题,可统一调整相关参数。选择"12" 视频片段,设置"曝光" 为"1.0","饱和度" 为"112.7",调整前后的对比效果如图 4-45 所示。

步骤 10 选择"13" 视频片段,设置"曝光" 为"2.4","饱和度" 为"118.2",调整前后对比效果如图 4-46 所示。

步骤 11 选择"14" 视频片段,设置"曝光" 为"1.2","阴影" 为"-19.3","饱和度" 为"128.2",调整前后的对比效果如图 4-47 所示。

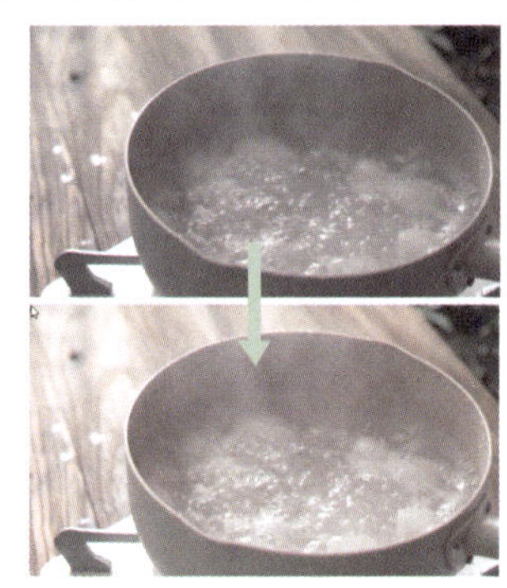

图4-45 调整"12"视频片段颜色

图4-46 调整"13"视频片段颜色

图4-47 调整"14"视频片段颜色

三、添加与编辑音频

为教程类短视频添加配音和背景音乐,可以让视频更加生动、有趣,更好地传达出视频的主题和情感,吸引用户的注意力。下面将为短视频添加配音和背景音乐,在添加前需要去除原视频素材自带的音频,其具体步骤如下。

添加与编辑音频

步骤 01 全选所有视频片段,单击鼠标右键,在弹出的快捷菜单中选择“取消链接”命令，此时音频和视频分别独立展示，如图 4-48 所示。

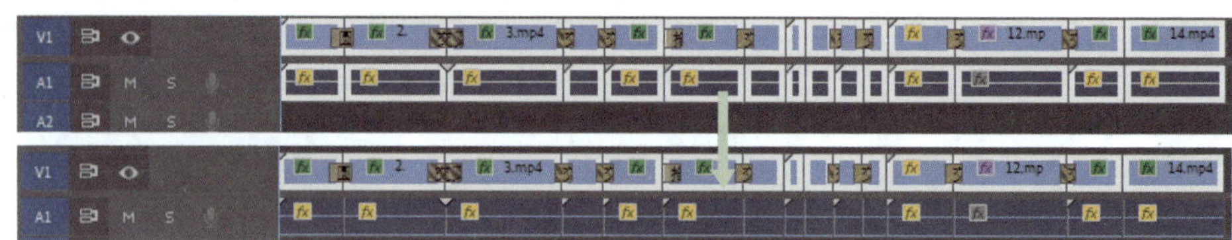

图4-48　取消链接

步骤 02 全选所有视频片段的音频，按“Delete”键可将其删除。进入“音频”素材箱内部，将“配音”音频拖曳到 A1 轨道上，使其入点与“1”视频片段的入点一致，效果如图 4-49 所示。

图4-49　删除视频片段的音频并添加“配音”音频

步骤 03 按空格键试听配音，可发现部分画面与配音内容不符，应做分割和移动处理，使音画同步。选择“配音”音频，将播放指示器移至 00:00:09:02 处，在“工具”面板中选择剃刀工具，沿着播放指示器的位置单击鼠标左键，分割“配音”音频，如图 4-50 所示。

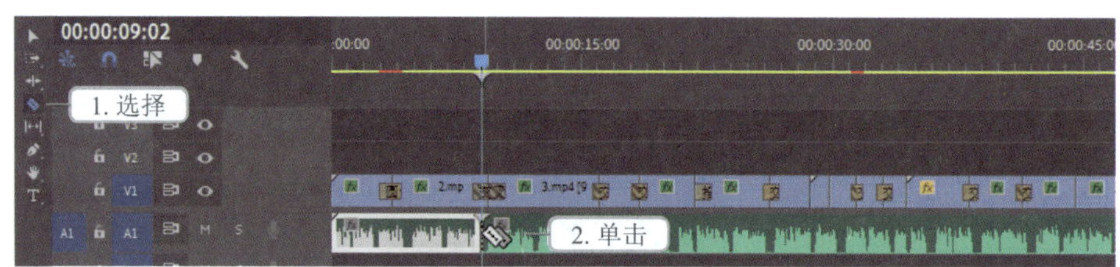

图4-50　分割“配音”音频

步骤 04 将播放指示器移至 00:00:09:17 处，选择选择工具，朝右侧拖曳分割后的第 2 段音频，使其入点与当前播放指示器位置一致，如图 4-51 所示。

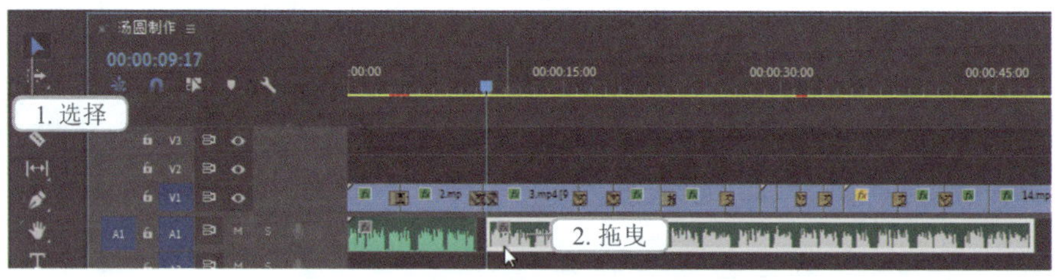

图4-51　移动音频片段

步骤 05 按照与步骤 03、步骤 04 相同的方法，依次分割和移动“配音”音频，其中沿 00:00:15:19 处分割，移动第 3 段音频至 00:00:16:10；沿 00:00:21:18 处分割，移动第 4 段音频至 00:00:22:18；沿 00:00:32:20 处分割，移动第 5 段音频至 00:00:33:02；沿 00:00:41:03 处分割，移动第 6 段音频至 00:00:41:18，如图 4-52 所示。

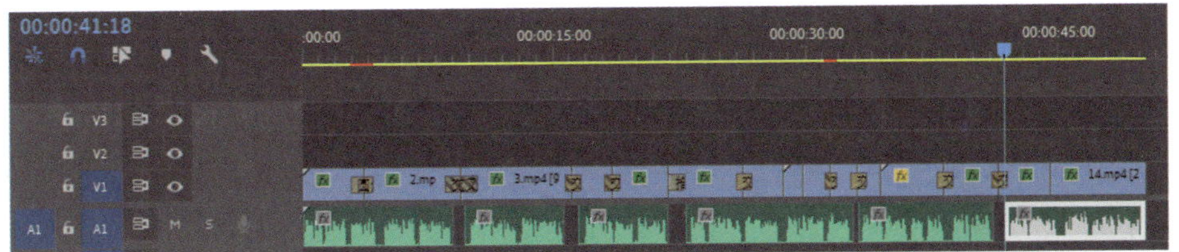

图4-52　分割和移动“配音”音频

步骤06 预览视频后发现，第 4 段音频的内容较多，而对应的画面时长较短，导致浏览对应视频时呈现急促感。分别调整“8”视频片段 1 的“速度”为“255 %”，“8”视频片段 2 的“速度”为“350 %”，“9”视频片段的“速度”为“450 %”，并单击选中“波纹剪辑，移动尾部剪辑”复选框。将播放指示器移至 00:00:28:14 处分割音频，将分割后的一段音频移至 00:00:28:24 处。按照相同的方法调整“12”视频片段的“速度”为“200 %”。

经验之谈

在剪辑过程中，由于难以准确预判后期的编辑处理操作，剪辑后的效果可能需要在后期编辑时进行调整。也就是说，剪辑过程是粗剪，而后期编辑过程是精剪。

步骤07 按照与步骤 02 至步骤 04 相同的方法，将背景音乐添加到 A2 轨道中，并在 00:00:50:20 处分割，删除分割后的第 2 段音频，使该音频的时长与视频片段时长一致，效果如图 4-53 所示。

图4-53　添加和编辑背景音乐

步骤08 由于背景音乐被直接分割，结束时听感较为突兀，在“效果”面板中依次展开“音频过渡”/“交叉淡化”文件夹，选择“恒定功率”音频过渡效果并添加到该音频出点处，然后在“效果控件”面板中设置“持续时间”为“00:00:04:00”，如图 4-54 所示。

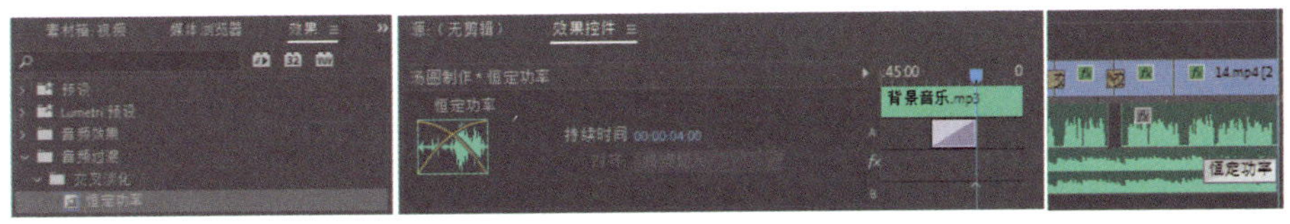

图4-54　添加和编辑“恒定功率”音频过渡效果

步骤09 试听音频可发现背景音乐声音过大，影响配音。选择背景音乐，单击鼠标右键，在弹出的快捷菜单中选择“音频增益”命令，打开“音频增益”对话框，设置“调整增益值”为“-15dB”，单击确定按钮，如图 4-55 所示，此时该音频波形发生变化，表示音频音量已降低，如图 4-56 所示。

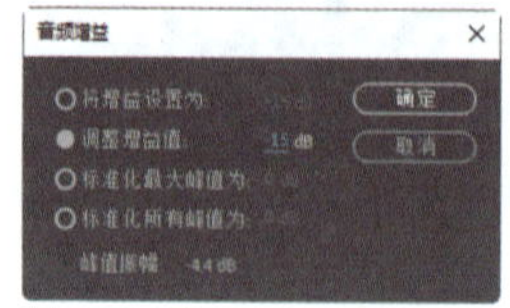

图4-55　设置音频增益

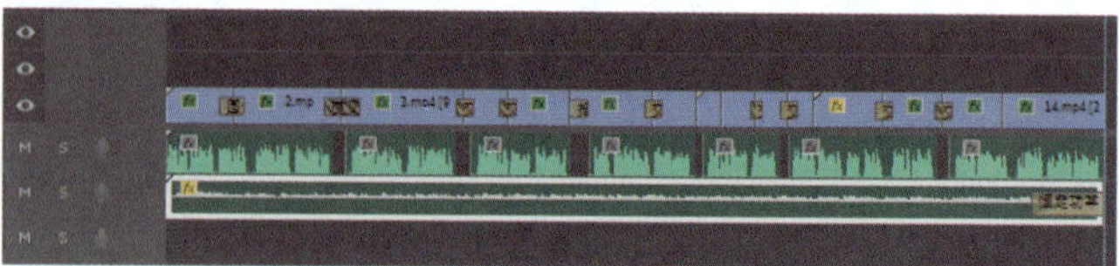

图4-56　降低背景音乐音量效果

四、添加与编辑字幕

添加与编辑字幕

字幕作为视频内容中不可或缺的一部分，能向用户传达信息，增强观看体验，但要注意内容与配音或画面相符。下面将使用文本工具添加字幕，再编辑字幕的位置，使其不遮挡视频效果，其具体步骤如下。

步骤 01 将播放指示器移至 00:00:04:08 处，单击“节目”面板底部的“添加标记”按钮添加标记，如图 4-57 所示，将其作为首个字幕结束点标记。

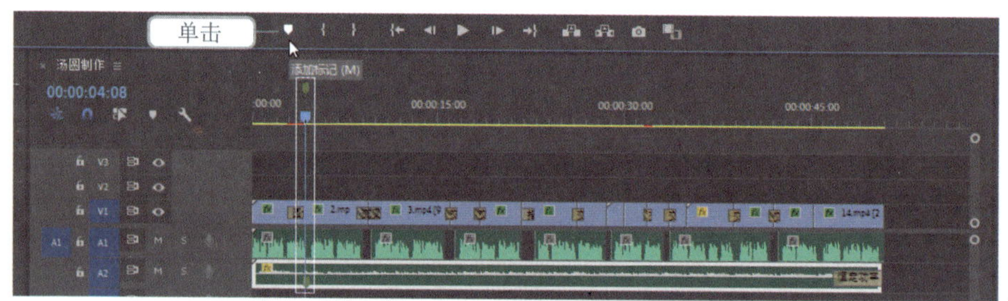

图4-57　添加标记

步骤 02 将播放指示器移至 00:00:00:00 处，选择【窗口】/【基本图形】菜单命令，打开“基本图形”面板，选择文字工具，在视频底部输入“在糯米粉中缓缓加入温水，注意水温不能过高”文字，此时“时间轴”面板的 V2 轨道会出现一个字幕素材。

步骤 03 在“基本图形”面板中单击“水平居中对齐”按钮，设置字体为“FZDaHei-B02”，“字体大小”为“70”，单击选中“填充”复选框，单击左侧色块，在打开的“拾色器”对话框中设置颜色为“#ffffff”，单击确定按钮，设置“阴影”栏中的“不透明度”为“75 %”，如图 4-58 所示。

步骤 04 单击标记，播放指示器自动移至标记点所处位置。将鼠标指针移至 V2 轨道的字幕素材后，当鼠标指针变为形态时，向左拖曳鼠标以缩短字幕的持续时间，使字幕和配音音频同步，如图 4-59 所示。

步骤 05 按照与步骤 01 相同的方法，依次添加标记作为后续字幕持续时间的标记。标记点的参考时间为 00:00:04:23、00:00:10:00、00:00:16:23、00:00:23:00、00:00:29:00、00:00:33:16、00:00:39:01、00:00:42:16 和 00:00:45:22。

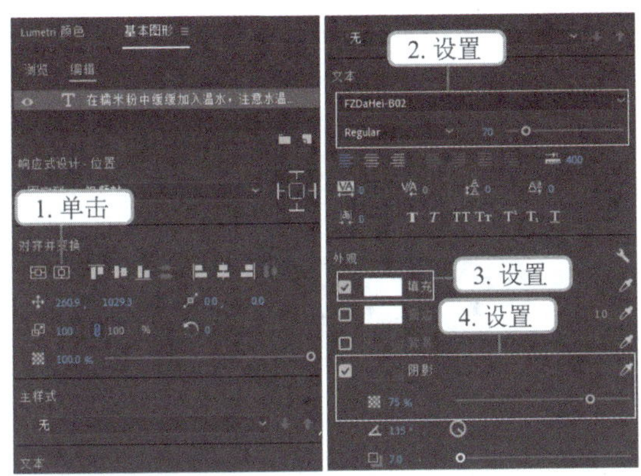

图4-58　设置“基本图形”面板

图4-59　调整字幕持续时间

步骤 06 单击第 2 处标记，选择首个字幕素材，按住“Alt”键不放并向右拖曳，可复制一个字幕素材，将复制的素材移动至当前播放指示器右侧，然后调整出点，使其与对应音频出点一致，如图 4-60 所示。双击“节目”面板中的文字，修改内容为“边加水边用筷子搅拌，形成松散的糯米粉絮”，单击“水平居中对齐”按钮，使字幕保持居中。

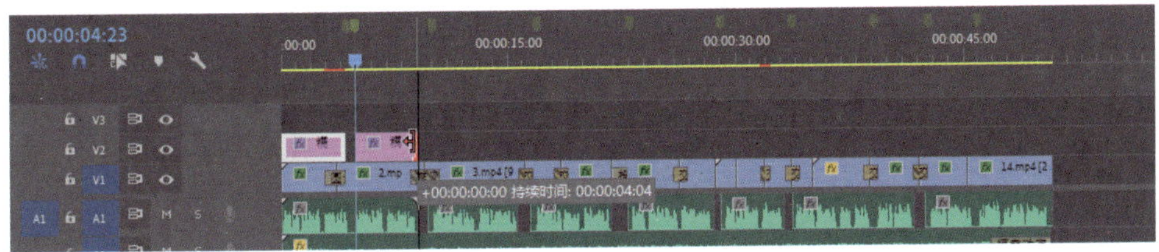

图4-60　复制字幕素材并调整出点

步骤 07 按照与步骤 06 相同的方法继续复制字幕并修改内容，字幕内容依次为“用手掌将糯米粉絮糅合在一起，形成光滑不粘手的糯米粉团”“将揉好的糯米粉团从盆中取出，再制作成糯米粉片”“将黑芝麻、白糖和猪油搅拌均匀，并分成大小均匀的小球”“用糯米粉片包裹住馅料，制作成圆球状”“将包好的汤圆裹上一层糯米粉，再静置，防止粘连”“烧开水后中火煮汤圆”“煮好的汤圆用漏勺捞出至碗内”“一颗颗圆润饱满、晶莹剔透的汤圆就呈现在眼前了”。其中第 8 至第 10 处字幕由于位置重叠，将在复制时自动调整出点位置，效果如图 4-61 所示。

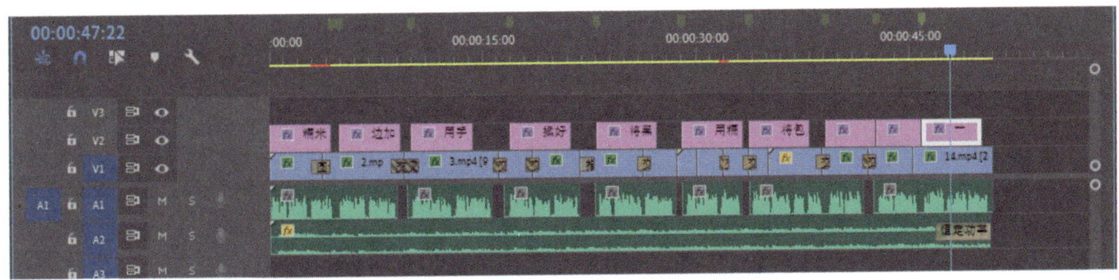

图4-61　复制并修改其他字幕素材

步骤 08 此时，大多数字幕素材的出点与视频画面不匹配，按照步骤 05 所示的方法调整字幕素材的入点、出点，其中字幕 2 的出点为“00:00:09:01”，字幕 3 的出点为“00:00:15:16”，字幕 4 的出点为“00:00:21:19”，字幕 5 的出点为“00:00:28:16”，字幕 7 的出点为“00:00:38:20”，字幕 8 的出点为“00:00:41:13”，字幕 9 的出点为“00:00:45:11”，字幕 10 的出点为“00:00:50:24”，效果如图 4-62 所示。

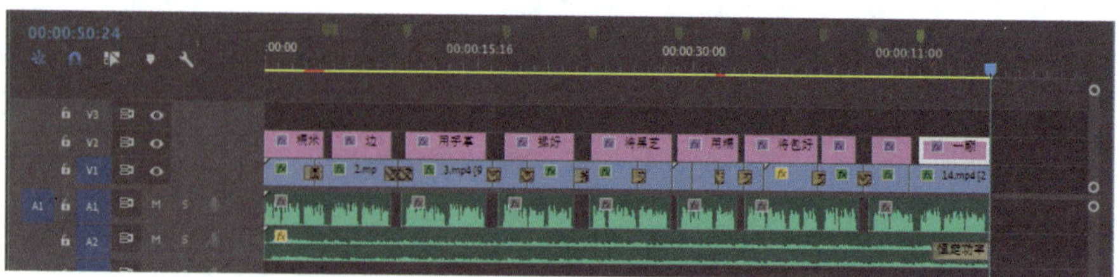

图4-62　调整字幕素材的入点和出点

素养课堂

在添加字幕时，应确保有权限对视频进行编辑和添加字幕，或者获得了版权所有者的明确许可，不要侵犯他人的版权，包括不复制和分发未经授权的版权内容。另外，字幕应清晰易懂，易于阅读和理解，避免使用过于复杂或难以理解的词汇和句子结构，以确保用户能够轻松理解字幕内容。

五、保存项目文件并导出短视频

保存项目文件并导出短视频

制作完短视频后，为防止后续修改，应先保存项目文件，再导出制作好的短视频。下面将使用“保存”菜单命令和“导出”菜单命令进行上述操作，其具体步骤如下。

步骤 01 选择【文件】/【保存】菜单命令，保存项目文件（配套资源 :\ 效果文件 \ 项目 4\ 汤圆制作教程 .prproj），如图 4-63 所示，其中“Adobe Premiere Pro Auto-Save”文件夹为项目文件的缓存文件，属于可删除文件。

步骤 02 选择【文件】/【导出】/【媒体】菜单命令，打开“导出设置”对话框，单击“输出名称”的“汤圆制作”超链接，打开“另存为”对话框，选择导出位置，设置“文件名”为“汤圆制作教程”，单击 保存(S) 按钮，如图 4-64 所示，返回“导出设置”对话框。

步骤 03 单击选中“使用最高渲染质量”复选框，单击 导出 按钮开始导出视频，如图 4-65 所示。

步骤 04 此时，将打开“编码 汤圆制作”对话框，其中展示渲染进度条。等待进度条消失后，可在设置的导出位置查看视频文件（配套资源 :\ 效果文件 \ 项目 4\ 汤圆制作教程 .mp4），如图 4-66 所示，其中“Adobe Premiere Pro Audio Previews”文件夹是用于存储音频文件的临时预览文件，这些预览文件是在 Premiere 中导出音频文件后，软件自动生成的，属于可删除文件。

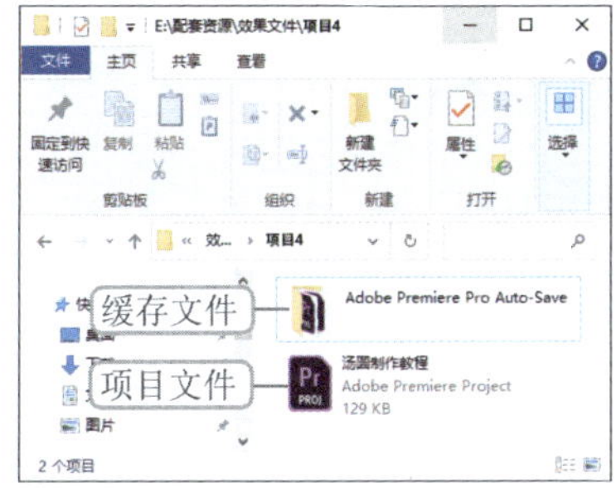

图4–63　保存项目文件

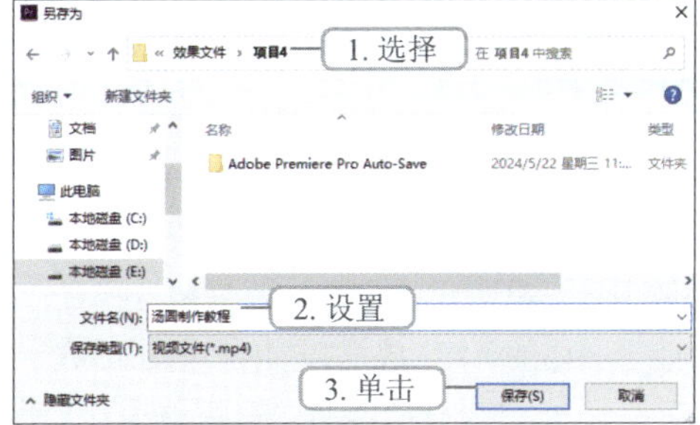

图4–64　设置“另存为”对话框

图4–65　设置“导出设置”对话框

图4–66　查看导出的视频文件

拓展知识——AI 数字人视频

随着科技的飞速发展，市面上涌现出众多 AI 生成视频工具，这些工具可以将输入的文字转化为数字人播报视频，极大地满足了新媒体从业人员在视频处理方面的基本需求。

腾讯智影是腾讯推出的一款集素材搜集、视频剪辑、数字人播报、渲染导出和发布等功能于一体的 AI 生成视频软件，其中的数字人播报功能不仅操作简便，而且生成的数字人形象逼真，播报自然流畅，极大地提升了视频制作的效率和质量，其具体步骤如下。

步骤 01 进入"腾讯智影"官网，登录账号，在"智能小工具"栏中单击"数字人播报"超链接，进入该功能的操作界面。

步骤 02 单击"背景"选项卡，在打开的面板中选择自定义颜色色块；或单击"自定义"选项，单击 本地上传 按钮自行上传计算机中的图像，用作视频的背景。

步骤 03 单击"我的资源"选项卡，在打开的面板中单击 本地上传 按钮，可以上传计算机中的视频素材，将鼠标指针移至视频素材缩览图上方，右上角将出现按钮，单击该按钮将其添加在预览区，接着拖曳定界框调整大小，如图 4-67 所示。

图4-67　添加视频素材并调整大小

经验之谈

单击 手机上传 按钮，下方将显示一个二维码，使用手机微信扫描该二维码，打开"素材上传"页面，单击 上传素材 按钮，在弹出的快捷菜单中选择"照片图库"选项，可以上传该手机相册中的素材；选择"拍照或录像"选项，可以使用该手机进行拍照或录像操作，并上传相应素材；选择"选取文件"选项，可以上传该手机中的文件。

步骤 04 单击"数字人"选项卡，选择所需的数字人形象，可将其添加在预览区，如图 4-68 所示。在编辑区可对数字人的服装（仅限于付费形象）、显示范围形状做出设置。

图4-68　添加数字人形象

经验之谈

在选择数字人形象进行播报时，数字人形象应与公司或机构的品牌形象、市场定位及播报内容相契合。例如，科技公司可选择更有现代感的数字人形象，而传统行业的公司可选择更加稳重、经典的数字人形象。同时，选择的数字人形象还需要注意避免侵权问题，如果使用了他人的素材或形象，应确保获得了授权或购买了版权，以免侵犯他人的权益。

另外，数字人播报视频的背景和配色也是不可忽略的因素，应选择与数字人形象和公司品牌风格相协调的背景和配色，以增强整体视觉效果。

步骤 05 在编辑区单击 < 返回内容编辑 按钮，在“播报内容”栏的“自定义创作”栏中输入文字，或者在“AI 创作”栏中输入关键词让 AI 生成文章，这些文字可以显示在视频画面中充当字幕。例如，输入“讲一下梅花鹿的相关知识”关键词，单击 创作文章 按钮即可生成文章，生成的文章会显示在自定义创作栏中，并出现在预览区。

步骤 06 在编辑区单击 保存并生成播报 按钮可生成播报，此时预览区中的字幕将变为生成的文章内容，轨道区的字幕和数字人也会做出对应改变，如图 4-69 所示。

图4-69　生成播报

步骤 07 单击合成视频按钮，打开“合成设置”对话框，设置名称、导出设置（即尺寸）、格式和帧率等参数后，单击确定按钮，打开“功能消耗”提示框，单击确定按钮即可合成视频，合成的视频将显示在腾讯智影“我的资源”页面。

课后练习

（1）在 Premiere 中使用提供的素材文件（配套资源 :\ 素材文件 \ 项目 4\“风景素材”文件夹）制作短视频，参考效果如图 4-70 所示（配套资源 :\ 效果文件 \ 项目 4\ 风景短视频 .prproj、风景视频 .mp4）。

提示：首先需要在 Premiere 中导入素材文件，预览素材文件并设置入点和出点，然后将其插入“时间轴”面板，调色后，添加和编辑字幕、背景音乐，最后导出视频文件。

图 4-70　风景短视频参考效果

经验之谈

风景类短视频内容主要聚焦于自然风光、城市景观和人文景观等风景元素，这类短视频的核心目的是展现景色的美丽，制作方面更注重画面的美观和音乐的配合，以高质量的画面和优美的音乐凸显风景的魅力。

（2）在 Premiere 中使用提供的素材（配套资源 :\ 素材文件 \ 项目 4\“公益短视频素材”文件夹）制作“森林防火”公益短视频，参考效果如图 4-71 所示（配套资源 :\ 效果文件 \ 项目 4\“森林防火”公益短视频 .mp4、“森林防火”公益短视频 .prproj）。

提示：首先新建项目文件和序列，然后导入所有的素材文件，将导入的素材依次拖曳到“时间轴”面板中，调整视频播放速度，使各个片段时长基本一致；为部分视频片段调色；添加视频过渡效果和字幕，根据字幕时长分割并移动配音；分割背景音乐，添加音频过渡效果；调整配音和背景音乐音量；最后保存项目文件并导出视频。

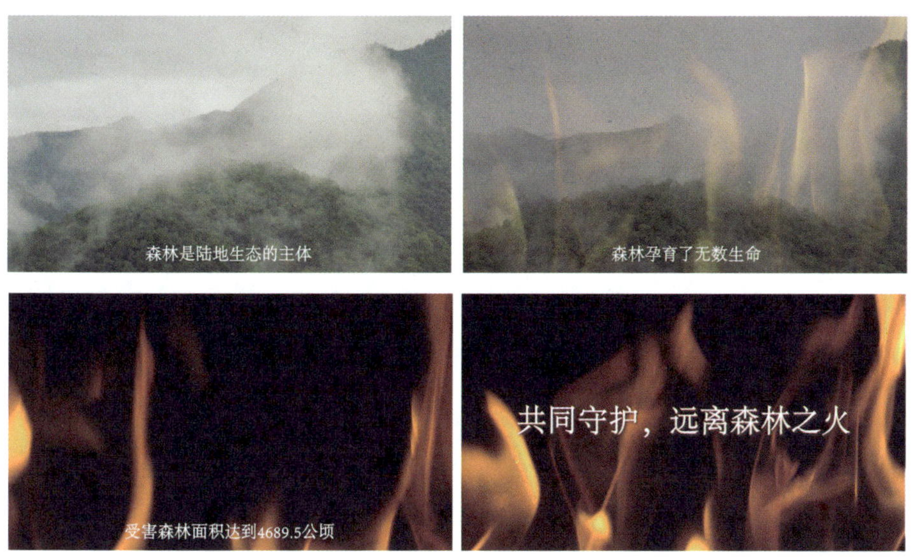

图 4-71 “森林防火”公益短视频参考效果

经验之谈

公益类短视频的核心目的是传播公益信息，提升公众对某一社会问题或公益活动的认识和理解，从而引导公众形成正确的价值观和道德观。在制作方面，常通过细腻的视频和配乐增强用户的共鸣，需要注意视频画面应简洁明了，避免过多花哨的效果。

项目5
使用自媒体工具

自媒体是指个人或团体通过网络、手机等平台自主发布和分享信息的媒体形态，也是新媒体的重要形态之一。新媒体从业人员在内容创作过程中，经常会使用一些不同类型的自媒体工具进行编辑加工操作，如图文排版类工具、H5 制作类工具、二维码制作类工具、图片设计类工具等。

【知识目标】

- 了解不同类型的自媒体工具。
- 学习不同类型的自媒体工具的使用方法。

【能力目标】

- 能够使用秀米、135 编辑器排版图文。
- 能够使用 MAKA、易企秀制作 H5 页面。
- 能够使用草料二维码制作二维码。
- 能够使用稿定设计、创客贴设计图片。

【素养目标】

- 具备良好的内容创作能力、文字表达能力和创意构思能力。
- 严格审核作品中的内容，不传播非法信息和恶意内容。

任务 1　自媒体工具基础知识

市面上自媒体工具琳琅满目、数量繁多，按照其各自的功能特点，可分为图文排版类工具、H5 制作类工具、二维码制作类工具和图片设计类工具 4 个类型。

一、图文排版类工具

图文排版类工具主要用于帮助用户进行文章或网页页面的排版设计，使图文内容更加美观、易读。常用的图文排版类工具有秀米、135 编辑器等。

● 秀米。秀米的图文排版功能较为齐全，该工具提供了丰富的原创模板素材，能够满足用户不同的设计需求。基于模板的运用，其还允许用户进行个性化的排版设置，如对模板中的边框、颜色、内容进行细致调整，用户也可以自行添加分割线、装饰等内容。秀米的图文排版功能不仅适用于微信公众号文章的排版，还可以应用于其他平台，甚至可以直接链接发布信息，这为用户提供了更多的发布选择和灵活性。

● 135 编辑器。135 编辑器具有丰富的功能和特点，包括丰富的样式库、高效易用的编辑模式、多样化的素材支持，同时还提供云端草稿及同步功能、定时发布与群发功能、智能辅助功能。此外，135 编辑器还在持续更新与优化，确保广泛的适用性。图 5-1 所示为 135 编辑器的操作界面，其顶部和两侧为该工具的功能栏，中间区域为操作区，整体简洁，便于用户使用。

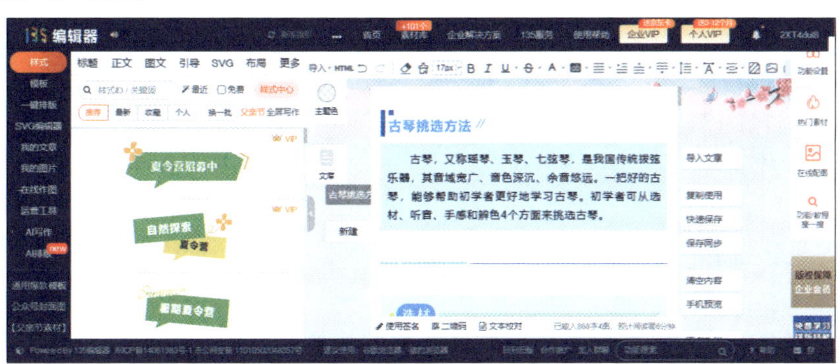

图5-1　135编辑器的操作界面

在使用图文排版类工具排版图文时，要先考虑图文的整体版面风格，根据风格选择合适的模板；然后排版文字，提高版式美观度；最后结合版面和文字风格排版图片。

二、H5制作类工具

H5 是第 5 代超文本标记语言的简称，是构建互联网内容的语言方式。在新媒体环境下，H5 具有可跨平台、互动性强和视觉效果佳等优势，能吸引用户查看内容、参与互动，以达到活动目的。

H5 制作类工具主要用于创建互动性强、视觉效果丰富的 H5 页面，适用于各种营销和宣传场景。常用的 H5 制作类工具有人人秀、易企秀、兔展、MAKA 等。

● 人人秀。人人秀是一款免费的 H5 制作工具，提供了 5000 多种精美模板，可以用于制作 H5 游戏，轻松创建微信红包活动、投票活动、口令红包等。用户制作完 H5 页面后，可以使用预览功能查看效果，也可以通过小程序或二维码下载该 H5 作品。

● 易企秀。易企秀是一款集 H5、海报、长页、表单等制作功能于一体的在线工具，其 H5 制作功能操作简单，提供了海量模板供用户选择，用户也可以自行上传模板。该工具主要针对移动互联网营销，支持 PC 端和移动端。

● 兔展。兔展提供了丰富的素材和数字版权管理功能，能够制作翻页和长页 H5，适用于企业介绍、产品宣传、会议邀请等多种场景。

● MAKA。MAKA 是一款强大且灵活的可视化 H5 制作工具，支持多人协作和云端存储，其 H5 模板众多，并提供了丰富的插件和扩展功能，以满足复杂交互和个性化设计需求。

在使用 H5 制作类工具制作 H5 页面时，要考虑页面结构、颜色搭配、排版与字体、交互设计、动画效果等方面，从而提升 H5 页面的美观性和功能性，并改善用户体验。

三、二维码制作类工具

二维码制作类工具主要用于快速制作二维码，方便传播和分享二维码内包含的信息。常用的二维码制作类工具有草料二维码、二维工坊等。

● 草料二维码。草料二维码是一款简单易操作的在线二维码制作工具，可以根据用户需求自行输入文字、网址，添加图像、音视频等内容，制作对应的二维码，也可以使用模板生成二维码。生成的二维码支持预览效果，以便用户根据预览效果决定是否修改内容，提高制作效率。

● 二维工坊。二维工坊是一款支持制作多种类型的二维码的在线工具，如文本网址、电子名片、位置导航、电子相册、PDF 文件等，其操作界面简洁直观，还可以自定义二维码样式，提升二维码的个性化视觉效果。

在使用二维码制作类工具制作二维码时，若对二维码的美观性有所要求，应综合考虑尺寸、色彩、内容、栅格（二维码的基本结构是矩阵，由栅格组成）形状等设计要点。

四、图片设计类工具

图片设计类工具提供了丰富的图片编辑和设计功能，可以帮助用户制作出高质量的图像效果。常用的图片设计类工具有稿定设计、青柠设计和创客贴等。

● 稿定设计。稿定设计是一款集创意内容与设计工具于一体的在线设计工具，提供了众多高质量模板，能满足公众号次图、推文首图、海报设计等新媒体领域的多样化设计需求，操作简单易上手。

● 青柠设计。青柠设计是一个免费的在线设计工具，主打海报在线设计，具有上万种模板，用户只需选择合适的运用场景关键词，便可筛选模板。编辑模板时，仅替换文字便可完成设计，操作十分简单，并且支持多端同步操作，有助于高效办公。

● 创客贴。创客贴提供的模板数量足以适用于多种场景，如产品包装、广告宣传、社交媒体分享等。同时，它提供丰富的图片、字体等设计元素，可以让用户自行添加在所选的模板中，进行个性化的创意设计。

在使用图片设计类工具制作图片时，应挑选色彩搭配、构图、饱和度、对比度合理，图片清晰，以及排版布局简洁明了的模板，再对模板中的内容进行编辑。

任务 2 实战——使用秀米排版图文

在新媒体领域，排版对图文视觉效果的影响是多方面的。一个好的排版设计不仅可以提升图文的可读性和易读性，还可以增强视觉效果、改善用户体验、吸引用户的注意力。本实战将使用秀米排版一篇以“龟背竹”为主题的公众号推文，该推文内容分为导语、正文和结语 3 大板块，其中正文分为两大部分。排版时考虑到文章的内容，挑选绿色调的模板，然后更改模板中的图像、编辑文字格式、美化布局等。本实战的制作效果如图 5-2 所示。

图5-2 公众号推文排版效果

一、新建图文并上传素材

新建图文并上传图像

在使用秀米排版图文时，应先新建图文文件，再上传排版时所需的图像素材和文档素材，然后添加推文的封面，并输入标题和摘要，其具体步骤如下。

步骤 01 打开“秀米”官网，登录账号后，单击“图文排版”栏的“新建一个图文”选项，进入图文排版操作界面，如图 5-3 所示。

图5-3　图文排版操作界面

步骤 02 单击“我的图库”按钮，展开“未标签图片”栏，单击 上传图片(无水印) 按钮，打开“打开”对话框，选择“龟背竹文章素材”文件夹中的所有图像素材（配套资源 :\ 素材文件 \ 项目 5\ 龟背竹文章素材 \ 龟背竹 .jpg、龟背竹 1.jpg、龟背竹 2.jpg、龟背竹 3.jpg、龟背竹 4.jpg、公众号次图 .jpg），单击 打开(O) 按钮，等待上传完成后，图像被添加在“未标签图片”栏中，如图 5-4 所示。

图5-4　上传图像

步骤 03 单击封面缩览图，显示“点击图库换图”文字，如图 5-5 所示。单击“公众号次图”图像，便可将其作为封面图显示。接着输入“解读家居新宠‘龟背竹’”标题和“龟背竹以其独特魅力和净化空气的能力，成为家居新宠。”摘要，效果如图 5-6 所示。

步骤 04 单击“更多”按钮，在打开的下拉列表中选择“导入 Word/Excel”选项，打开对话框，单击“导入 Word 文档”选项卡下的 选择文档 按钮，打开“打开”对话框，选择“龟背竹 .docx”文档（配套资源 :\ 素材文件 \ 项目 5\ 龟背竹文章素材 \ 龟背竹 .docx），单击 打开(O) 按钮，如图 5-7 所示，此时该文档中的文字被导入图 5-8 所示的位置。

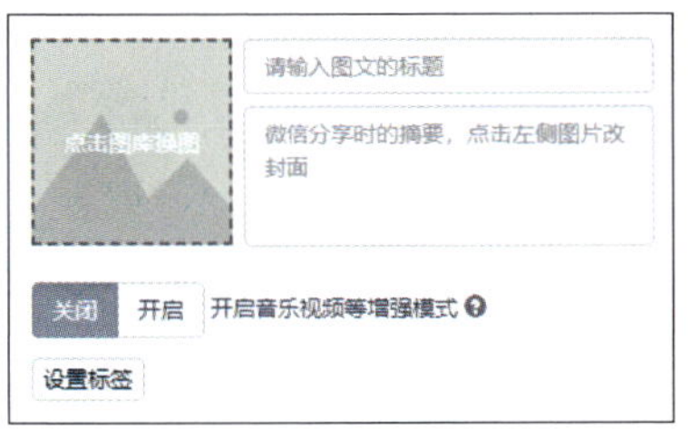

图5-5　单击封面缩览图

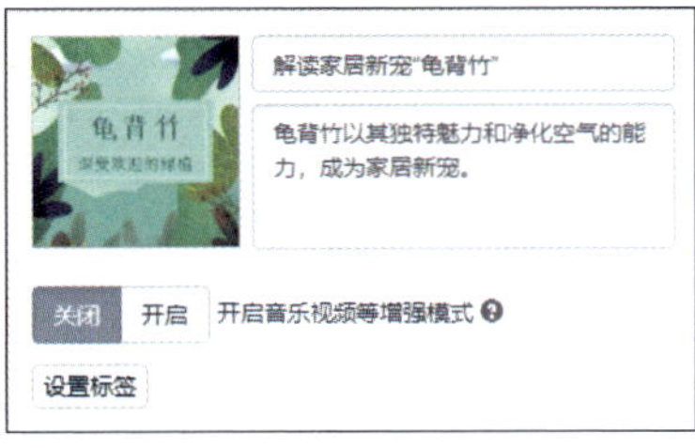

图5-6　输入标题和摘要

图5-7　导入"龟背竹"文档

龟背竹是近年来深受欢迎的家居绿植，它不仅外观独特，而且养殖起来也相对简单。那么，龟背竹究竟有哪些魅力能够赢得大众的喜爱呢？我们又该如何养殖它呢？让我们一起来了解吧！

一、龟背竹的魅力所在

独特的外观：龟背竹的叶片形状酷似龟背，裂纹分明，叶色浓绿且富有光泽。这种独特的外观使得龟背竹在众多绿植中脱颖而出，成为家居装饰的亮点。

净化空气：龟背竹是一种具有强大空气净化能力的绿植。它能够吸收空气中的甲醛、苯等有害物质，并释放氧气，为我们打造一个更加健康舒适的居住环境。

二、龟背竹的养殖知识

光照：龟背竹喜欢半阴的环境，害怕强烈的阳光直射。

水分：龟背竹喜欢湿润的环境，但也要避免过度浇水导致根部腐烂。

肥料：龟背竹在生长期间需要充足的养分，可以每隔半个月为龟背竹施一次肥，以促进其生长茂盛。但在冬季，由于龟背竹生长缓慢，应停止施肥。

土壤：龟背竹喜欢疏松、肥沃、排水良好的土壤。

温度：龟背竹喜欢温暖的环境，适宜的生长温度为20~30℃。

修剪：龟背竹的枝条过长或叶片过于密集时，可以适当修剪，以保持其美观和通风透光。

龟背竹，以它那别具一格的姿态与净化空气的能力，深得人心，成为了家居中一道亮丽的风景线。只要细心领悟其养殖之道，并用心去呵护，它便能在你的照料下茁壮成长，焕发生机。不妨让这抹绿意点缀你的家，让宁静与和谐弥漫在每一个角落。

图5-8　导入文档效果

二、选择和更改模板

导入文档后，先选取文字再应用模板。通过这种方式，秀米会自动将模板中的文字内容替换为所选取的内容，从而提高排版效率。下面将对文字应用不同模板，从视觉上加以区分，再更改模板内的图像，其具体步骤如下。

步骤 01 选择首段文字，单击"图文模板"按钮，单击"卡片"选项卡，在弹出的快捷菜单中选择"底色卡片"选项，单击在'底色卡片'内搜索按钮，再在其中输入"绿色"文字，单击"搜索"按钮或按"Enter"键确认输入，接着滑动鼠标滚轮，浏览筛选出的卡片模板，选择中意的模板（#50067），如图5-9所示，此时便可将选择的模板应用到所选文字上，效果如图5-10所示。

步骤 02 单击卡片模板中的图像，单击"我的图库"按钮，展开"未标签图片"栏，单击"龟背竹.jpg"图像替换该图像。选择"龟背竹.jpg"图像，在弹出的功能栏中单击裁剪按钮，在打开的面板中拖曳定界框，调整图像范围，单击确认按钮，如图5-11所示。

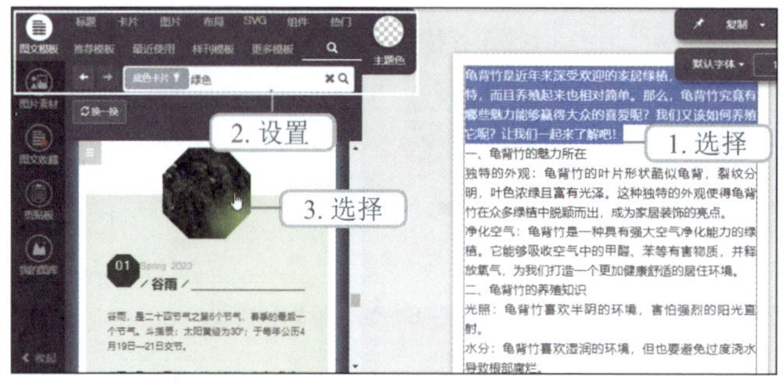

图5–9　选择模板

图5–10　应用模板效果

图5–11　替换并裁剪图像

步骤 03 双击模板中的“01”文字，使其呈可编辑状态，输入“龟”文字；双击“谷雨”文字，将其更改为“背竹”文字；双击英文文字，将其更改为“GUI BEI ZHU”文字，如图 5–12 所示。

步骤 04 选择“一、龟背竹的魅力所在”标题文字，单击“更多模板”文字右侧的 按钮，展开“搜索”栏，输入“绿色”文字筛选模板，应用中意的模板（#65735），更改英文文字内容为“GUI BEI ZHU DE MEI LI SUO ZAI”，删除“一、”文字。

步骤 05 选择“龟背竹的魅力所在”标题文字下方的段落文字，为其应用筛选出的“#65733”模板，替换模板中的图像为“龟背竹 1.jpg”，效果如图 5–13 所示。

步骤 06 此时出现两处序号图标，功能重复，单击图像左下侧的序号图标，在弹出的功能栏中单击 按钮将其删除，使用相同的方法删除其他不需要的图标，效果如图 5–14 所示。

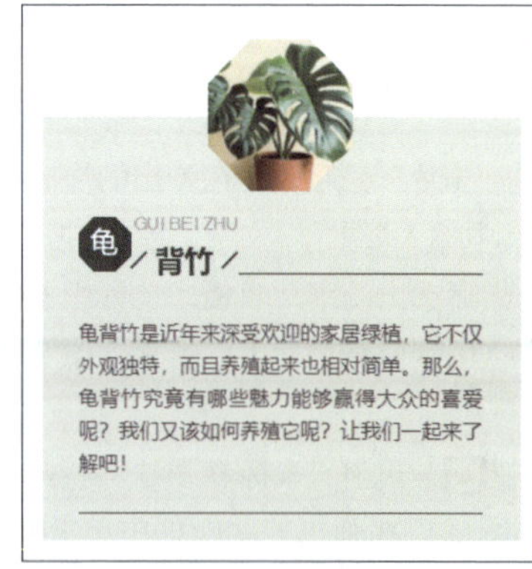

图5–12　更改文字内容

图5–13　应用其他模板效果

图5–14　删除部分图标

步骤 07 按照与步骤 04 至步骤 06 相同的方法为龟背竹的养殖知识相关文字应用相同的模板并更改图像。按照与步骤 01 相同的方法选择“框线卡片”，为最后一段文字应用筛选出的“#66695”模板，再将鼠标光标插入最后一段文字最后位置，应用“#65729”单图模板，并修改图像，效果如图 5-15 所示。

图5-15　为其余内容应用模板

三、调整文字和框线格式

为提高图文的阅读体验，应该对图文中的文字格式进行调整，使不同层级的文字区别开来，其文字间隔、颜色等适宜阅读，避免出现文字不清晰、字体太小等影响阅读的情况。下面将对该图文的文字格式进行调整，其具体步骤如下。

步骤 01 选择首段文字，在弹出的功能栏中单击按钮，在打开的下拉列表框中选择“文字颜色”选项，然后在页面左侧出现“页面颜色”栏和“用户颜色”栏，选择“用户颜色”栏的 2 排 1 列选项（#000000）；单击 格式 按钮（单击后变绿色），在打开的列表框中选择“首行缩进”选项，如图 5-16 所示；单击 间距 按钮，在弹出的设置框中设置“字间距”为“1.2”。

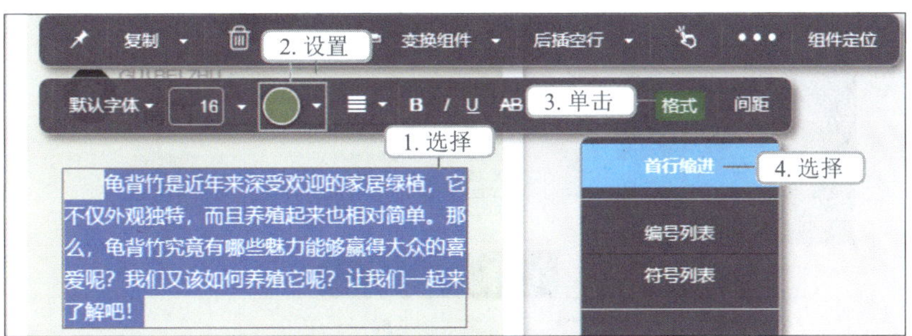

图5-16　设置首段文字的格式

步骤 02 选择“龟背竹的魅力所在”文字，在弹出的功能栏中的“字号”下拉列表中选择“18”选项，单击按钮，设置“文字颜色”为“页面颜色”栏首个选项，如图 5-17 所示；设置“字间距”为“2”。选择该文字下方的文字，设置“字号”为“14”。

步骤 03 选择“独特的外观：”文字，在弹出的功能栏中设置“文字颜色”为“页面颜色”栏首个选项，单击B按钮，再单击格式按钮，在弹出的设置框中选择“符号列表”选项。选择“独特的外观：”后面的文字，设置文字颜色为“#000000”。

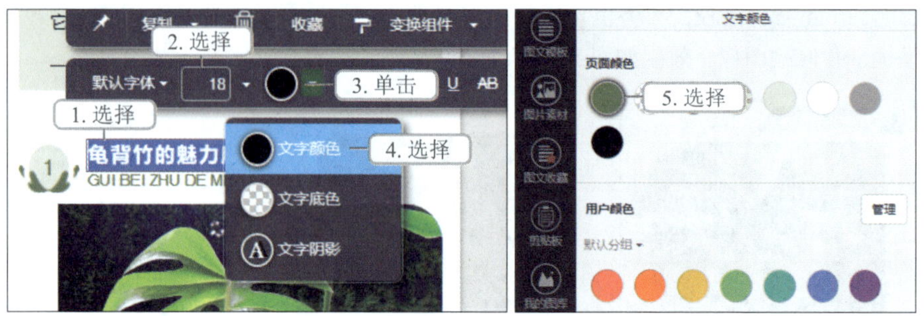

图5-17　设置标题文字的字号和颜色

步骤 04 选择“净化空气：”文字，按照与步骤 03 相同的方法调整格式，此时出现单字成行现象，将“。它”文字修改为“，”文字，以解决该问题。然后选择“净化空气：”后面的文字，设置文字颜色为“#000000”。

步骤 05 按照与步骤 01 至步骤 04 相同的方法，依次调整同层级的文字。选择“框线卡片”模板的首排框线，在打开的功能栏中单击“变换组件”下拉列表右侧的色块，在“页面颜色”栏中选择首个选项；再选择二排框线并更改颜色，使其与其他模板中的框线颜色一致，效果如图 5-18 所示。

图5-18　调整文字和框线格式效果

四、插入空行和分隔符

插入空行和分隔符不但可以提升读者阅读时的舒适感，还可以明显划分各个板块。下面将在大板块之间插入空格，在小板块之间插入分隔符，其具体步骤如下。

步骤 01 选择首段文字所在的卡片，在打开的功能栏中单击 后插空行 按钮，如图 5-19 所示，此时该卡片后方会插入一个空行，如图 5-20 所示。

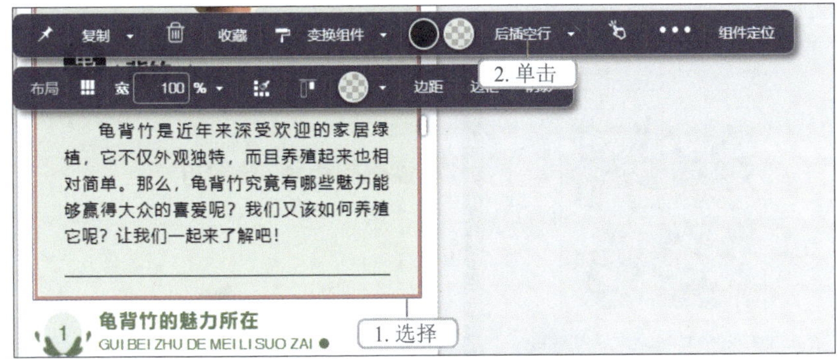

图5-19　单击“后插空行”按钮

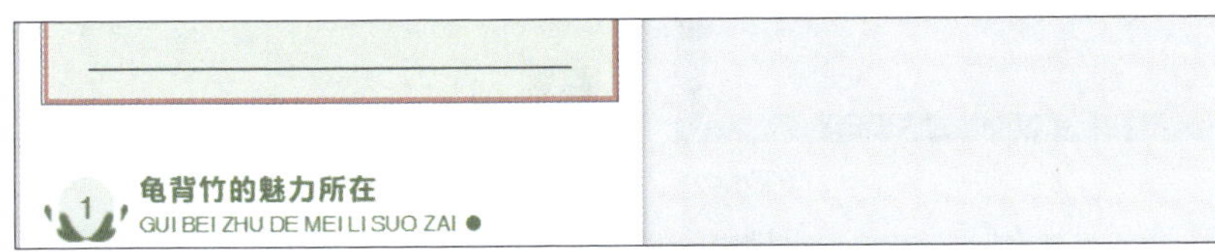

图5-20　后插空行效果

步骤 02 按照与步骤 01 相同的方法，在各个板块之间插入空行，注意其中的两个养殖知识板块之间不插入空行。

步骤 03 选择两个养殖知识板块之间的框线，在“组件”选项卡的“分隔符”中筛选模板，选择图 5-21 所示的分隔符（#28668），插入分隔符的效果如图 5-22 所示。

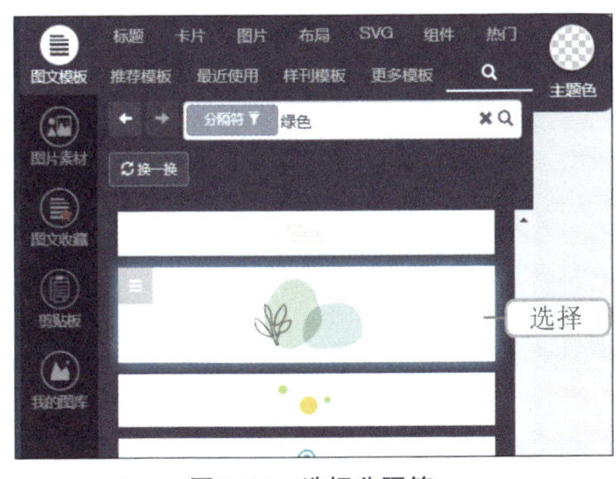

图5-21　选择分隔符

图5-22　插入分隔符效果

五、预览、保存与生成效果

保存排版完毕的图文时，应先预览效果，查看是否有不满意的地方，若有则修改，若无则进行保存和生成。下面将预览当前图文的排版效果，然后保存在秀米账号中，再将其下载到计算机中，其具体步骤如下。

步骤 01 单击操作界面上方的“预览”按钮，在打开的界面中扫描左侧的二维码，可以使用手机预览排版效果；在界面右侧滑动鼠标滚轮，可在计算机中预览排版效果，如图 5-23 所示。

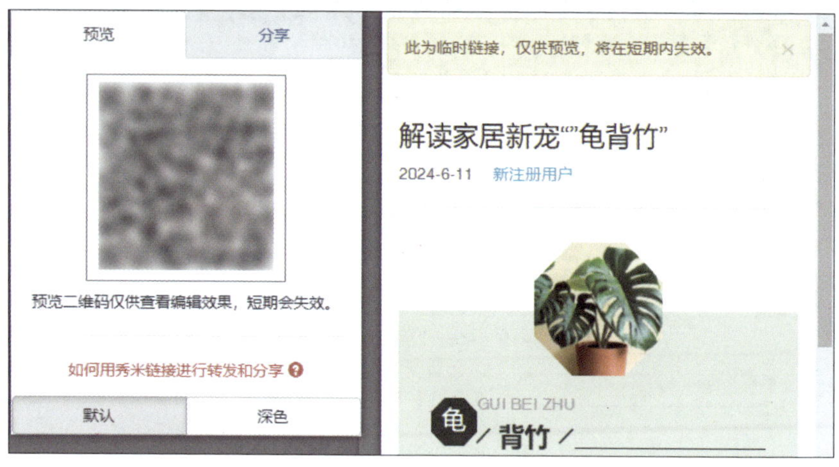

图5-23　预览排版效果

步骤 02 单击“保存”按钮，将排版效果保存在账号中。

步骤 03 单击“更多”按钮，在打开的下拉列表中选择“生成长图 /PDF/ 视频”选项，在打开的对话框中设置图 5-24 所示的参数，单击 确定 按钮，打开“新建下载任务”对话框，设置文件名称和保存位置后，单击 下载 按钮，便可在对应的位置查看该长图效果（配套资源 :\ 效果文件 \ 项目 5\“龟背竹”推文排版 .jpg），如图 5-25 所示。

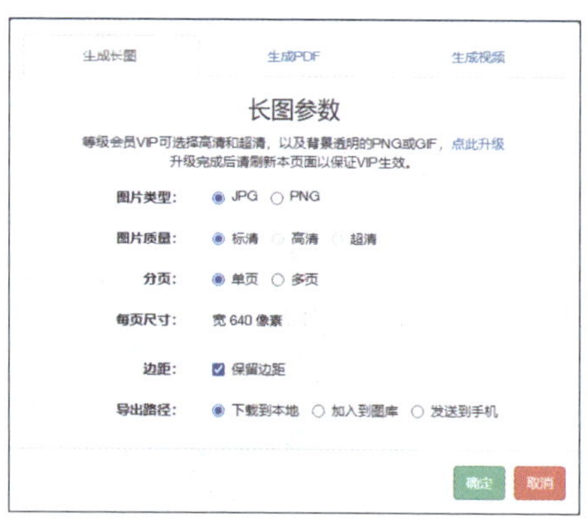

图5-24　设置长图参数

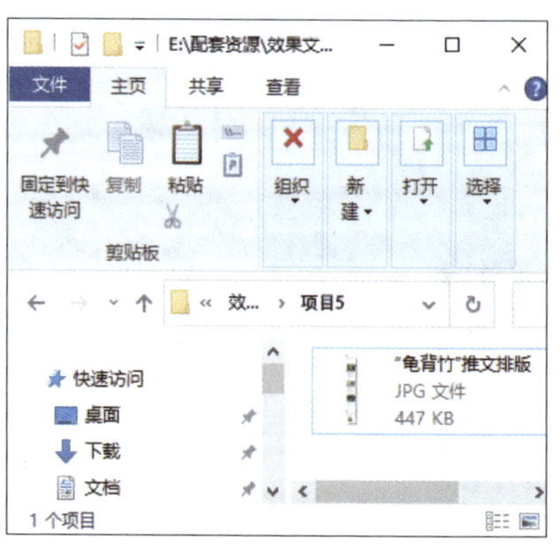

图5-25　查看长图效果

任务 3　实战——使用MAKA制作H5页面

本实战将使用 MAKA 制作以“新店开业”为主题的 H5 页面，该页面用于推广“鲜果悦饮”饮品店铺的分店开业活动，在制作时可选择与该店铺定位相符的模板，再上传图片，修改其中的内容，添加音频，丰富视听效果。本实战的制作效果如图 5-26 所示。

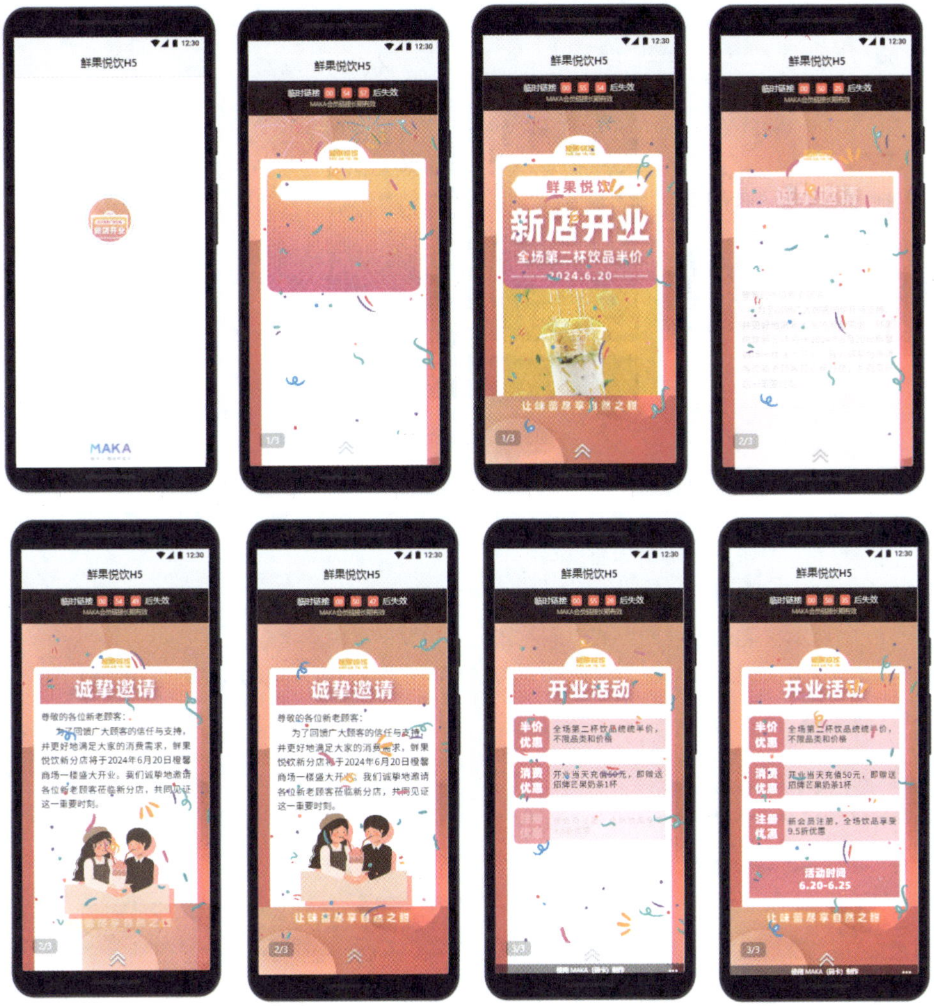

图5-26 “新店开业”H5页面效果

一、选择与编辑模板

在制作 H5 页面前可以根据行业类型、目的、用途等选择合适的模板。下面将搜索与“饮品店开业”相关的模板，再根据需求编辑所选模板的内容，其具体步骤如下。

步骤 01 进入“MAKA”官网，登录账号后，在“搜索”栏中输入“饮品店开业”文字，单击搜索按钮搜索该网站中符合需求的模板。

步骤 02 此时，搜索页面中显示符合搜索内容的模板，单击“H5 网页”选项卡，单击“品类”栏中的“翻页 H5”选项，选择图 5-27 所示的模板进入预览页面。

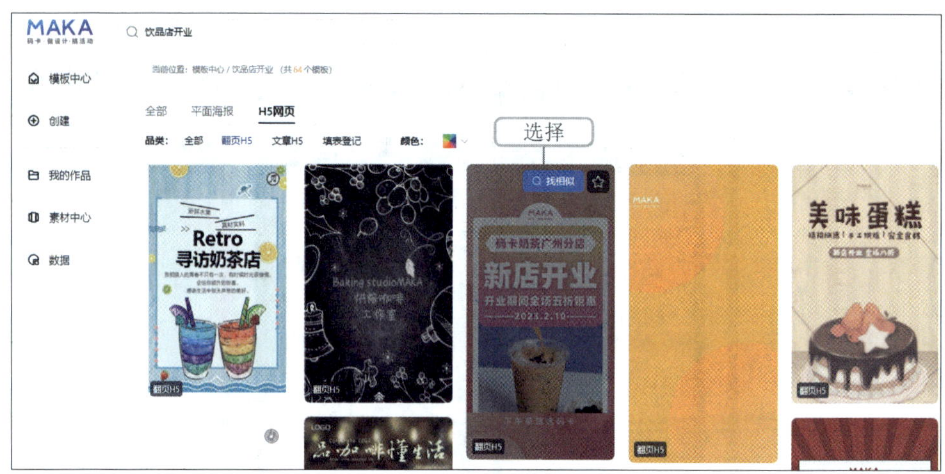

图5-27　选择模板

步骤03 此时，在预览页面左侧显示该模板有 9 张页面，分别单击页面浏览内容后，发现保留第 1 页、第 2 页（诚挚邀请）、第 4 页（开业活动）便可满足设计需求，单击界面右侧的 立即编辑 按钮进入编辑界面。

步骤04 单击两次“下一页”按钮 切换到第 3 页，再单击“删除”按钮 将该页面删除，如图 5-28 所示。通过这样的方式，删除其他不需要的页面。

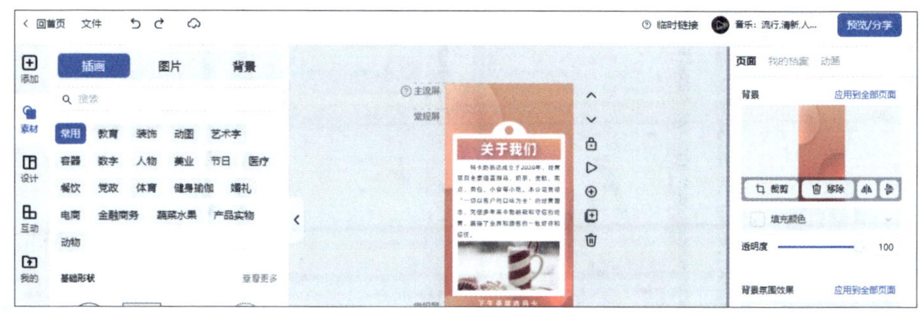

图5-28　删除第3页

二、上传并编辑图片

“鲜果悦饮”店铺最受欢迎的饮品是芒果奶茶，为了突出该奶茶，准备在 H5 页面中上传芒果奶茶的图片，并对该图片进行编辑操作。下面将上传图片代替模板中的部分图片，并对图片进行裁剪、缩放等编辑操作，其具体步骤如下。

步骤01 选择第 1 张页面，选择页面中的饮品图片，此时页面右侧出现 替换图片 按钮，单击该按钮，在打开的对话框中单击“上传素材”按钮 +，打开“打开”对话框，选择“饮品 .jpg”“鲜果悦饮 Logo.png”图片（配套资源 :\ 素材文件 \ 项目 5\ 饮品 .jpg、鲜果悦饮 Logo.png），单击 打开(O) 按钮后，选择的图片被上传到“图片库”对话框中，如图 5-29 所示。

步骤 02 选择上传的“饮品”图片，页面中的饮品图片被替换为该图片，单击 裁剪 按钮，在打开的面板中拖曳定界框中的图片，调整裁剪范围，如图 5-30 所示，单击定界框外的空白区域确认裁剪。

图5-29　上传图片

图5-30　裁剪“饮品”图片

步骤 03 选择模板顶部的 Logo 图片，按照与步骤 02 相同的方法将其替换为“鲜果悦饮 Logo”图片。按“Ctrl + C”组合键复制图片，切换到第 2 页，先选择 Logo 图片处的正圆装饰，再单击“删除”按钮删除装饰图形，接着按“Ctrl + V”组合键粘贴图片，并通过拖曳调整图片位置，使其与第 1 页中该图片位置一致，如图 5-31 所示。

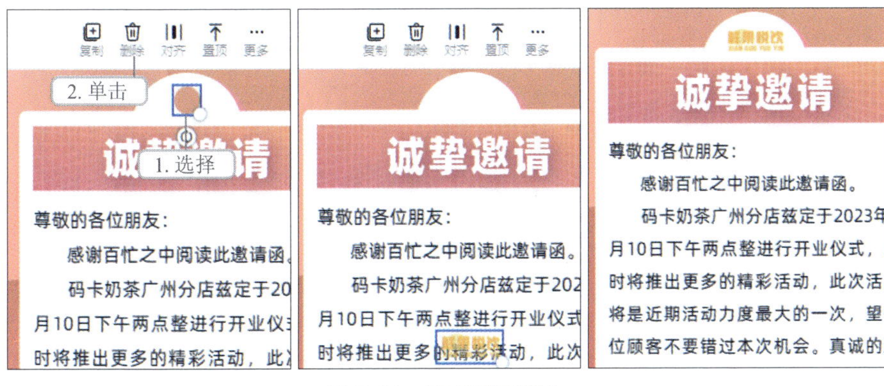

图 5-31　复制和粘贴图片

步骤 04 按照与步骤 03 相同的方法处理第 3 页中的正圆和 Logo 图片。

三、更改文字和添加素材

由于当前模板中的文字内容与“鲜果悦饮”店铺实际情况不符，因此要根据实际需求逐页更改文字内容。针对更改文字产生的空白区域，可添加其他素材进行弥补，其具体步骤如下。

更改文字和添加素材

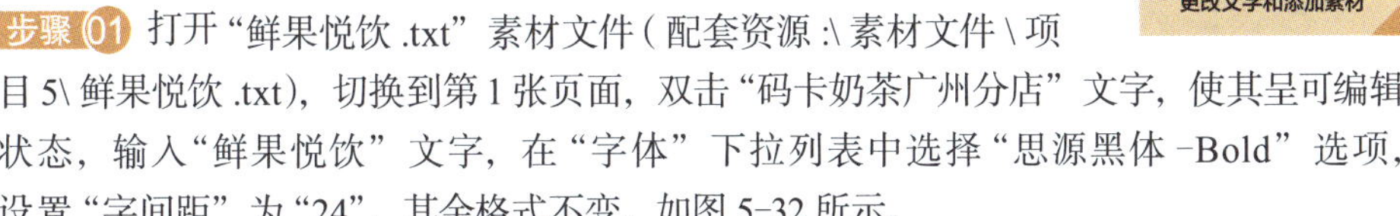

步骤 01 打开“鲜果悦饮 .txt”素材文件（配套资源 :\ 素材文件 \ 项目 5\ 鲜果悦饮 .txt），切换到第 1 张页面，双击“码卡奶茶广州分店”文字，使其呈可编辑状态，输入“鲜果悦饮”文字，在“字体”下拉列表中选择“思源黑体 -Bold”选项，设置“字间距”为“24”，其余格式不变，如图 5-32 所示。

步骤 02 按照与步骤 01 相同的方法修改其他文字内容，将“让味蕾尽享自然之甜”文字字体设置为“阿里巴巴惠普体 Heavy”，在“文本效果”下拉列表中选择“发光”栏的“白黄发光”效果，如图 5-33 所示。

图5-32 设置文字格式

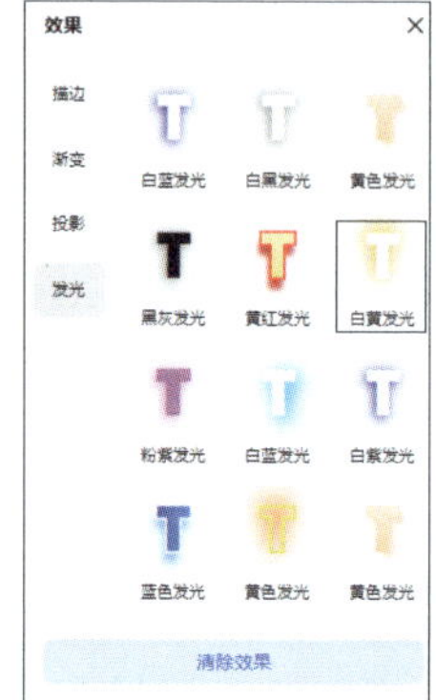

图5-33 设置文本效果

步骤 03 此时第 1 页效果如图 5-34 所示。按照与步骤 01、步骤 02 相同的方法修改第 2、第 3 页的文字内容，其中第 2 页需要删除日期文字栏，设置段落文字的“字体”为“思源黑体 -Normal”；设置第 3 页项目文字的“字体”为“阿里巴巴惠普体 Heavy”，段落文字的“字体”为“思源黑体 -Normal”，效果如图 5-35 所示。

图5-34 第1页效果

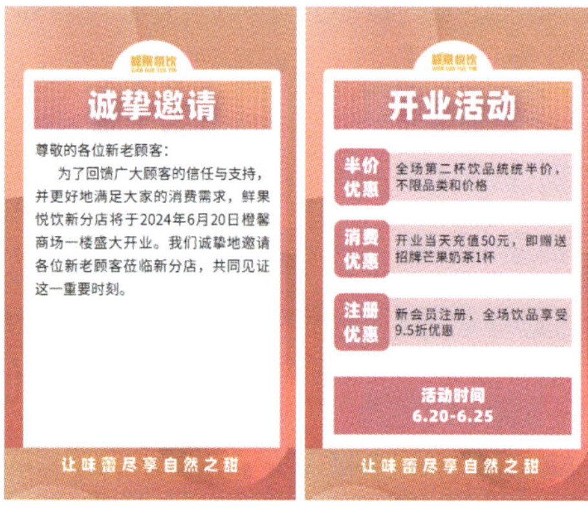

图5-35 第2页和第3页效果

步骤 04 此时，第 2 页段落文字下方有较多空白区域，可添加装饰。单击“素材”按钮，在打开面板的搜索栏中输入“奶茶”文字，滑动鼠标滚轮浏览奶茶相关素材，选择图 5-36 所示的素材，将其添加在页面中。拖曳定界框调整奶茶素材的大小和位置，接着单击“效果”栏下方的色块，在打开的“效果”面板中选择“投影”效果，如图 5-37 所示。

图5-36 筛选素材

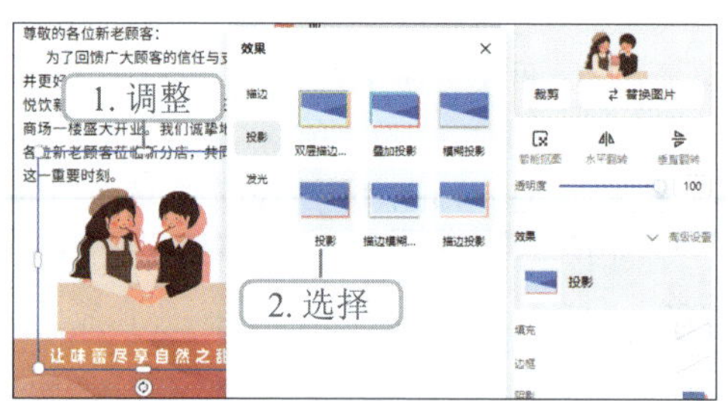

图5-37 调整素材效果

四、设置背景音乐、动画和页面动效

在H5页面中设置背景音乐、动画和页面动效是一种获得用户好感的有效方式，背景音乐应根据H5页面的主题、风格来选择，动画应与页面中的素材适配，页面动效可加强氛围感。下面将介绍为H5页面设置背景音乐、动画和页面动效的方法，其具体步骤如下。

步骤01 单击页面右上方音乐框，打开"音乐库"面板，在搜索栏中输入"愉快"文字，开始筛选音乐，选择第一个音乐选项展开试听，如图5-38所示，感到满意后选择该音乐，退出该面板，此时H5的背景音乐已被更改。

图5-38 选择背景音乐

步骤02 选择第1页，单击界面右侧的"动画"选项卡，在列表框中选择"擦除"选项，如图5-39所示，效果如图5-40所示。

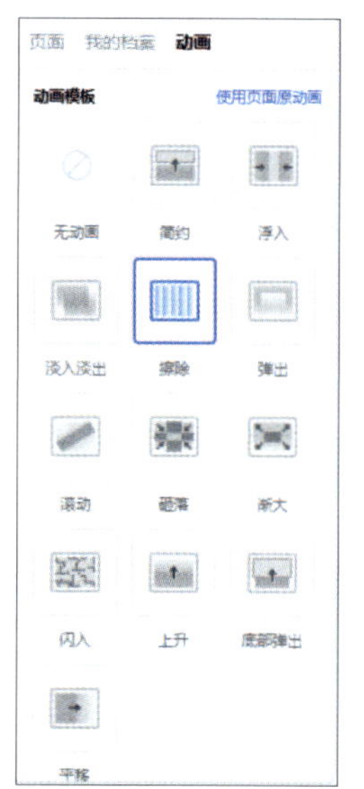

图5-39 选择"擦除"选项

图5-40 应用"擦除"动画效果

步骤 03 按照与步骤 02 相同的方法为第 2 页应用“上升”动画效果，如图 5-41 所示；为第 3 页应用“淡入淡出”动画效果，如图 5-42 所示。

图5-41　应用“上升”动画效果

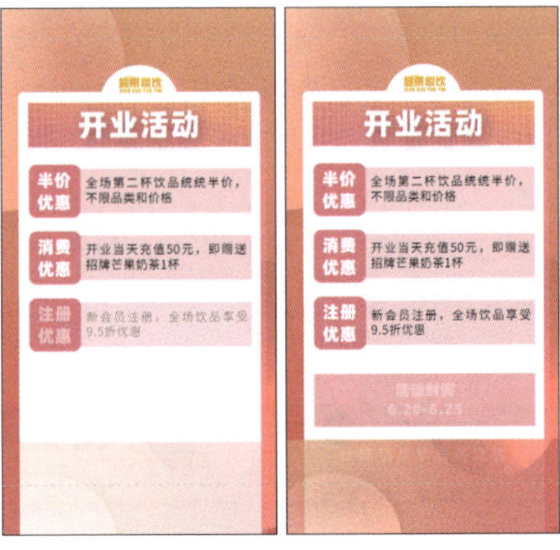

图5-42　应用“淡入淡出”动画效果

步骤 04 此时，已完成对各个页面的整体动画效果的设置，然后可单独为页面设置动画效果，使视觉效果更加丰富。切换到第 1 页，在“页面”选项卡的“背景氛围效果”列表框中选择“彩带飘落（2）”选项，在“翻页设置”栏进行如图 5-43 所示的参数设置。

步骤 05 单击 设置 按钮，将该步骤设置的动效应用到第 2、第 3 页中，效果如图 5-44 所示。

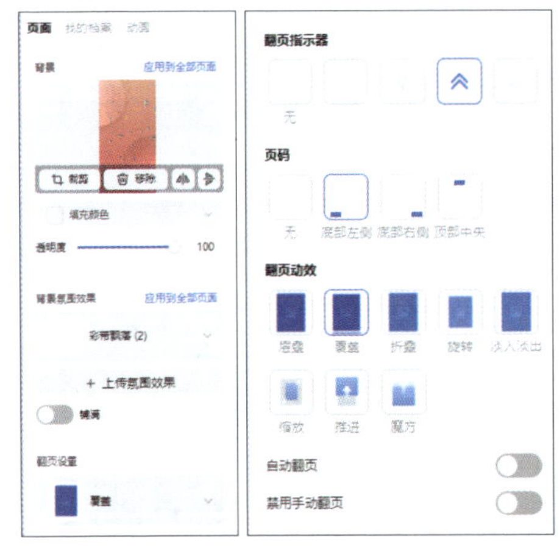

图5-43　设置页面参数

图5-44　应用动效效果

五、预览、保存和生成H5页面

预览、保存和生成 H5 页面

制作完 H5 页面后，需要对其进行预览，确认无误后，就可以将其保存并生成。下面将介绍预览、保存和生成 H5 页面的操作，其具体步骤如下。

步骤 01 单击操作界面右上角的 预览/分享 按钮，可预览制作的 H5 页面，如图 5-45 所示。

步骤 02 通过预览，发现 H5 页面无明显问题，可直接生成 H5 页面。单击 发布临时链接 按钮生成链接，通过分享链接可将制作的 H5 作品分享给他人。

图5-45　预览H5页面

步骤 03 单击 返回编辑 按钮返回编辑界面，单击 文件 按钮，在打开的面板中单击 ✎ 按钮，使文件名呈可编辑状态，输入“鲜果悦饮 H5”文字，如图 5-46 所示，单击输入框外的空白处确认输入。

步骤 04 单击 ☁ 按钮保存文件，等操作界面上方出现“保存成功”提示框后，表示当前 H5 文件已被存储在账号中，可在“我的作品”页面查看，如图 5-47 所示。

图5-46　重命名H5页面

图5-47　查看H5文件

任务 4　实战——使用草料二维码制作二维码

在新媒体时代，二维码可用于分享信息、资料，促进活动开展，吸引用户等。例如，在一些线上报名、线下参与的活动中，新媒体从业人员在活动开展前，可以根据活动流程，制作对应的二维码用于活动报名、添加群聊、签到登记、活动介绍等。

本实战将使用草料二维码为某插画家的《野趣绘语》插画集签售会制作一个预约报名

的二维码，要求参与签售会的人数在 200 名以内，在报名界面中要简述活动安排、活动流程和作者介绍，并添加背景音频和插画图片，丰富视听效果。由于该插画集主要绘制了常见的植物和动物，因此在制作二维码时，可考虑选用与“预约”“活动报名”“绿色”主题相关的模板，选用的模板最好采用插画风格，体现出清新、美观、现代等特点。本实战的制作效果如图 5-48 所示。

图5-48　“《野趣绘语》插画集签售会预约报名”二维码内容效果

一、选择二维码模板

“草料二维码”官网提供了适用于各种场景的模板，用户可以基于模板展开创作。下面将选择合适的二维码模板制作插画集签售会预约报名二维码，其具体步骤如下。

步骤 01 打开“草料二维码”官网，登录账号后，单击“模板库”选项卡，在打开的页面左侧的“按场景分类”栏中选择“签到报名”分类。

步骤 02 此时，页面右侧显示“签到报名”相关的二维码模板，选择“活动报名”模板，如图 5-49 所示。

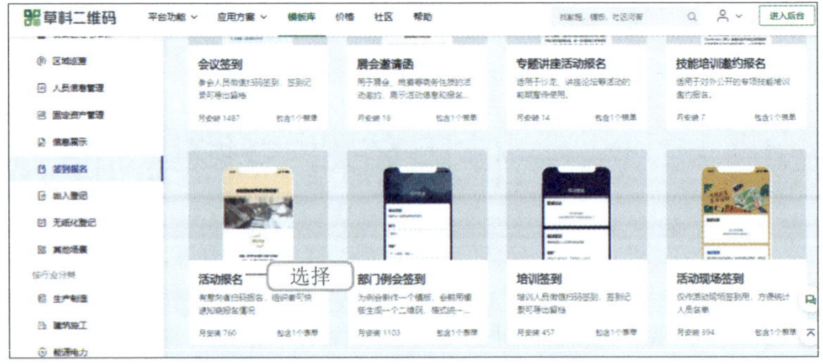

图5-49　选择“活动报名”模板

步骤 03 打开活动报名模板预览页面，如图 5-50 所示，单击右上方 立即使用 按钮进入“编辑 - 活动报名”页面。

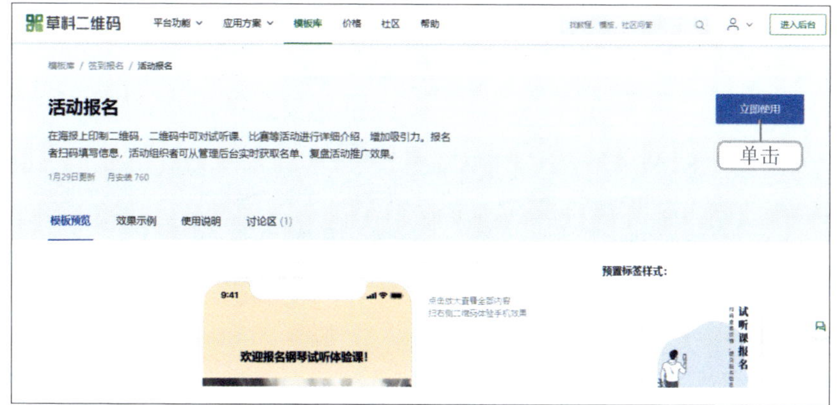

图5-50 活动报名模板预览页面

二、设置所选的模板

使用二维码模板时，需要先根据实际情况设置模板的属性，再编辑模板的内容。下面将根据签售会的实际情况设置该二维码模板的属性，即设置二维码中的表单，其具体步骤如下。

步骤 01 单击页面顶端的“设置”选项卡，可显示“活动报名”二维码模板的属性设置参数。

步骤 02 设置二维码名称为“《野趣绘语》插画集签售会预约报名”，在“字体”栏单击选中“标准”单选项；单击“操作面板”栏右侧的“设置”超链接，打开“操作面板”对话框，设置“操作项名称”为“签售会报名表”。

步骤 03 单击 修改表单 按钮，进入修改页面，将“试听课报名表”文字更改为“《野趣绘语》插画集签售会预约报名”；单击下方“请输入说明”文本框右侧的 按钮，输入文字内容“主题：插画集签售会 时间：2024 年 7 月 5 日 09:00—16:30 地点：成都市青羊区 ×× 路 ×× 号”。

步骤 04 选择“孩子姓名”组件，组件右上角出现操作栏，单击 删除 按钮删除该组件，如图 5-51 所示，效果如图 5-52 所示。

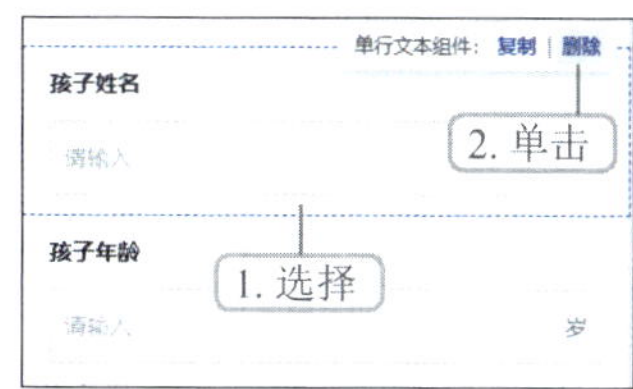

图5-51 单击“删除”按钮

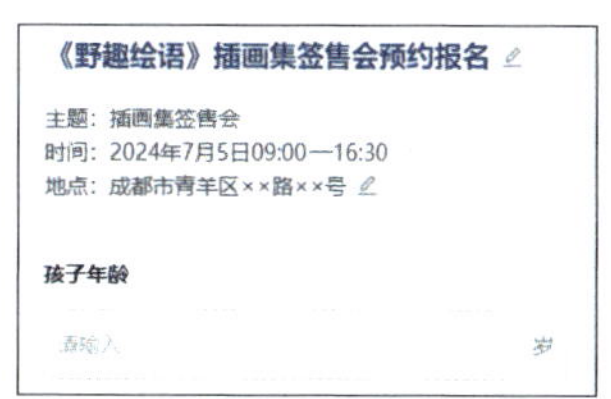

图5-52 删除组件效果

步骤 05 按照与步骤 04 相同的方法删除“孩子年龄”组件。选择“家长姓名”组件，在右侧打开设置面板，更改“字段名”文本框内的文字为“真实姓名”，更改“字段说明”文本框内的文字为“抽奖活动时使用”，单击选中“必填”复选框，此时组件随着设置自动发生改变，如图 5-53 所示，单击确定按钮。

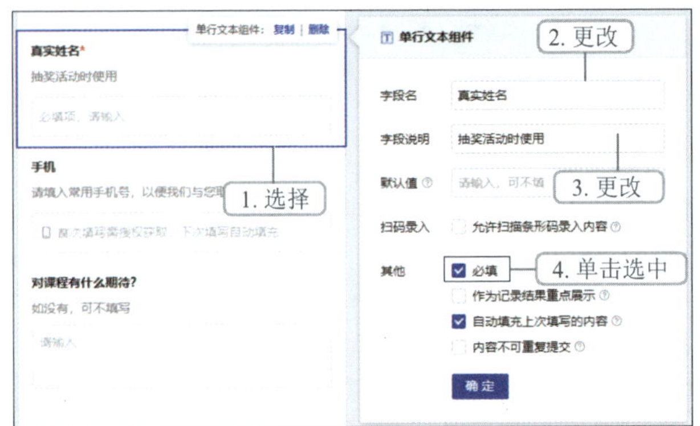

图5-53　设置“真实姓名”组件

步骤 06 按照与步骤 05 相同的方法，设置“手机”组件为必填。按照与步骤 04 相同的方法，删除“对课程有什么期待”组件。

步骤 07 单击左侧“填表人组件”栏的性别按钮，为表单添加“性别”组件，在“性别组件”设置面板中单击选中“下拉选择”单选项，此时可以用下拉列表的形式供用户选择性别选项；单击选中“必填”复选框，单击确定按钮，如图 5-54 所示。

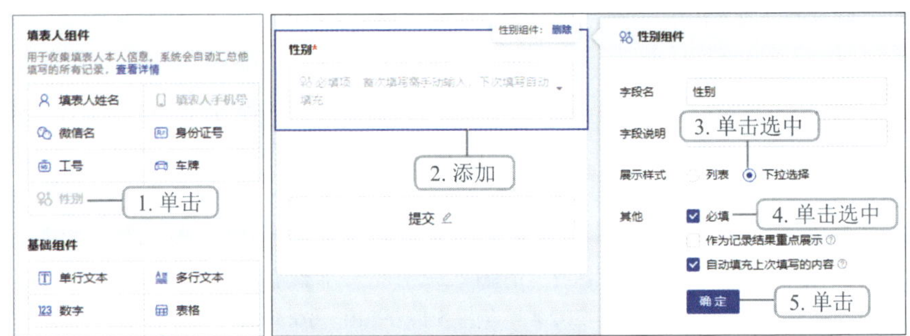

图5-54　添加并设置“性别”组件

步骤 08 单击页面右上角的保存表单按钮，保存表单。单击完成编辑按钮，返回“操作面板”对话框，单击设置表单按钮，进入“更多设置”页面。

步骤 09 在“填写限制”选项卡的“每人可填写次数”栏中单击选中“每人填写一次”单选项；在“表单可填写总数”栏中单击选中“该表单总共可填写 5 次”单选项，并更改“5”为“200”；在“可填写时间段”栏中单击选中“设置开始 / 停止时间”单选项，单击“开始时间”文本框，设置开始时间为“2024/06/03 00:00”；单击“结束时间”文本框，设置结束时间为“2024/07/04 00:00”，单击保存更改按钮，保存设置，如图 5-55 所示。

步骤 10 单击“提交成功页设置”选项卡，单击选中“显示自定义编号”复选框，在下方显示的参数中依次单击选中“显示提交时间”“允许填表人保存编号”复选框，单击保存更改按钮，保存设置，如图 5-56 所示。

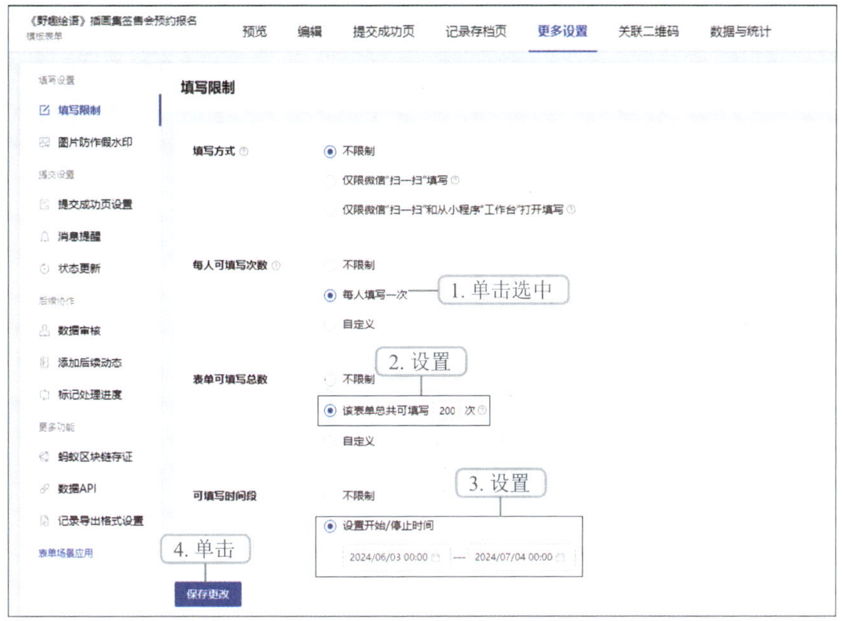

图5–55　设置“填写限制”选项卡

图5–56　设置“提交成功页设置”选项卡

步骤 11 单击右上角的×按钮，退出“更多设置”页面，返回“操作面板”对话框，单击 保存 按钮，保存对表单的设置，返回“设置”选项卡。

三、编辑模板内容

编辑模板内容

设置完模板的属性后，便可以编辑模板中的内容。下面将更改标题组件样式、文字内容和图像内容，并插入分割线组件，其具体步骤如下。

步骤 01 单击“编辑”选项卡，单击 背景图 按钮打开“背景设置”对话框，单击 本地上传 按钮，打开“打开”对话框，选择“预约背景图.jpg”文件（配套资源:\素材文件\项目5\预约背景图.jpg），单击 打开(O) 按钮，此时“选择配色”栏自动根据上传文件中的颜色提供不同的配色选项，单击第7个色块，单击选中“头部”单选项，单击 确定 按钮完成背景图设置，如图5-57所示。

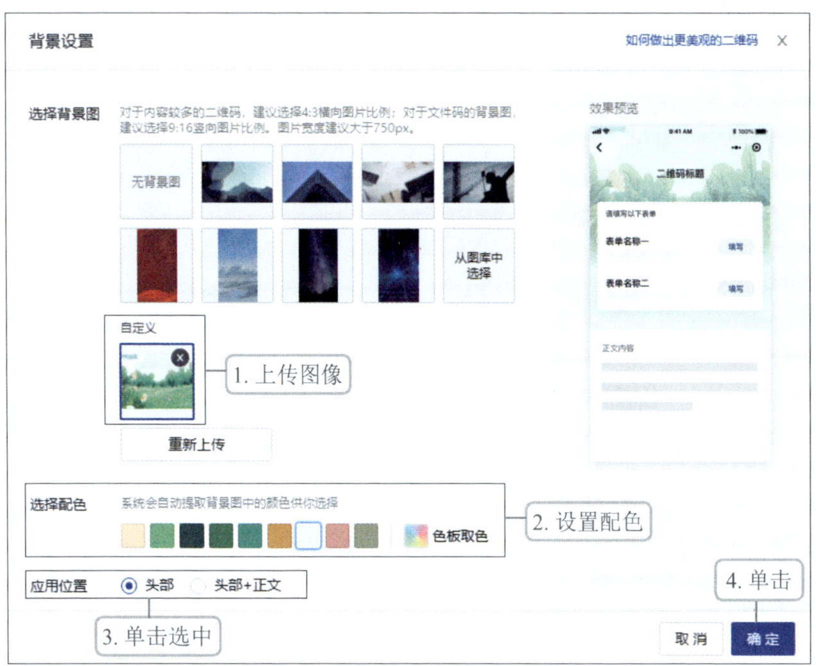

图5-57 设置背景图

步骤 02 单击“欢迎报名钢琴试听体验课！”文字，使其呈可编辑状态，输入“欢迎参加《野趣绘语》插画集签售会！”文字；单击文字下方的动图，在左上角弹出的操作栏中单击 删除 按钮删除该动图，如图5-58所示。

步骤 03 单击原动图栏中的“插入音频”按钮，如图5-59所示，打开“打开”对话框，选择“背景音乐.mp3”文件（配套资源:\素材文件\项目5\背景音乐.mp3），单击 打开(O) 按钮，上传成功后的效果如图5-60所示。

图5-58 删除动图

图5-59 单击“插入音频”按钮

图5-60 插入音频效果

经验之谈

虽然自媒体工具中部分功能的使用范围会受到账号等级的限制，如本实战中的音频只限前5人使用，但其操作方法相同，新媒体从业人员可根据实际情况升级账号等级，再进行操作。

步骤04 选择“动态档案”组件，在左上角弹出的操作栏中单击 删除 按钮删除该组件。选择“课程安排”组件，单击“展开样式库”按钮，打开“样式库”面板，单击“样式颜色”色块，在“预置”栏中选择第3排第5个选项，然后选择图5-61所示的组件。

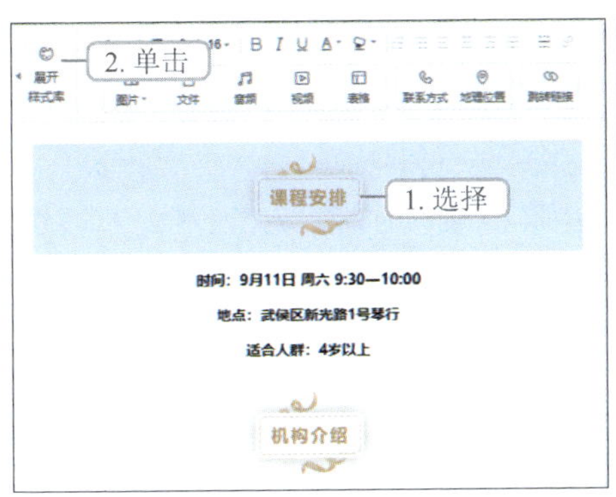

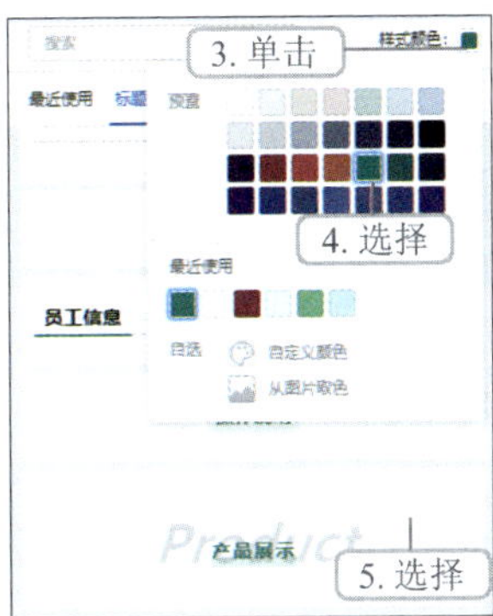

图5-61 设置“课程安排”组件

步骤05 分别将中文和英文文字修改为“活动安排”“Activity”。打开“签售会信息.txt”文件（配套资源:\素材文件\项目5\签售会信息.txt），按照其中的活动安排内容，修改模板中的文字。

步骤06 按照与步骤04相同的方法将“机构介绍”组件替换为分割线组件，效果如图5-62所示。此时自动选中原“机构介绍”组件下方的段落文件，再按照与步骤04相同的方法添加与“活动安排”组件相同的组件，接着修改组件名称中文文字和英文文字为“活动流程”“Process”，再修改段落文字为“签售会信息”文件中的相关内容，如图5-63所示。

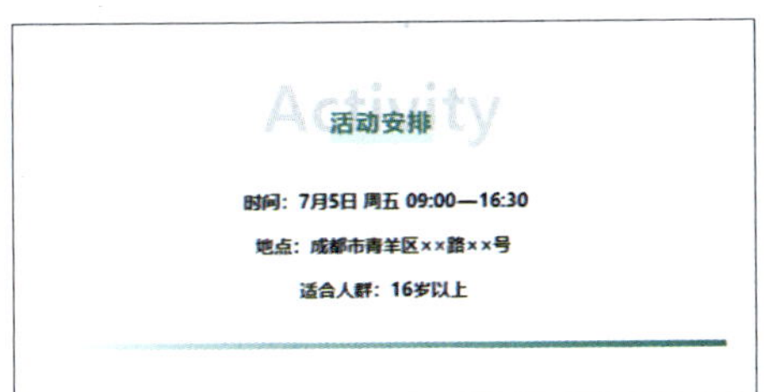

图5-62 替换分割线组件

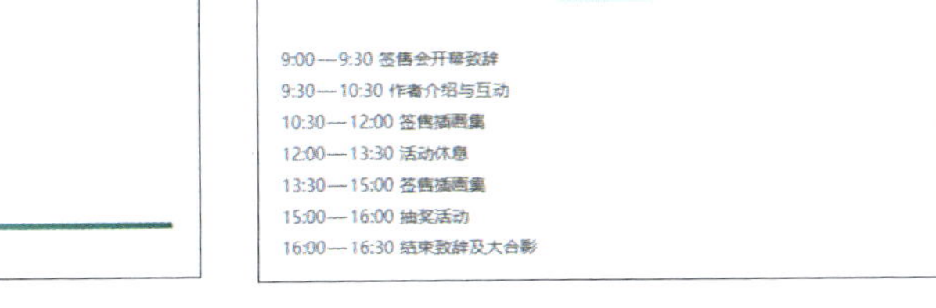

图5-63 更改“活动流程”段落文字

步骤07 此时，可发现“活动流程”段落文字与“活动安排”段落文字格式不统一，全选该文字，单击“居中”按钮，单击“字体颜色”按钮，在打开的列表中单击“自定义颜色”选项，在打开的面板中设置颜色为“#000000”，单击 确定 按钮，如图5-64所示。此时，“活动流程”段落文字格式效果如图 5-65 所示。

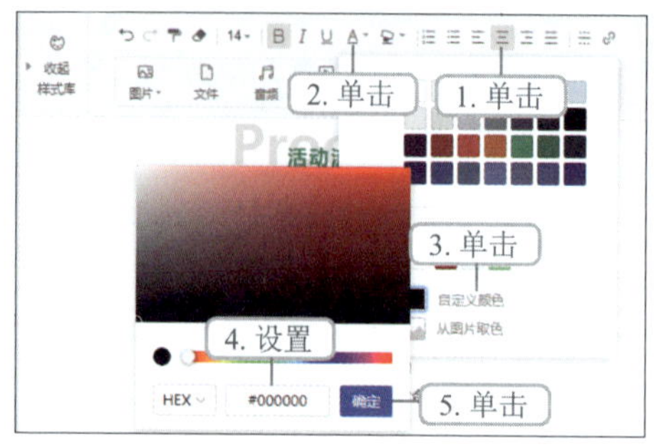

图5-64　设置“活动流程”段落文字格式

图5-65　“活动流程”段落文字格式效果

步骤 08 按照与步骤 04 相同的方法插入分割线组件，再修改“教学成果”组件的样式和内容（中文为“作者介绍”，英文为“Author”），接着按照“签售会信息.txt”文件中的内容，修改下方段落的文字内容，按照与步骤 07 相同的方法修改段落文字的格式，再设置“檬大嗒”文字的“字号”为“14”，“字体颜色”为“#D11F1F”。

步骤 09 选择图像，在操作栏中单击 删除 按钮，打开“图片模块”对话框，依次单击图片缩览图右上角的 按钮删除全部图片，再单击 编辑 按钮，在打开的下拉列表中选择“上传图片”选项，打开“打开”对话框，选择“插画 1.jpg”“插画 2.jpg”文件（配套资源:\素材文件\项目 5\插画 1.jpg、插画 2.png），单击 打开(O) 按钮。

步骤 10 上传图片完毕后，依次单击选中“撑满”“轮播”单选项，如图 5-66 所示，单击 确定 按钮返回“作者介绍”组件，查看效果，如图 5-67 所示。

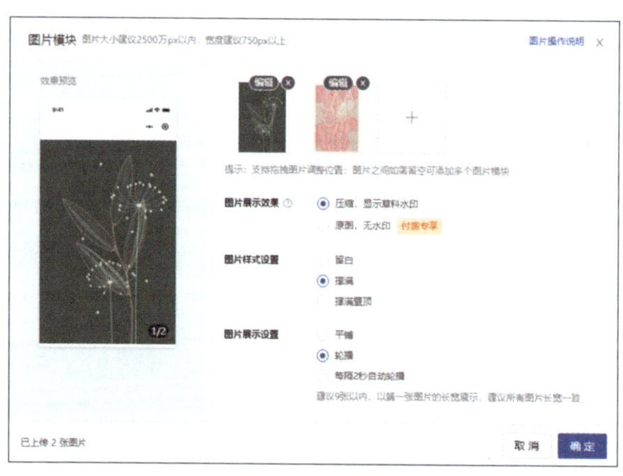

图5-66　设置图片模块

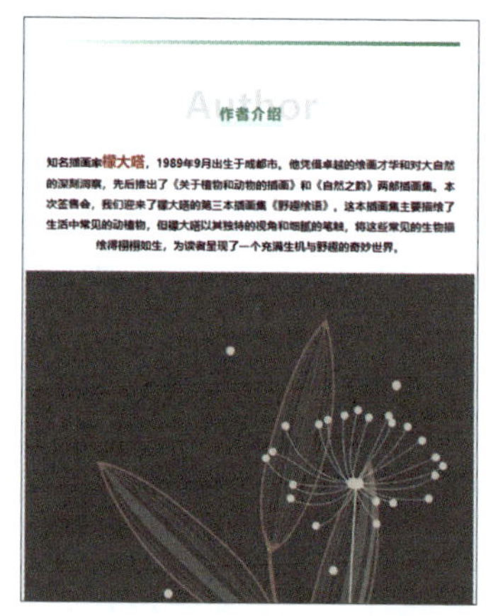

图5-67　查看“作者介绍”组件效果

四、生成与下载二维码

二维码模板更改完成后，新媒体从业人员就可以生成二维码，并将其发布到微博、微信等新媒体平台，或者通过线下渠道分享、传播二维码，以达到活动目的。下面将根据已设置好的二维码内容

生成二维码，并进行分享，其具体步骤如下。

步骤01 单击 预览 按钮，可在打开的页面中预览二维码内容，单击页面中的 生成二维码 按钮，打开"表单功能使用须知"对话框，单击 同意并继续使用 按钮生成二维码，效果如图 5-68 所示。

步骤02 此时，生成的二维码样式与本实战主体不相符，单击二维码下方的 更换样式 按钮，打开"选择标签样式"对话框，选择"简单美化"选项卡，选择"蓝绿三拼"选项，在打开的对话框中单击 使用此样式 按钮，打开"二维码编辑器"对话框，单击 保存样式并返回 按钮，生成的二维码样式将变为所选择的样式，如图 5-69 所示。

图5-68　生成二维码效果

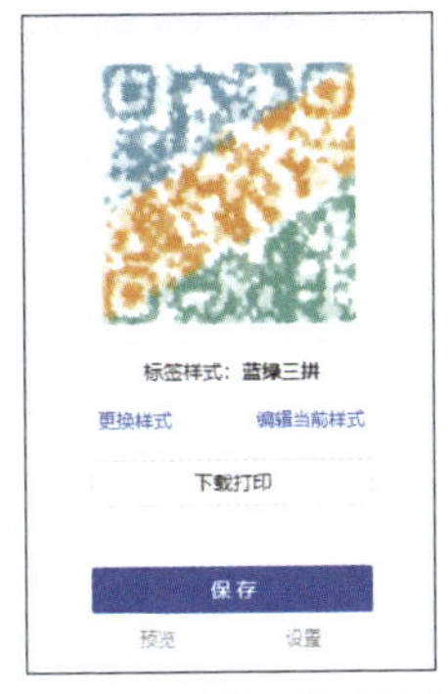

图5-69　更换二维码样式

步骤03 单击 下载打印 按钮，打开"下载打印"对话框，保持默认设置，单击 下载 按钮，打开"新建下载任务"对话框，设置保存地址后，单击 下载 按钮，便可将二维码下载到计算机中。

素养课堂

由于二维码中的内容需要用户扫码才能查看，因而这一过程存在被不法分子利用的风险，如传播非法信息、窃取用户个人信息。因此，新媒体从业人员在生成二维码时，应对包含的内容进行严格审核，确保不含有任何非法信息或恶意内容，从而降低二维码被用于非法信息传播的风险；对于需要保密的内容，可以设置访问权限，如限制扫描次数、设置有效期或指定特定用户访问，防止二维码被滥用，并确保仅有授权用户才能访问敏感信息。

此外，在发布二维码时，建议附带一份安全使用指南，提醒用户注意二维码的安全性，并教会他们如何识别潜在的风险，以提升用户的安全防范意识。

任务5　实战——使用稿定设计制作视频封面

在新媒体的浪潮下，视频的制作门槛逐渐变低。为了获得高点击率，大家制作的视频越来越精美，内容也越来越丰富。视频封面作为视频的"门面"，其精美的设计能够在第一时间让用户对视频产生良好的第一印象，增加用户对视频的期待和兴趣。另外，封面还可以向用户传达视频主题。因此，为短视频添加视频封面成为丰富视频效果、提高视频播放量的有效方法。

图5-70 视频封面效果

本实战将使用稿定设计为“成都美食宣传视频”制作一个封面，在制作时考虑选择含有“竖版视频封面”“餐饮美食”等关键词的模板，在编辑时替换其中的图像和文字内容，使用户能够清晰地了解短视频的主题。本实战的制作效果如图 5-70 所示。

一、筛选视频封面模板

稿定设计拥有众多模板，为了方便用户快速选择模板，该平台还提供了多种使用场景。下面将在稿定设计中逐步筛选出符合用户使用需求的模板，其具体步骤如下。

筛选视频封面模板

步骤 01 进入“稿定设计”官网，登录账号后，在首页的“常用物料”栏单击右侧的按钮 ▼，切换页面后，在“物料”栏中选择“视频封面”选项，页面显示的模板将会随之改变。

步骤 02 在“行业”栏中单击更多选项右侧的按钮 ▼，显示出全部行业，选择“餐饮美食”选项卡，此时在“行业”栏下方将会出现“用途”栏，在其中单击“拓客引流”选项卡，单击版式选项右侧的按钮 ▼，在打开的列表中选择“竖版”选项，在下方将会显示筛选出的模板。

步骤 03 浏览模板后，可发现第 5 张模板的内容更贴近用户使用需求，选择该模板，如图 5-71 所示。

图5-71 选择模板

二、更改和美化图片

更改和美化图片

在稿定设计中，模板中的各种元素都是可以自行更改的。目前，模板中的背景图并不符合要求，需要先更改图像，并利用裁剪、滤镜等功能美化背景图。下面将根据上述内容更改和美化模板中的背景图，其具体步骤如下。

步骤 01 将鼠标指针移至背景缩览图处，顶部出现两个按钮，单击 上传图片 按钮，打开“选择资源”对话框，单击 上传资源 按钮，在打开的列表中选择“本地上传”选项，打开“打开”对话框，选择“火锅.jpg”文件（配套资源:\素材文件\项目5\火锅.jpg），单击 打开(O) 按钮，上传完毕后，如图5-72所示。单击该对话框中的火锅图像，便可自动替换背景图，效果如图5-73所示。

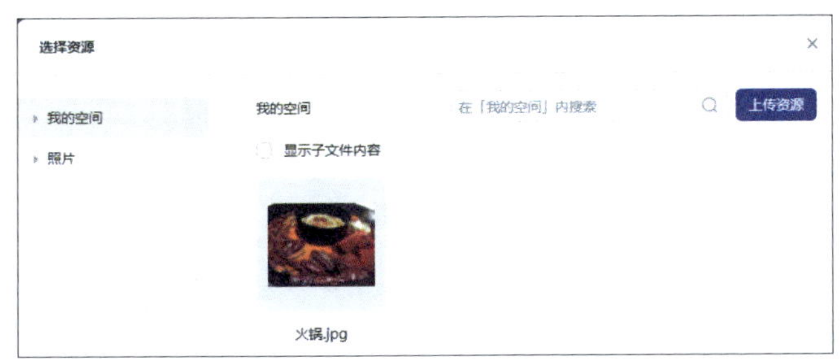

图5-72 上传图片

图5-73 替换背景图效果

步骤 02 由于当前的构图并不美观，单击“背景图”栏中的“裁剪”按钮，原模板处显示背景图的编辑框，将鼠标移至编辑框内部，按住鼠标右键不放并向右拖曳，调整背景图显示位置，如图5-74所示，单击顶部操作栏中的✓按钮确认调整。

步骤 03 单击“背景图”栏中的“滤镜”按钮，该位置将切换为“滤镜”栏（其中将显示稿定设计提供的所有滤镜），在“美食”分类中选择“美味”滤镜，设置强度为“94”，如图5-75所示。

图5-74 裁剪背景图

图5-75 选择“美味”滤镜

三、调整文字和装饰

制作完背景图后，便可以调整图上的文字，并在背景图上添加装饰。下面将调整文字内容和格式，并运用成组、复制、拆分组等功能调整装饰位置，增加视觉效果的美观度，其具体步骤如下。

步骤 01 按住“Shift”键不放，依次单击文字框、文字和附近的装饰，在其上单击鼠标右键，在弹出的快捷菜单中选择“成组”命令，

如图 5-76 所示。将成组的图像向下移动，效果如图 5-77 所示。

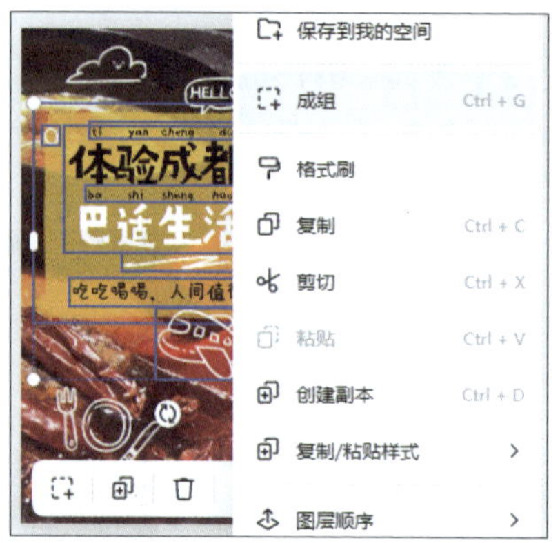

图5-76 将所选内容成组

图5-77 移动成组图像效果

步骤 02 按照与步骤 01 相同的方法将左下角盘、叉、刀元素成组，并调整图像位置；将“HELLO”文字和气泡框成组，并调整图像位置；移动右侧云朵的位置后，在打开的操作栏中单击“更多”按钮⋯（被单击按钮呈灰色），在列表中依次选择“图层顺序”/“移到顶层”命令，如图 5-78 所示。

步骤 03 选择左上角的云朵元素，在打开的操作栏中单击“创建副本”按钮，此时可复制一个云朵元素，调整新元素的位置，然后进行缩小操作，如图 5-79 所示。

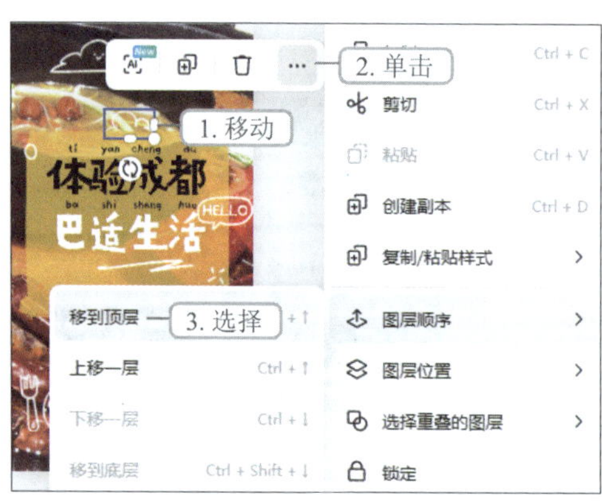

图5-78 调整图层顺序

图5-79 缩小复制的云朵

步骤 04 双击“体验成都 巴适生活”文字，使其呈可编辑状态，修改文字内容为“成都特色美食”，然后选择“美食”文字，单击文字色块，设置“颜色”为“#ffffff”，全选文字，设置“字体”为“字由点字虎啸体”，“字号”为“146”，“字间距”为“0”，如图 5-80 所示。

步骤 05 按照与步骤 04 相同的方法修改拼音为“cheng du te se mei shi”，“字体”为“字由点字虎啸体”，“字号”为“40”，单击“左对齐”按钮，修改“mei shi”的“颜色”为“#ffffff”；修改下方文字内容为“共赴一场浪漫的味蕾之旅”，“字体”为“站酷快乐体”，“字号”为“41”，“颜色”为“#ffffff”；修改“HELLO”文字为“火锅”，如图 5-81 所示。

图5-80　修改文字内容和格式

图5-81　修改其他文字内容和格式

步骤 06 此时成组的部分内容布局不够美观，需要将其拆分，再单独布局。选择“cheng du te se mei shi”文字，单击鼠标右键，在弹出的快捷菜单中选择“拆分组”命令，如图 5-82 所示。

步骤 07 调整拆分后的文字位置，根据布局需要，再设置“成都特色美食”文字行间距为“1.30”，效果如图 5-83 所示。

图5-82　选择“拆分组”命令

图5-83　调整布局和行间距效果

四、保存、重命名和下载模板

保存、重命名和下载模板

更改完模板中的内容，便可进行保存、重命名、下载模板等操作。下面将先保存与重命名制作完成的模板，再下载模板内容，其具体步骤如下。

步骤 01 单击按钮前的按钮，在打开的列表中选择“重命名”

选项，如图 5-84 所示，文件名称变为可编辑状态，输入“美食视频封面”文字。

步骤 02 单击按钮，等待页面显示图 5-85 所示的提示框便可完成保存。

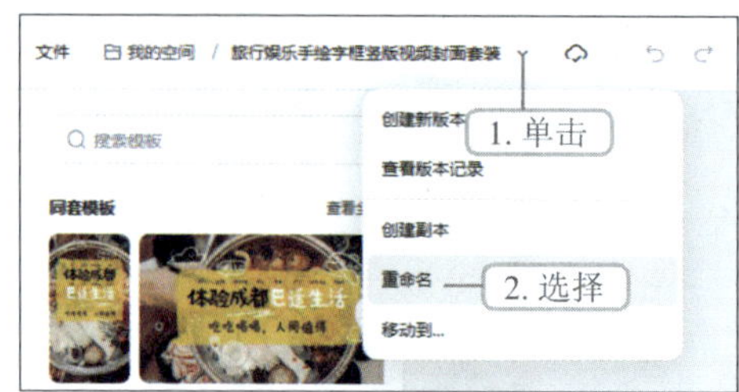

图5-84　重命名模板

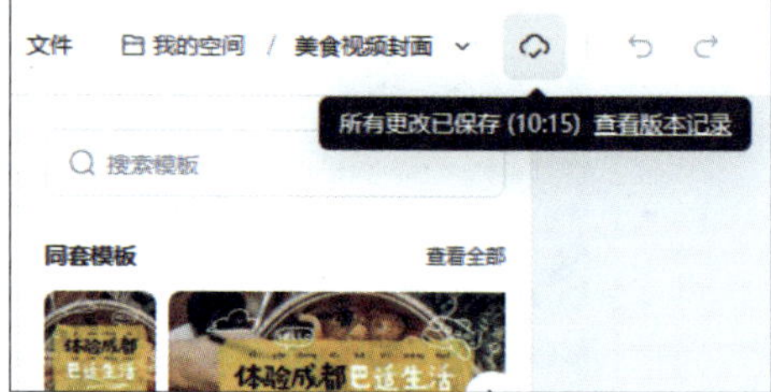

图5-85　保存模板

步骤 03 单击按钮右侧的按钮，在打开的面板中单击“下载”按钮，如图 5-86 所示，在新打开的面板中设置“压缩”为“原图（无压缩）”，单击按钮，如图 5-87 所示。打开“新建下载任务”对话框，设置保存位置后，单击按钮，便可将模板下载到计算机中（配套资源 :\ 效果文件 \ 项目 5\ 美食视频封面 .jpg），如图 5-88 所示。

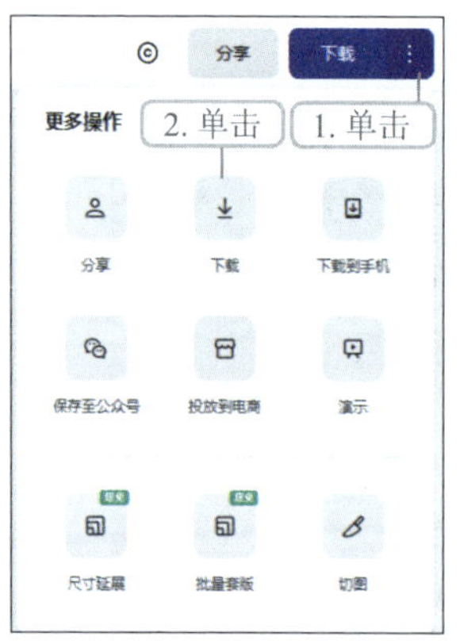

图5-86　单击“下载”按钮

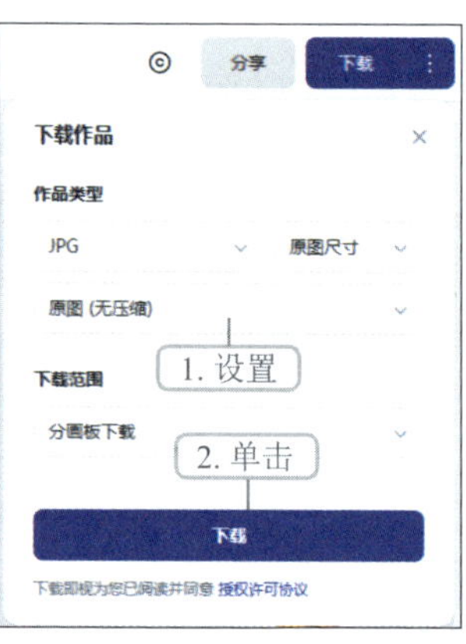

图5-87　设置下载格式

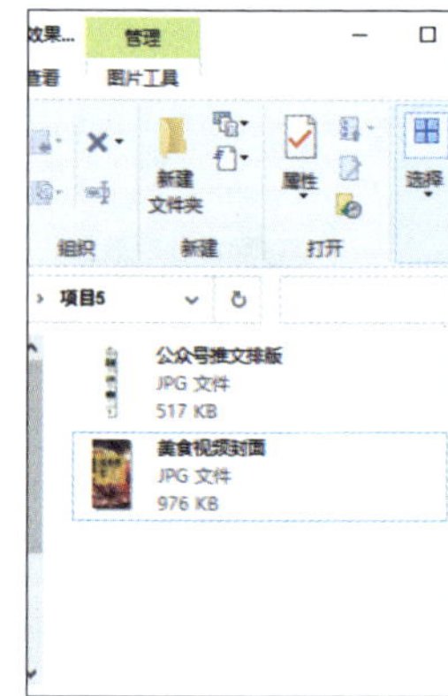

图5-88　查看下载模板

拓展知识——自媒体工具的其他应用

随着科技的飞速发展，自媒体工具的功能越来越多元化，除了上文提及的图文排版、图片设计、生成二维码，这些工具还具备其他功能。新媒体从业人员应积极挖掘并探索这些工具的其他功能。下面将讲述草料二维码的批量生成二维码功能、人人秀的微信群聊功能和应用公园的开发软件功能。

1. 草料二维码——批量生成二维码功能

批量生成二维码功能适用于快速创建大量二维码。单击“草料二维码”官网首页的“平台功能”选项卡中的“批量生码”选项，进入“批量生码”页面，在该页面中提供了两种批量生码模式，分别是“已有系统数据，批量生成标签”和“批量生成活码”，用户可根据需要选择模式。通常情况下，使用“批量生成活码”模式的用户较多，下面将以该模式为例讲述操作方法，其具体步骤如下。

步骤 01 单击“批量生码”页面的 前往模板库，批量生码 按钮，如图 5-89 所示，进入“模板库”页面，选择“推荐”栏中的“上传 Excel 批量生码”选项。

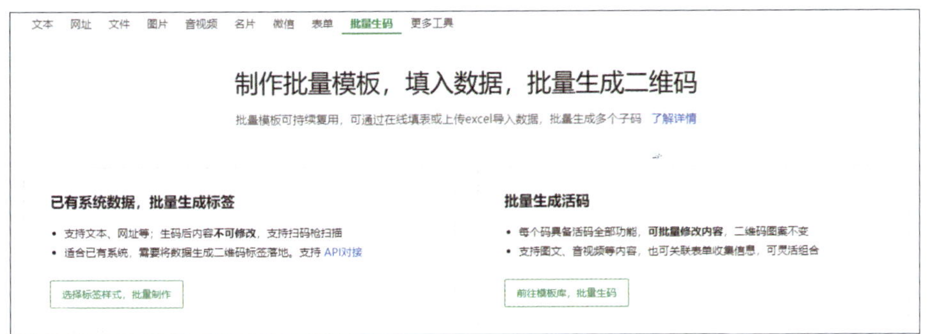

图5-89　单击“前往模板库，批量生码”按钮

步骤 02 打开“上传 Excel，自动创建批量模板”对话框，单击“下载示例 Excel”超链接，打开示例模板，如图 5-90 所示，然后将需要生成二维码的数据内容填写到 Excel 模板中，单击 下载 按钮。

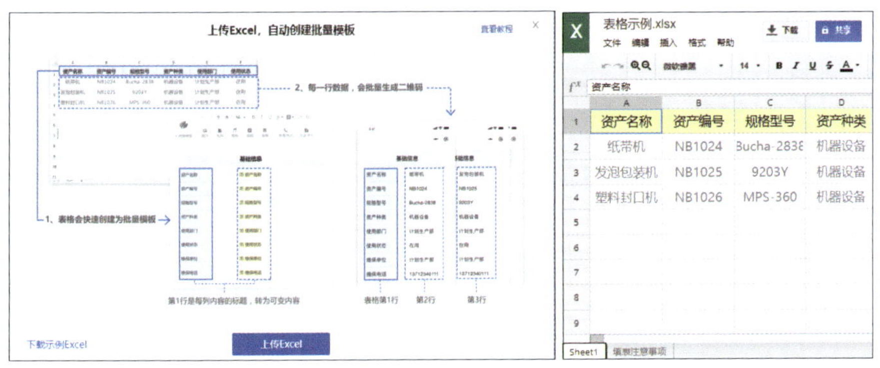

图5-90　下载示例Excel

步骤 03 单击“上传 Excel，自动创建批量模板”对话框中的 上传Excel 按钮，上传 Excel 文件，进入“在线表格批量管理”页面，单击 修改模板 按钮，按照“任务 3 实战——使用 MAKA 制作 H5 页面”所讲内容更改模板内的组件。

步骤 04 单击 保存模板并生码 按钮，在打开的对话框中设置模板名称，并选择关联的二维码样式，单击 保存并生码 按钮可根据 Excel 每一行数据批量生成二维码，在打开的对话框中单击 下载二维码标签 按钮便可下载二维码，如图 5-91 所示。

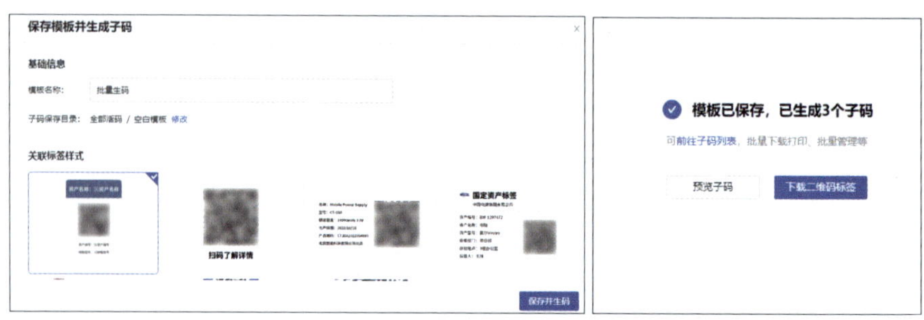

图5-91 批量生码

经验之谈

批量生成二维码后，还可批量制作二维码标签，在标签中加入文字或图片信息。此外，批量生成二维码还支持A4不干胶纸打印、普通A4纸打印、标签机打印、自定义排版打印等打印方式。

2. 人人秀——微信群聊功能

新媒体从业人员可以通过微信群聊功能模拟微信中的聊天界面、朋友圈，向用户介绍产品或服务。在人人秀中，制作微信群聊需要添加人员、信息等，其具体步骤如下。

步骤01 在“模板中心”页面选择“互动营销”选项卡中“H5”类型的任一模板，进入“人人秀活动编辑器”页面，单击页面中的“组件”按钮，在打开的“特效”对话框中单击“趣味”选项卡，选择“微信群聊”选项，便可将其添加到页面中，如图5-92所示。

图5-92 添加“微信群聊”组件

步骤02 单击页面右侧 微信群聊设置 按钮，打开“基本设置”对话框，单击 人员管理 按钮，在打开的“人员管理”对话框中，单击 + 添加人员 按钮，在“添加人员”对话框的“昵称”文本框中输入昵称，单击“头像”栏中+按钮，打开“图片库”对话框，选择或上传合适的图片作为人员微信头像，单击 保存 按钮，完成人员添加并默认“我”为群主，如图5-93所示。

步骤03 单击 × 按钮关闭“人员管理”对话框，单击 + 添加信息 按钮，打开“添加信息”对话框，在“消息内容”文本框中输入文字，单击保存按钮，效果如图 5-94 所示。

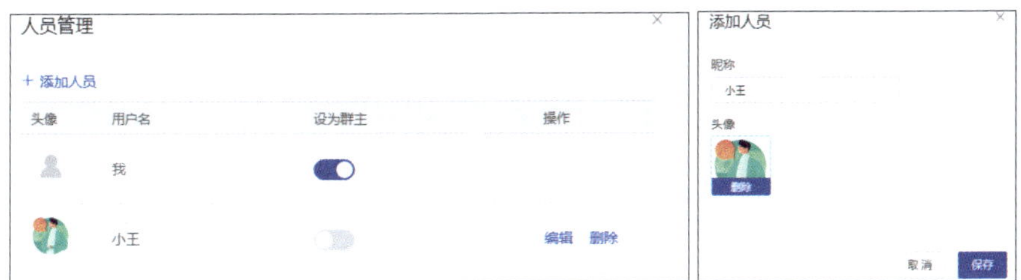

图5-93　添加人员

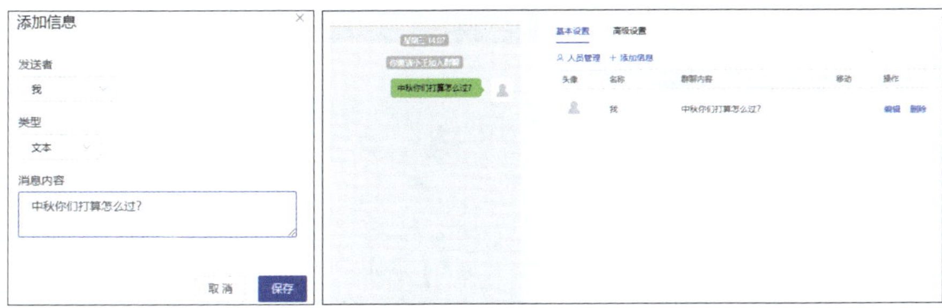

图5-94　添加信息

步骤 04 按照与步骤 02 和步骤 03 相同的方法添加人员和消息。设置完毕后，单击“高级设置”选项卡，设置群聊主题、显示昵称、消息间隔等参数，单击确定按钮完成群聊信息的设置，如图 5-95 所示，效果如图 5-96 所示。

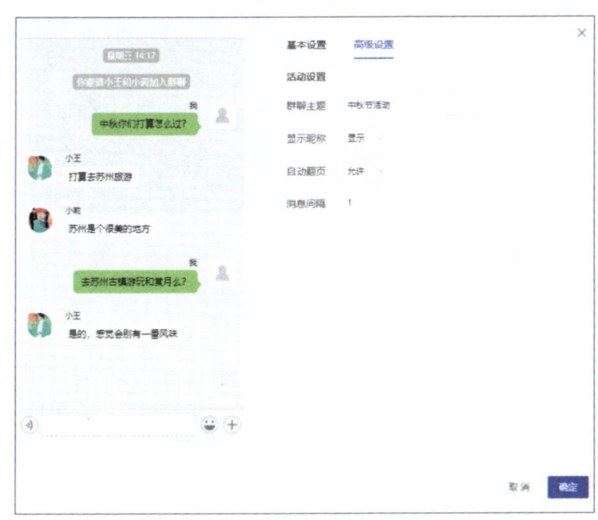

图5-95　高级设置

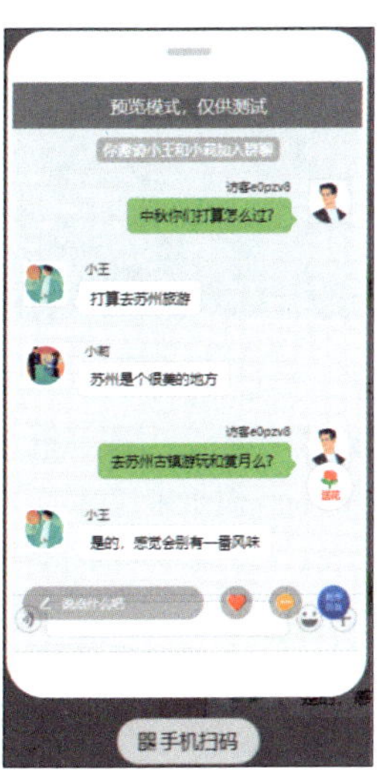

图5-96　微信群聊效果

3. 应用公园——开发软件功能

“应用公园”是一款支持 App 和小程序在线制作的付费型自媒体工具，新媒体从业人员可使用该工具内的模板快速、高效地开发和发布软件，其具体步骤如下。

步骤 01 进入“应用公园”官网，登录账号，在官网首页单击“模板”选项卡，在“适应行业”栏中根据实际需要选择行业选项，如选择“自媒体”选项，该栏下方会自动筛选出对应的模板。

步骤 02 选择所需的模板，进入“模板详情”页面，单击按钮进入“基本设置”页面，根据页面提示输入应用名称、上传图标和上传启动页，单击按钮，如图 5-97 所示。

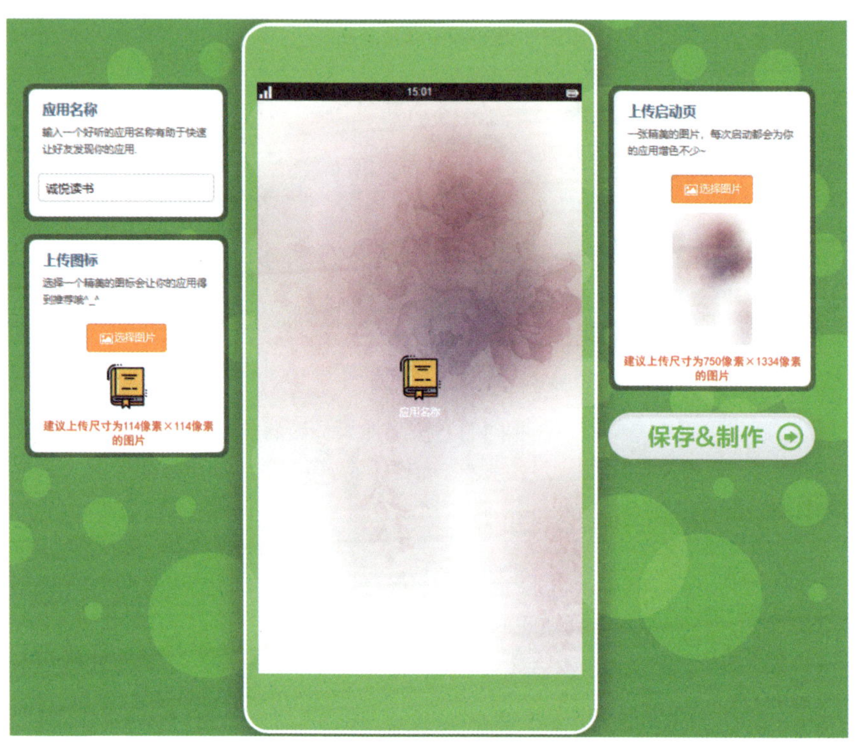

图5-97　设置“基本设置”页面

步骤 03 此时会生成 App 启动页内容，切换到 App 新页面，在新页面左侧“应用页面”栏中显示该模板中包含的所有页面和页面分组，如个人中心、登录、城市定位等页面。若需要添加新页面，可单击按钮自行创建；若需要添加页面的新分类组，可单击按钮自行创建。新页面右侧的面板内显示了可为当前 App 页面添加的功能组件，用户只需要拖曳组件到页面中便可添加，如图 5-98 所示。

步骤 04 完成当前页面的设置后，单击按钮可保存当前页面；单击按钮可将该页面设置为模板，以便在后续添加其他页面时使用；单击按钮弹出二维码，扫描该二维码可预览当前页面效果。

步骤 05 完成所有页面的设置后，单击按钮生成应用，并能以安装包的形式下载。

图5-98　设置新页面

课后练习

（1）在135编辑器中使用提供的素材（配套资源:\素材文件\项目5\“古琴挑选方法”文件夹）编辑并排版“古琴挑选方法”文章，效果如图5-99所示（配套资源:\效果文件\项目5\古琴挑选方法.jpg）。

提示：导入“古琴挑选方法.docx”文件中的内容，依次挑选标题、单图图文模板，上传和替换原模板内的图片，并在图片前添加小图标进行美化；为不同模板添加分割线、空行、结束引导图标；最后设置文字格式。

（2）在草料二维码中使用提供的素材（配套资源:\素材文件\项目5\“会议签到”文件夹）制作二维码，效果如图5-100所示。

提示：首先选择“会议签到”主题的模板，添加“工号”组件，设置每人可填写次数和可填写时间段，修改模板背景图，添加音频，按照文字素材修改文字内容和格式，并调整样式，最后生成二维码并修改样式。

（3）在人人秀中使用提供的素材（配套资源:\素材文件\项目5\“免费读书周”文件夹）为诚悦读书App制作一个以“免费读书周”活动为主题的H5页面，效果如图5-101所示。

提示：先选择“世界读书日”主题的模板，删除不需要的模板页面，依次修改页面中的内容，如修改文字内容和格式、上传并替换图片等，接着删除部分装饰图形，添加文字、图片元素，并设置动画效果；最后为H5页面添加音乐库中的音乐，并设置翻页效果。

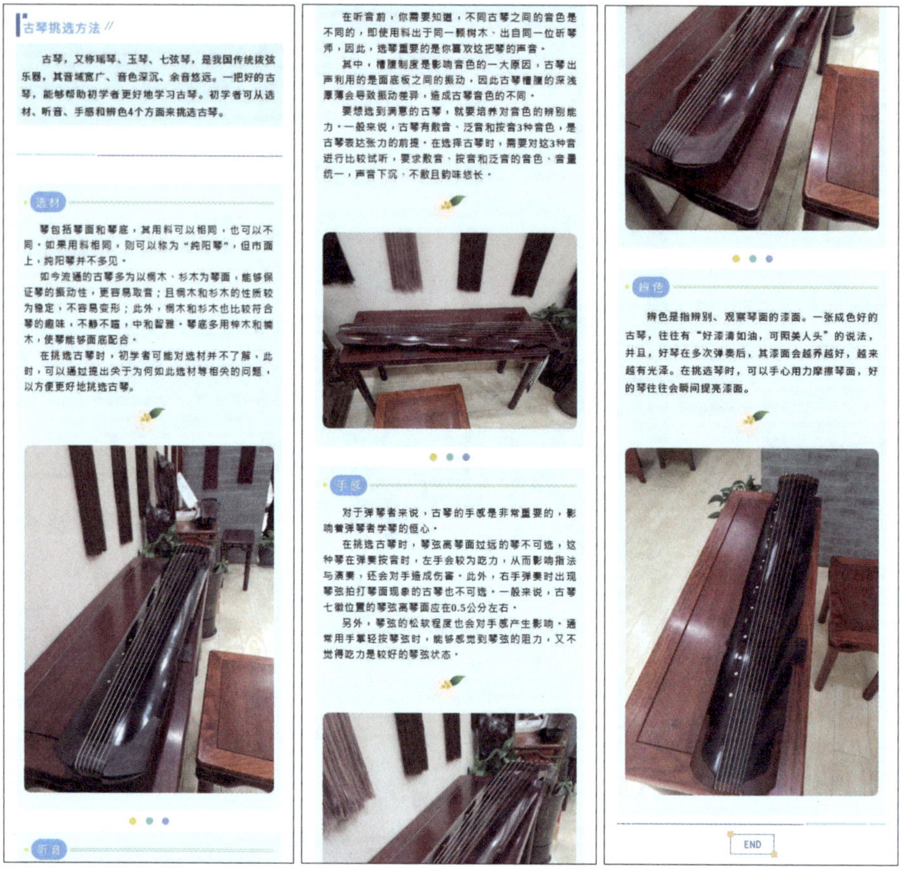
古琴挑选方法
古琴，又称瑶琴、玉琴、七弦琴，是我国传统拨弦乐器，其音域宽广、音色深沉、余音悠远。一把好的古琴，能够帮助初学者更好地学习古琴。初学者可从选材、听音、手感和辨色4个方面来挑选古琴。
选材
琴包括琴面和琴底，其用料可以相同，也可以不同。如果用料相同，则可以称为“纯阳琴”，但市面上，纯阳琴并不多见。
如今流通的古琴多为以桐木、杉木为琴面，能够保证琴的振动性，更容易取音；且桐木和杉木的性质较为稳定，不容易变形；此外，桐木和杉木也比较符合琴的趣味，不静不躁，中和智雅。琴底多用梓木和楠木，使琴能够面底配合。
在挑选古琴时，初学者可能对选材并不了解，此时，可以通过提出关于为何如此选材等相关的问题，以方便更好地挑选古琴。
听音
在听音前，你需要知道，不同古琴之间的音色是不同的，即使用料出于同一颗树木、出自同一位斫琴师，因此，选琴重要的是你喜欢这把琴的声音。
其中，槽腹制度是影响音色的一大原因，古琴出声利用的是面底板之间的振动，因此古琴槽腹的深浅厚薄会导致振动差异，造成古琴音色的不同。
要想选到满意的古琴，就要培养对音色的辨别能力。一般来说，古琴有散音、泛音和按音3种音色，是古琴表达张力的前提。在选择古琴时，需要对这3种音进行比较试听，要求散音、按音和泛音的音色、音量统一，声音下沉，不散且韵味悠长。
手感
对于弹琴者来说，古琴的手感是非常重要的，影响着弹琴者学琴的恒心。
在挑选古琴时，琴弦离琴面过远的琴不可选，这种琴在弹奏按音时，左手会较为吃力，从而影响指法与演奏，还会对手造成伤害。此外，右手弹奏时出现琴弦拍打琴面现象的古琴也不可选。一般来说，古琴七徽位置的琴弦离琴面应在0.5公分左右。
另外，琴弦的松软程度也会对手感产生影响。通常用手掌轻按琴弦时，能够感觉到琴弦的阻力，又不觉得吃力是较好的琴弦状态。
辨色
辨色是指辨别、观察琴面的漆面。一张成色好的古琴，往往有“好漆清如油，可照美人头”的说法，并且，好琴在多次弹奏后，其漆面会越养越好，越来越有光泽。在挑选琴时，可以手心用力摩擦琴面，好的琴往往会瞬间提亮漆面。
END

图5-99　古琴挑选方法排版效果

会议签到处
参加×××会议人员，请扫码填写签到表
操作步骤
1. 微信扫码登记
2. 提交后方可入场
填表页预览
会议签到
参会人员请在此完成签到
姓名*
必填项，请输入
手机号*
必填项，点击授权手机号
工号*
请输入
签到
绮彩悦颜品牌会议
请在 2024年9月13日 00:00-2024年9月13日 09:00 填写会议签到
绮彩悦颜品牌会议信息
随着绮彩悦颜品牌的不断发展壮大，为了更好地明确品牌未来发展方向，加强各部门之间的沟通与协作，提升品牌整体竞争力，特召开此次会议。
会议时间

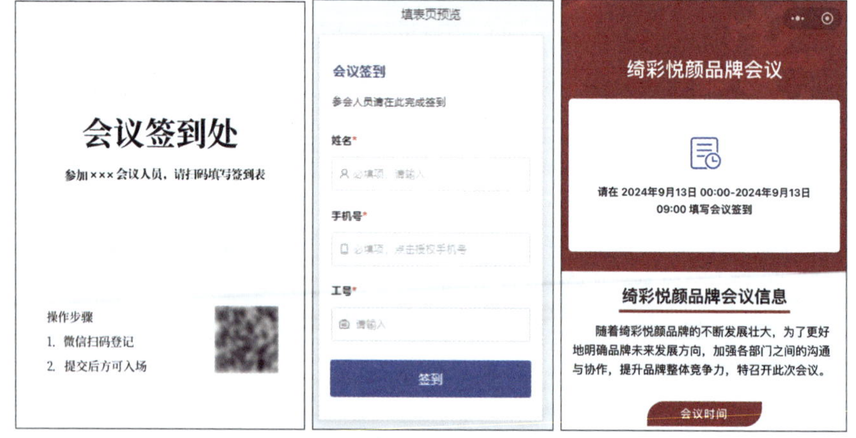

图5-100　会议签到二维码效果

图5-101　“免费读书周”活动H5页面效果

（4）在创客贴中使用提供的素材（配套资源 :\ 素材文件 \ 项目 5\ 海边 .jpg、人物 .jpg）为一个 Vlog 视频制作横版视频封面，效果如图 5-102 所示（配套资源 :\ 效果文件 \ 项目 5\ 横版视频封面 .jpg）。

提示 :筛选视频封面模板；上传和替换背景图，为背景图添加滤镜；修改文字内容和格式；然后利用抠图功能抠取人像，并替换原模板中的人像；最后将其保存在账号中并下载。

图5-102　横版视频封面效果

项目6
使用AIGC技术

随着人工智能技术的逐渐成熟，AIGC 技术应运而生，不少公司利用该技术开发出 AIGC 平台，在其中可以根据用户需求智能生成内容。新媒体从业人员可以使用这些平台生成公众号推文配图、活动策划文案、手机横版海报和思维导图，有效提升工作效率，降低创作难度。

【知识目标】

- 了解 AIGC 技术的优势。
- 掌握 AIGC 技术在新媒体中的应用领域。

【能力目标】

- 能够熟练使用文心一格生成公众号推文配图。
- 能够熟练使用文心一言生成活动策划方案。
- 能够熟练使用创客贴生成手机横版海报。
- 能够熟练使用 boardmix 生成思维导图。

【素养目标】

- 提升自身的分辨能力，不过度依赖 AIGC 生成的内容。
- 尊重社会公德、公序良俗，不生成含有宣扬仇恨、歧视、暴力的内容。

任务 1　了解 AIGC 技术

1950 年，英国数学家、密码专家和数字计算机的奠基人艾伦·图灵提出的图灵测试，奠定了人工智能的理论基础，人们开始关注 AIGC 技术。1956 年，达特茅斯会议的召开标志着人工智能正式成为一门学科，并在随后的几十年中持续发展。20 世纪 80 年代，神经网络技术的复兴和后续深度学习技术的出现为 AIGC 的发展奠定了重要基础；同时，自然语言处理技术的进步和计算机视觉技术的突破也为 AIGC 提供了关键技术支持。

自 2010 年以来，随着深度学习技术的兴起及大数据、云计算等技术的飞速发展，AIGC 技术得到了显著进步。

一、AIGC技术的优势

在 AIGC 出现之前，内容生成方式主要由 PGC（Professional Generated Content，专业生成内容）和 UGC（User Generated Content，用户生成内容）主导。其中，PGC 由专业人员进行内容创作，以确保生成内容的质量。然而，这种方式需要消耗大量的时间和资金，并且产出有限，主要应用于新闻网站、技术课程的编写等领域；而 UGC 由普通用户进行内容创作，降低了创作门槛，社交媒体平台、软件评论区和分享区等都广泛存在以这种方式生产的内容。

随着技术的不断进步，AIGC 的出现带来了全新的内容生成方式。用户使用 AIGC 工具或平台，只需提出问题或需求，AIGC 工具或平台便能智能地生成相应的内容。这充分体现出 AIGC 技术具有降低创作门槛的优势。此外，AIGC 技术还具有以下优势。

- 自动化。当用户输入特定的关键词或指令时，AIGC 凭借先进的算法和模型，能够迅速分析并理解这些需求。随后，AIGC 利用内置的算法和模型进行高效的数据处理与计算，可迅速生成符合需求的内容。这一过程展现出令人瞩目的自动化特性。
- 高效率和减轻人力负担。AIGC 可以在很短的时间内生成所需要的内容，如生成一张图片只需要几秒，这极大地节省了时间，提高了创作效率。在重复性高、技术含量较低的内容创作领域，AIGC 的运用不仅提高了效率，还减轻了人力负担，使人们有更多的精力投入创作的高阶任务中，如内容策划、品质监控等。
- 个性化。当用户对生成的内容有异议或提出改进建议时，AIGC 能够迅速响应，并根据重新输入的关键词调整算法和模型，从而修改并优化生成的内容。这种基于用户反馈的持续优化，是 AIGC 提供个性化体验的核心所在。
- 高灵活性。AIGC 适用于各种媒体形式，无论是文字、图像、音频还是视频，AIGC 都能够凭借先进的算法和模型，精准地生成符合用户需求的内容。同时，无论是在新闻、广告、娱乐、教育还是科研等领域，AIGC 都能够根据用户的需求和场景特点，提供定制化的内容生成服务。

二、AIGC技术在新媒体中的应用领域

AIGC 技术在新媒体中的应用领域主要有图像设计、文案生成、营销策划和音视频创作。

1. 图像设计

设计作为一门综合性学科，融合了艺术、科技、经济等多个学科的知识和方法，因而其创作过程具有较高的要求和门槛。在新媒体领域，通常会需要用到微信公众号推文封面图和次图、视频封面、账号头像、小红书笔记封面、横幅广告、宣传海报等类型的图像，这些图像通常遵循一定的制作规范和特点。

文心一格、Midjourney 等图像类 AIGC 平台，可以让用户通过输入关键词、添加参考图像、指定主要元素和风格等方式提出需求。AIGC 平台运用图像识别技术快速捕捉参考图像的特征，或通过自然语言处理技术将文本描述编码为模型可以理解的向量，进而运用深度学习模型，特别是生成对抗网络（GANs）和 Transformer 模型，将文本描述转换为图像，最终生成符合用户要求的图像。

2. 文案生成

文案可以精准地传达信息，并且通过巧妙地运用语言技巧与修辞手法，还能达到品牌推广、营销宣传或引发用户情感共鸣的目的。在新媒体领域，通常会涉及广告语、社交平台文章、软文、短视频或直播脚本等类型的文案。这些文案的创作要求日益严谨，不仅需要具备吸引眼球的标题，还需要有内容深度和创意性，以适应快速变化的信息传播环境。

文心一言、讯飞星火、通义千问、Kimi 等文字类 AIGC 平台为用户提供了便捷的解决方案，用户可以通过输入关键词，如文案类型、创作风格等，明确自己的需求，然后 AIGC 平台会运用自然语言处理和机器学习技术，深度分析和理解用户输入的内容，并结合丰富的语料库和算法模型，生成符合用户需求的文案。

3. 营销策划

在新媒体领域，营销策划通过系统性地规划和实施，综合营销思路、广告创意、活动策划和数据分析等多个维度，可以为企业或产品量身定制推广方案，实现价值的最大化。用户可以通过文心一言、讯飞星火、通义千问、Kimi 等 AIGC 平台对营销数据进行自动化分析和处理，自动生成符合规范的营销方案、广告创意和活动策划等相关内容。

另外，由于营销策划通常涉及社交媒体推广、内容营销、电子邮件营销等多种策划类型，为了更好地呈现这些策划内容，可以利用知犀、boardmix 等 AIGC 平台，梳理与呈现复杂的策划思路和信息，生成思维导图来视觉化地展示策划内容。

4. 音视频创作

音视频也是新媒体领域的常用媒体类型，以音视频创作为主的 AIGC 平台的生成原理与图像设计类 AIGC 平台的生成原理类似。

在视频创作中，腾讯智影、Sora 等视频类 AIGC 平台可以将用户输入的文字转换为视频，并且视频自带字幕和音频。在音频创作中，除了基础的文字转语音功能，网易天音、Mubert 等音频类 AIGC 平台也可以根据用户输入的关键词自动谱曲、写歌词。

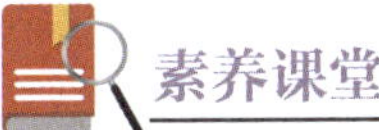

素养课堂

无论使用 AIGC 平台生成什么类型的内容，都需要严格遵守《中华人民共和国网络安全法》等相关法律法规，包括但不限于数据保护、隐私政策、网络安全等。

任务 2　实战——使用文心一格生成公众号推文配图

公众号推文的配图对提高推文吸引力和用户的阅读体验有重要作用。在选择配图时，应该选择与推文内容紧密相连，且能体现文章核心信息的配图；配图也应该高清、色彩鲜明；同一篇推文所用配图的尺寸应尽量一致，以保持整体的美感；配图的风格应与用户喜好相符合，如面向年轻用户可选择潮流、前沿的风格，面向中年用户可选择严谨、传统的风格。

本实战将为面向年轻用户、标题为“绿色家居艺术”的公众号推文配图。该推文内容分为导读、绿色的魅力、绿色家居布置技巧、结语四大板块，需要在绿色家居艺术、墙面装饰、植物点缀对应的位置生成 3 张配图，制作效果如图 6-1 所示。

图6-1　公众号推文配图效果

一、输入提示词语

由图 6-2 所示的第一段内容可知，配图内容应能够表达家居的艺术性，风格可使用年轻用户喜欢的现代、简约风格。下面将围绕上述内容拟定提示词，将其输入后生成图像，其具体步骤如下。

步骤 01 进入“文心一格”官网并登录账号，单击首页的“AI 创作”超链接，进入操作界面。

步骤 02 在文本框中输入“现代、简约风格，画面构图为客厅一角，出现沙发、茶几、书柜、台灯等家具，书柜里摆满书籍，家具都为实木家具，绿色调，明亮光线”文字，单击“画面类型”栏中的“更多”按钮，在展开的选项中选择“艺术创想”选项，选择“比例”栏中的“横图”选项，设置“数量”为“4”，单击立即生成按钮，如图 6-2 所示。

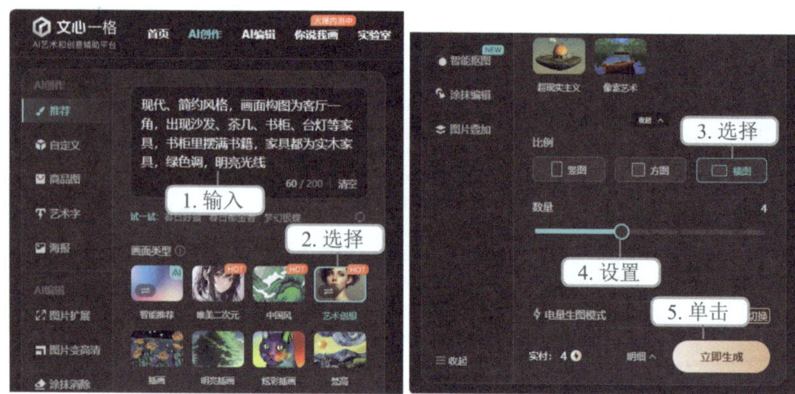

图6-2　输入提示词并设置参数

步骤 03 等待一段时间后，该页面中会出现生成的图像，效果如图 6-3 所示。

图6-3　生成的图像效果

二、编辑图像

由于需要 3 张配图分别展示家居整体设计、墙面装饰、植物点缀 3 个方面的内容，因此需要在 4 张图中挑选出 3 张图，并对其中两张图的内容进行一定的编辑，使其更符合推文内容。

1. 编辑家居整体设计配图

家居整体设计配图旨在展示特定空间内的所有家居设计，更看重各个家居的整体搭配效果，这类设计适合采用远景构图。下面将通过对比生成的图像，分析各个图像的优缺点，挑选出更符合上述特点的图像，并对其进行编辑，以放大其特性，具体步骤如下。

步骤 01 观察图 6-3 所示的 4 张图，可发现第 1 张图的构图更接近于远景，空间感更强，台灯、沙发等家具更有设计性，更符合整体设计这一概念。

步骤 02 将鼠标指针移至第 1 张图上，此时该图左下角出现两个按钮，单击去编辑按钮，在打开的列表中选择“图片扩展”选项，如图 6-4 所示。

步骤 03 此时切换到“图片扩展”页面，单击四周按钮，设置“数量”为“2”，单击立即生成 20按钮，如图 6-5 所示。

图6-4 选择“图片扩展”选项

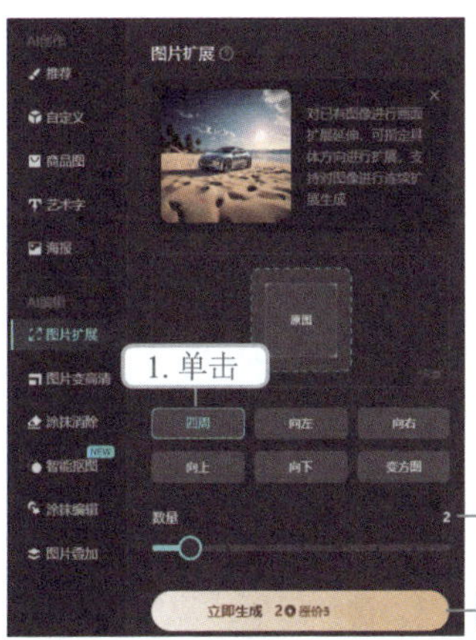

图6-5 设置图片扩展参数

步骤 04 此时，文心一格生成图 6-6 所示的 2 张图像，通过对比可发现左图光线更加明亮，但是其左下角有些突兀，将鼠标指针移至该图像的左下角，再单击去编辑按钮，在打开的列表中选择“涂抹编辑”选项。

图6-6 扩展后生成的图像

步骤 05 将鼠标指针移至画面左下角，按住鼠标左键不放并不断涂抹至图 6-7 所示的状态，在“涂抹编辑”页面设置“数量”为“1”，单击立即生成 20按钮，效果如图 6-8 所示。此时重新生成的图像能够满足需求，可继续编辑其他图像。

图6-7　涂抹需要编辑的图像

图6-8　编辑后的图像

2. 编辑墙面装饰配图

编辑墙面装饰配图

墙面装饰配图要重点展示墙面上的装饰，因此可将妨碍到展示的家居进行消除。下面将通过对比生成的图像，挑选出墙面装饰更突出的图像，并对其进行编辑，以放大其特性，具体步骤如下。

步骤 01 切换到生成的 4 张图所在的页面，可发现第 4 张图的墙面装饰更加突出，但是吊灯影响其展示。

步骤 02 将鼠标指针移至第 4 张图上，单击去编辑按钮，在打开的列表中选择“涂抹消除”选项。切换到“涂抹消除”页面，设置“数量”为“2”，按住鼠标左键不放并在吊灯区域进行涂抹，直到涂满整个吊灯区域，如图 6-9 所示。

步骤 03 单击立即生成按钮，重新生成图像，此时吊灯已被去除，如图 6-10 所示。

图6-9　涂抹需要去除的吊灯

图6-10　去除吊灯后的图像

3. 编辑植物点缀配图

编辑植物点缀配图

植物点缀配图要重点展示家居中的绿植、花卉等景观，因此配图中的植物应为主体物。下面将通过对比生成的图像，挑选出植物更多的图像，并对其进行编辑，以放大其特性，具体步骤如下。

步骤 01 切换到生成的 4 张图所在的页面，可发现第 2 张图的植物更多，因此选择该图作为参考重新生图。将鼠标指针移至第 2 张图上，单击作为参考图按钮。

步骤 02 此时切换到“自定义”页面，将文本框中原提示词中的“书柜里摆满书籍”文字修改为“客厅内的绿植很多，如琴叶榕、文竹、散尾葵等”，设置“影响比重”为“4”，“数量”为“2”，单击立即生成按钮，如图 6-11 所示。

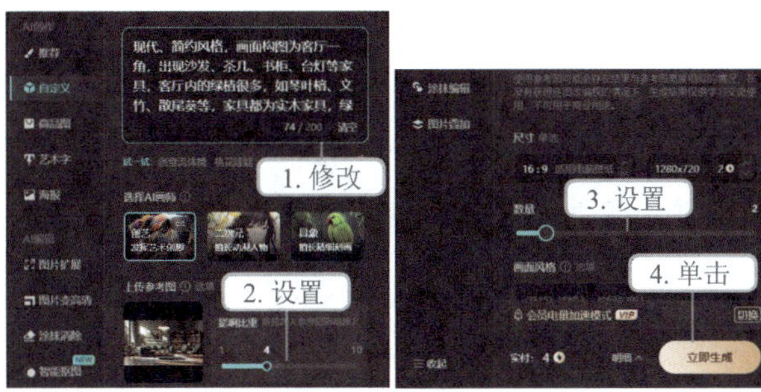

图6-11　设置“自定义”页面

步骤 03 重新生成的图像如图 6-12 所示，其中左图的光线更明亮，右图的绿植更明显，但右图墙壁上的挂画明显缺失一部分。因此，可选用左图作为植物点缀配图。

图6-12　重新生成的图像

经验之谈

在“去编辑”功能的列表中，“图片扩展”功能用于扩大图像尺寸的同时补足对应部分的图像；“图片变高清”功能用于提高图像的分辨率，使其更加高清；“涂抹消除”“涂抹编辑”功能都可以通过涂抹图像的方式去除或修改图像中的物品；“智能抠图”功能用于抠取图像中的部分物品，抠取后其他区域变为透明像素；“图片叠加”功能用于叠加其他图像，以获取新视觉效果的图像。“作为参考图”功能用于将所选的图像作为参考对象，以及重新输入关键词生成新图像，适用于用户希望对图像进行一些创意性的修改或补充的情况。

三、下载并重命名配图

下面通过下载功能将生成的配图保存在计算机中，但由于浏览器的限制，下载时不能修改配图名称，因此下载后还需要重命名该配图，以便使用，具体步骤如下。

下载并重命名配图

步骤 01 单击最终选用的植物点缀配图，此时图像右侧出现一排按钮，单击“下载”按钮便可下载图像，如图 6-13 所示。

步骤 02 下载完成后，将下载的图像重命名为“植物点缀配图.png”（配套资源:\效果文件\

项目 6\ 植物点缀配图 .png)，效果如图 6-14 所示。

图6-13　单击“下载”按钮

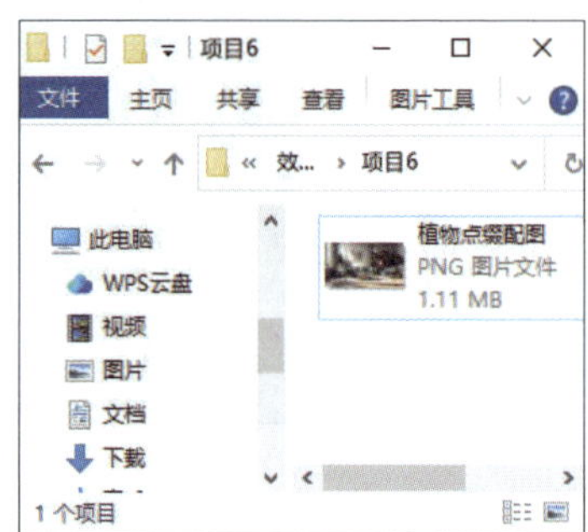

图6-14　下载图像效果

步骤 03 通过“创作记录”栏依次切换到家居整体设计配图、墙面装饰配图的页面，按照与步骤 01、步骤 02 相同的方法下载和重命名配图（配套资源 :\ 效果文件 \ 项目 6\ 家居整体设计配图 .png、墙面装饰配图 .png）。

经验之谈

AIGC 技术因为具有复杂性和前沿性，其对浏览器的性能和支持度有着较高的要求。Microsoft Edge 浏览器凭借卓越的性能和对最新网络标准的支持，可以提供流畅、稳定的运行环境，因此推荐在 Microsoft Edge 浏览器中使用 AIGC 平台。Microsoft Edge 浏览器在下载内容时存在一个局限性，即无法直接修改文件名称，需要用户在下载完成后对文件进行重命名。

另外，若需要修改 Microsoft Edge 浏览器默认的下载位置，可单击“设置与其他”按钮···，在打开的列表中选择“设置”选项，进入“设置”页面，在其中选择“下载”选项后，页面右侧将显示下载位置，单击 更改 按钮打开“位置”对话框，选择文件夹后，单击 选择文件夹 按钮便可将该文件夹设置为该浏览器的默认下载位置。

任务 3　实战——使用文心一言生成活动策划方案

活动策划方案，也称为活动策划书，是为特定活动量身定制的一种文书，具有创意性、目标明确、内容详细、实用性强、清晰易懂、灵活多变和规范严谨等特点，其目的在于根据活动的设定，以科学的运作流程为基础，整合各种资源，制定出高质量的可行方案。活动策划方案通常包括活动背景、活动目标、活动主题、活动时间、活动内容、营销策略、经费预算、效果评估等要素。

本实战将为鸿蕖香品牌的端午节活动制作一个策划方案，旨在向广大消费者宣传该品牌。在制作时应参考关于该品牌和此次活动的一些文字材料，使生成的活动策划方案更符合实际需求。生成的活动策划方案的部分效果如图 6-15 所示。

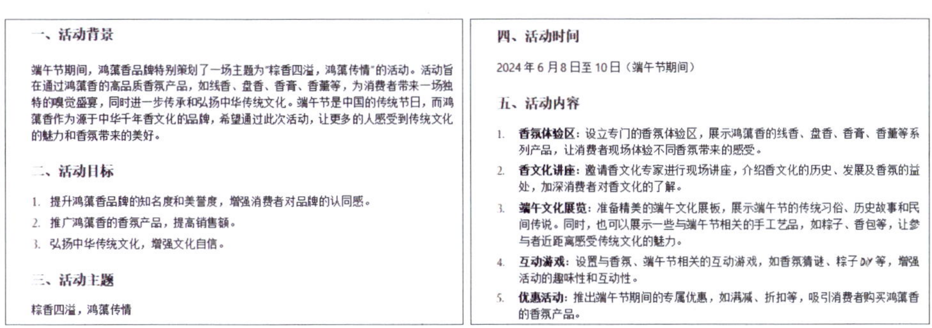

一、活动背景

端午节期间，鸿蕖香品牌特别策划了一场主题为"粽香四溢，鸿蕖传情"的活动。活动旨在通过鸿蕖香的高品质香氛产品，如线香、盘香、香膏、香薰等，为消费者带来一场独特的嗅觉盛宴，同时进一步传承和弘扬中华传统文化。端午节是中国的传统节日，而鸿蕖香作为源于中华千年香文化的品牌，希望通过此次活动，让更多的人感受到传统文化的魅力和香氛带来的美好。

二、活动目标

1. 提升鸿蕖香品牌的知名度和美誉度，增强消费者对品牌的认同感。
2. 推广鸿蕖香的香氛产品，提高销售额。
3. 弘扬中华传统文化，增强文化自信。

三、活动主题

粽香四溢，鸿蕖传情

四、活动时间

2024 年 6 月 8 日至 10 日（端午节期间）

五、活动内容

1. **香氛体验区**：设立专门的香氛体验区，展示鸿蕖香的线香、盘香、香膏、香薰等系列产品，让消费者现场体验不同香氛带来的感受。
2. **香文化讲座**：邀请香文化专家进行现场讲座，介绍香文化的历史、发展及香氛的益处，加深消费者对香文化的了解。
3. **端午文化展览**：准备精美的端午文化展板，展示端午节的传统习俗、历史故事和民间传说。同时，也可以展示一些与端午节相关的手工艺品，如粽子、香包等，让参与者近距离感受传统文化的魅力。
4. **互动游戏**：设置与香氛、端午节相关的互动游戏，如香氛猜谜、粽子DIY等，增强活动的趣味性和互动性。
5. **优惠活动**：推出端午节期间的专属优惠，如满减、折扣等，吸引消费者购买鸿蕖香的香氛产品。

图6-15　活动策划方案的部分效果

一、上传文档并输入写作要求

使用文心一言生成文案的关键在于用户输入的关键词，并且文心一言有不少插件，其中之一便是阅读助手，用户可自行上传文档，平台会自动分析文档内容，并结合输入的关键词生成内容。下面将上传鸿蕖香品牌背景和初步设想的活动内容，用于生成方案，再根据内容拟定关键词，并输入到文本框中，其具体步骤如下。

步骤 01 在 Microsoft Edge 浏览器中搜索文心一言网站，进入官网操作界面，单击文本框内的 插件 按钮，在打开的下拉列表中选择"阅读助手"插件，单击 上传文档 按钮，如图 6-16 所示。

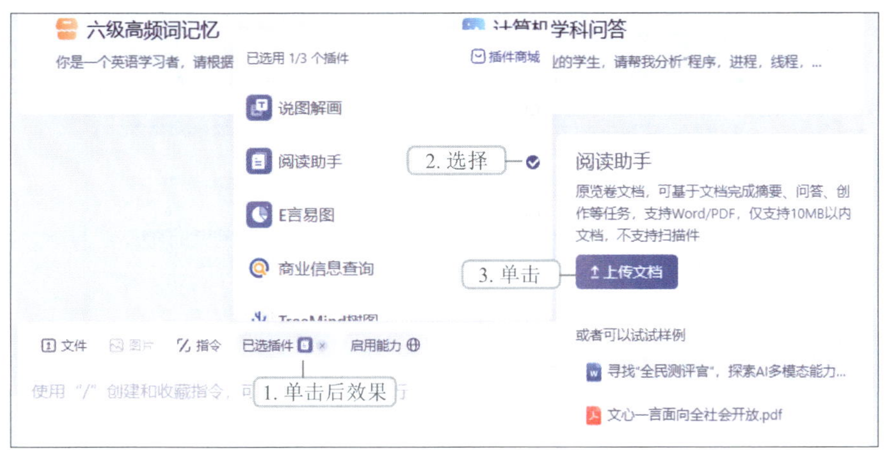

图6-16　上传文档

步骤 02 打开"打开"对话框，选择"鸿蕖香端午活动 .docx"文件（配套资源 :\ 素材文件 \ 项目 6\ 鸿蕖香端午活动 .docx），单击 打开(O) 按钮，等待文件上传完毕后，该文件会出现在文本框内。

步骤 03 在文本框中输入图 6-17 所示的关键词，单击 按钮，文本框内便开始生成活动策划方案，效果如图 6-18 所示。

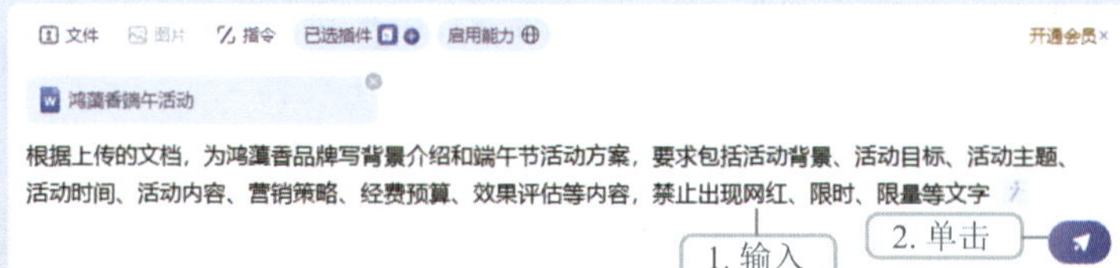

图6-17　输入关键词

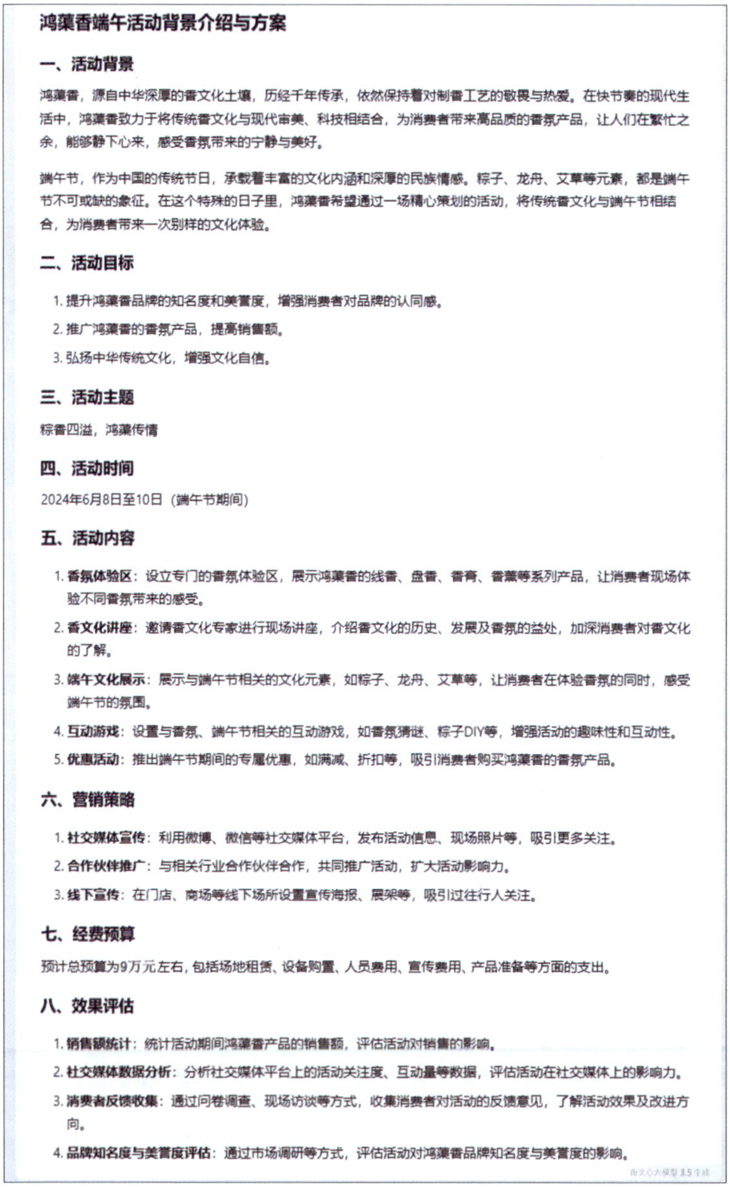

鸿蕖香端午活动背景介绍与方案

一、活动背景

鸿蕖香，源自中华深厚的香文化土壤，历经千年传承，依然保持着对制香工艺的敬畏与热爱。在快节奏的现代生活中，鸿蕖香致力于将传统香文化与现代审美、科技相结合，为消费者带来高品质的香氛产品，让人们在繁忙之余，能够静下心来，感受香氛带来的宁静与美好。

端午节，作为中国的传统节日，承载着丰富的文化内涵和深厚的民族情感。粽子、龙舟、艾草等元素，都是端午节不可或缺的象征。在这个特殊的日子里，鸿蕖香希望通过一场精心策划的活动，将传统香文化与端午节相结合，为消费者带来一次别样的文化体验。

二、活动目标

1. 提升鸿蕖香品牌的知名度和美誉度，增强消费者对品牌的认同感。
2. 推广鸿蕖香的香氛产品，提高销售额。
3. 弘扬中华传统文化，增强文化自信。

三、活动主题

粽香四溢，鸿蕖传情

四、活动时间

2024年6月8日至10日（端午节期间）

五、活动内容

1. **香氛体验区**：设立专门的香氛体验区，展示鸿蕖香的线香、盘香、香膏、香薰等系列产品，让消费者现场体验不同香氛带来的感受。
2. **香文化讲座**：邀请香文化专家进行现场讲座，介绍香文化的历史、发展及香氛的益处，加深消费者对香文化的了解。
3. **端午文化展示**：展示与端午节相关的文化元素，如粽子、龙舟、艾草等，让消费者在体验香氛的同时，感受端午节的氛围。
4. **互动游戏**：设置与香氛、端午节相关的互动游戏，如香氛猜谜、粽子DIY等，增强活动的趣味性和互动性。
5. **优惠活动**：推出端午节期间的专属优惠，如满减、折扣等，吸引消费者购买鸿蕖香的香氛产品。

六、营销策略

1. **社交媒体宣传**：利用微博、微信等社交媒体平台，发布活动信息、现场照片等，吸引更多关注。
2. **合作伙伴推广**：与相关行业合作伙伴合作，共同推广活动，扩大活动影响力。
3. **线下宣传**：在门店、商场等线下场所设置宣传海报、展架等，吸引过往行人关注。

七、经费预算

预计总预算为9万元左右，包括场地租赁、设备购置、人员费用、宣传费用、产品准备等方面的支出。

八、效果评估

1. **销售额统计**：统计活动期间鸿蕖香产品的销售额，评估活动对销售的影响。
2. **社交媒体数据分析**：分析社交媒体平台上的活动关注度、互动量等数据，评估活动在社交媒体上的影响力。
3. **消费者反馈收集**：通过问卷调查、现场访谈等方式，收集消费者对活动的反馈意见，了解活动效果及改进方向。
4. **品牌知名度与美誉度评估**：通过市场调研等方式，评估活动对鸿蕖香品牌知名度与美誉度的影响。

图6-18　初次生成的活动策划方案

二、分析方案并逐步优化

待方案完全生成后，用户应先分析当前方案内容，根据发现的问题逐步优化方案。下面将分析和优化方案，其具体步骤如下。

步骤 01 粗略浏览生成的方案，可发现经费预算相关内容较少，在文本框中输入“请扩写经费预算内容，将场地租赁、设备购置、人员费用、宣传费用、产品准备等方面的经费写清晰，禁止出现网红文字，字数在 200 字左右”文字，单击按钮生成文案，效果如图 6-19 所示。

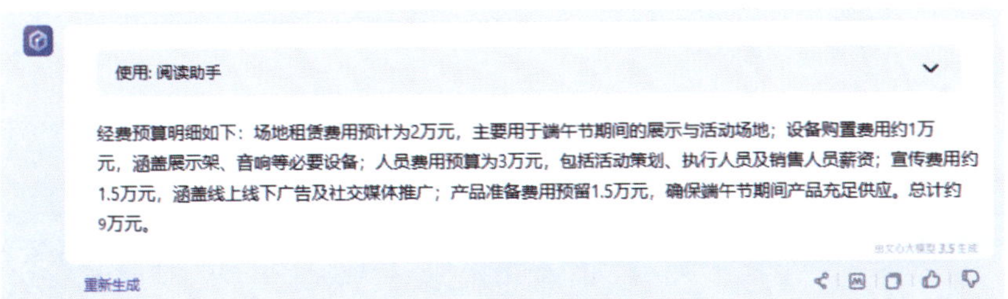

图6-19　优化经费预算内容

步骤 02 解决完经费预算内容的问题后，仔细浏览生成的所有内容，可发现活动背景受上传文档的内容影响，融入了较多品牌背景介绍文字，可将其删除。在文本框中输入“将一、活动背景中关于鸿蕖香品牌介绍的文字去除，只保留鸿蕖香端午节活动背景相关文字”关键词，单击按钮生成文案，效果如图 6-20 所示。

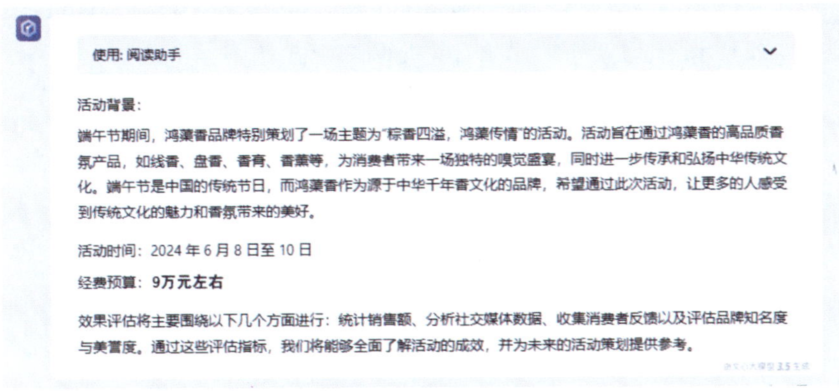

图6-20　优化活动背景内容

步骤 03 此时，可发现除了原诉求得到解决，还额外多生成了一些文字，这些文字可在保存时自行删除。“五、活动内容”中的第 3 条内容提到了展示龙舟，该行为将会花费较多人力、物力，为节约成本，应对其活动内容展开优化。

步骤 04 在文本框中输入“请优化五、活动内容的端午文化展示，不出现花费金钱较多的元素”文字，单击按钮生成文案，效果如图 6-21 所示。此时重新生成的活动方案更贴合诉求，应保留该活动方案。

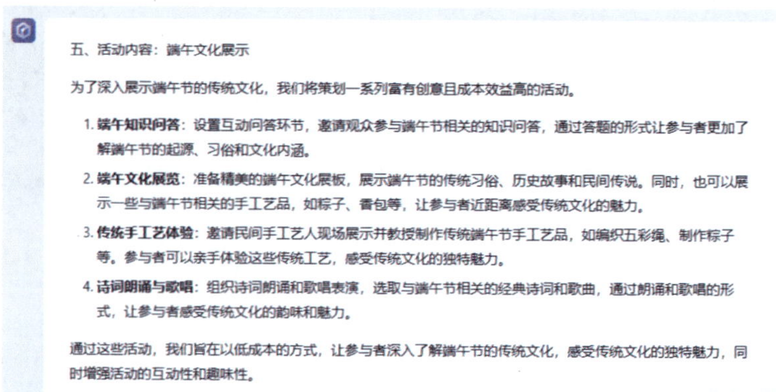

图6-21　优化端午文化展示内容

三、复制与保存文案

当前生成的文案是片段式的，为了保存文案，应使用复制功能将其复制到计算机的粘贴板上，再将其粘贴到要放置活动策划方案的文档中。由于对部分文案内容进行了修改，粘贴文案后需自行替换修改后的内容。下面将新建文案文件，通过“复制内容”按钮保存文案，其具体步骤如下。

步骤01 创建一个“名称”为“活动策划方案”、“格式”为“DOCX”的文件。

步骤02 单击首次生成的文案下方的“复制内容”按钮，页面将显示“复制成功”提示框，如图6-22所示，此时复制的文案在计算机的粘贴板上。

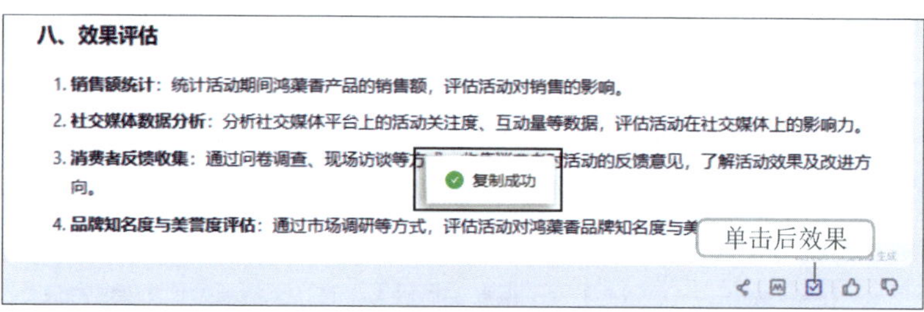

图6-22　复制文案

步骤03 在“活动策划方案”文件中单击鼠标左键插入鼠标光标，按“Ctrl + V”组合键便可将复制的文案连同格式粘贴到该文件中。图6-23所示为复制粘贴的部分活动策划方案。

步骤04 依次将鼠标光标插入“七、经费预算”段落文字后面，然后按照与步骤02相同的方法复制和粘贴优化后的文案。

步骤05 依次选择“一、活动背景”和“五、活动内容：端午文化展示”的段落文字，然后按照与步骤02相同的方法复制和粘贴优化后的文案。最后删除“鸿蕖香端午活动背景介绍与方案”文字，按“Ctrl + S”组合键保存修改后的文件（配套资源 :\ 效果文件 \ 项目 6\ 活动策划方案 .docx）。

一、活动背景

端午节期间，鸿蘩香品牌特别策划了一场主题为“粽香四溢，鸿蘩传情”的活动。活动旨在通过鸿蘩香的高品质香氛产品，如线香、盘香、香膏、香薰等，为消费者带来一场独特的嗅觉盛宴，同时进一步传承和弘扬中华传统文化。端午节是中国的传统节日，而鸿蘩香作为源于中华千年香文化的品牌，希望通过此次活动，让更多的人感受到传统文化的魅力和香氛带来的美好。

二、活动目标

1. 提升鸿蘩香品牌的知名度和美誉度，增强消费者对品牌的认同感。
2. 推广鸿蘩香的香氛产品，提高销售额。
3. 弘扬中华传统文化，增强文化自信。

图6-23　复制粘贴的部分活动策划方案

任务 4　实战——使用创客贴生成手机横版海报

手机横版海报在新媒体领域有着广泛的应用，如在微博、微信、抖音等平台上进行品牌推广活动，发布新产品、促销活动，宣传各类线上线下活动、展览、演出等，以及在行业交流、会议、研讨会等场合进行宣传和展示。手机横版海报的尺寸为 900 像素 ×500 像素，应确保重要信息位于显眼位置，利用对比和重复等手法增强视觉效果。

本实战将为一家名为云亿视界的新闻公司制作手机横版海报，提升该公司的知名度。制作效果如图 6-24 所示。

图6-24　手机横版海报效果

一、选择设计场景生成横版海报

创客贴除了提供海量模板供用户使用，还提供了 AI 设计功能。用户只需选择所需的设计场景，输入关键词，便可轻松生成相应的设计作品。下面将选择“横版海报”设计场景生成横版海报，其具体步骤如下。

选择设计场景生成横版海报

步骤 01 进入“创客贴”官网并登录账号，单击“创客贴 AI”超链接，打开“AI 图文创作平台”页面，再打开“智能设计”页面，选择“横版海报”选项，如图 6-25 所示，进入生成页面。

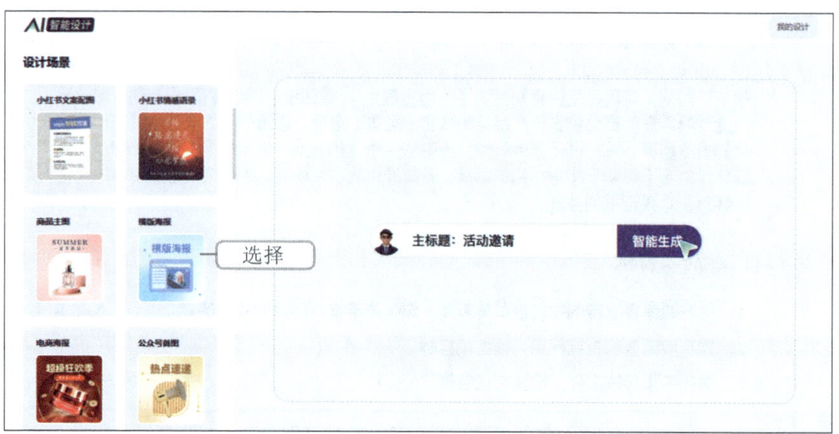

图6-25　打开“智能设计”页面

步骤 02 在“主标题”栏中输入“云亿视界——引领未来”文字，在“副标题”栏中输入“携手云亿视界，共创社会新篇章”文字，单击 智能生成设计 按钮，页面右侧便生成 6 张横版海报。

步骤 03 滚动鼠标滑轮浏览生成的海报，创客贴可以继续生成新海报，通过这种方式直到选出满意的海报，如图 6-26 所示。

图6-26　浏览生成的海报

二、生成素材和背景

选择符合需求的横版海报后，由于所选海报中人物素材与公司定位不符，应将其调整为白领、企业大楼等元素。下面先选择横版海报，再使用 AI 工具生成所需的素材，替换掉原人物素材，同时生成渐变色背景代替原纯色背景，以丰富视觉效果，其具体步骤如下。

步骤 01 通过对比可发现某横版海报标题文字突出，视觉效果较佳，且没有多余的文字内容和二维码，然而人物元素与公司形象不符，需要调整。将鼠标指针移至海报右上角，显示按钮，单击该按钮，进入编辑页面。

步骤 02 单击“AI 工具”按钮，在打开的面板中选择“AI 素材”选项，切换到对应的参数面板，在“文本描述”文本框中输入“白领侧影，穿着西装，黑发”关键词，在“素材类型”栏中选择“职业人物”选项，设置“比例”为“4：3 媒体配图”，在“清晰度”栏中单击 高清 按钮，在“背景”栏中单击 透明背景 按钮，单击 立即生成（消耗2贴贴） 按钮开始生成素材，如图 6-27 所示，效果如图 6-28 所示。

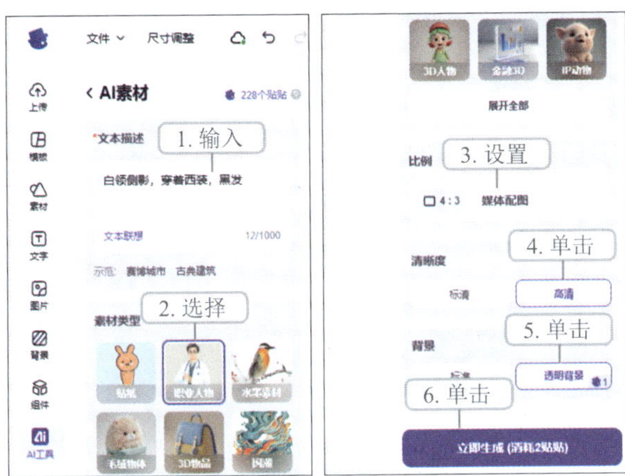

图6-27 设置生成AI素材参数

图6-28 生成AI素材效果

步骤 03 单击生成的图片，将其添加到海报中。若对生成的素材效果不满意，可单击面板底部的 重新生成（消耗2贴贴） 按钮重新生成，也可单击 开启新创作 按钮清除原参数，重新设置参数以生成新的素材。

步骤 04 选择原人物素材，单击 按钮删除素材，如图 6-29 所示。按照相同的方式删除人物周围的书籍和铅笔素材。

图6-29 删除人物素材

步骤 05 按照与步骤 02 相同的方法生成办公用品素材，其中关键词为“办公用品，如笔记本、摄像机、录音笔、翻译机等”，“素材类型”为“扁平插画”，其他参数设置与步骤 02 相同，然后按照与步骤 03 相同的方法将生成的素材添加到海报中，效果如图 6-30 所示。

步骤 06 按照与步骤 04 相同的方法，删除背景图，单击“AI 工具”按钮，在打开的面板中选择“AI 背景”选项，切换到对应的参数面板。在“背景风格”栏中选择“科技数字”选项，在“关键词描述”文本框中输入“蓝色渐变背景，数字和英文，模糊图像的科技风格，互联网元素，数字增强，软边缘和模糊细节”文字，设置张数为“2”，单击 立即生成（消耗4贴贴） 按钮，如图 6-31 所示。

步骤 07 此时“背景风格”栏顶部将出现生成的 2 张 AI 背景图，依次将 2 张图添加到海报中进行对比，可发现使用左侧背景图时整体视觉效果更加和谐，更符合定位，所以选用该图像充当背景图。

图6-30 生成和添加办公用品素材

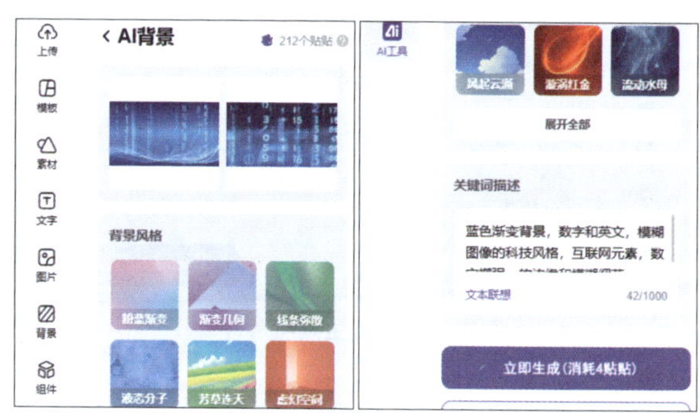

图6-31 设置AI背景

三、编辑海报中的素材

目前，已完成素材的替换操作，可对海报中的素材进行编辑，如调整位置、替换 Logo 等，其具体步骤如下。

步骤 01 由于人物和办公用品素材位于同一位置，需要先将办公用品素材移至标题文字外，方便调整各个素材。选择人物素材，拖曳右下角定界框上的控制点，放大该素材，使其与主标题文字平行，然后调整素材位置。

步骤 02 按照与步骤 01 相同的方法调整其他办公用品素材的大小和位置，效果如图 6-32 所示。

步骤 03 选择海报左上角的 Logo 素材，单击“换图”按钮，在打开的“打开”对话框中选择“云亿视界公司 Logo.png”图像文件（配套资源:\素材文件\项目 6\云亿视界公司 Logo.png），单击 打开(O) 按钮，然后调整图像大小和位置。

步骤 04 选择海报右上角的圆形素材，单击“透明度”按钮，在打开的面板中拖曳滑块设置“不透明度”为“52”，将背景图的数字元素显示出来，效果如图 6-33 所示。

步骤 05 选择背景图，单击“滤镜”按钮，在打开的面板中选择“逆境寻光”选项，如图 6-34 所示。

步骤 06 双击主标题文字，使其呈可编辑状态，删除“——”文字，按“Enter”键使文字保持两排形态。单击 文字特效 按钮，在打开的“字体样式”面板中单击 重置 按钮，去除原文字的黄白渐变，使文字更清晰。单击“间距”按钮，在打开的面板中设置“字间距”为

“74”，如图 6-35 所示。

图6-32　调整其他办公用品素材的大小和位置

图6-33　更换Logo素材并显示背景图的数字元素

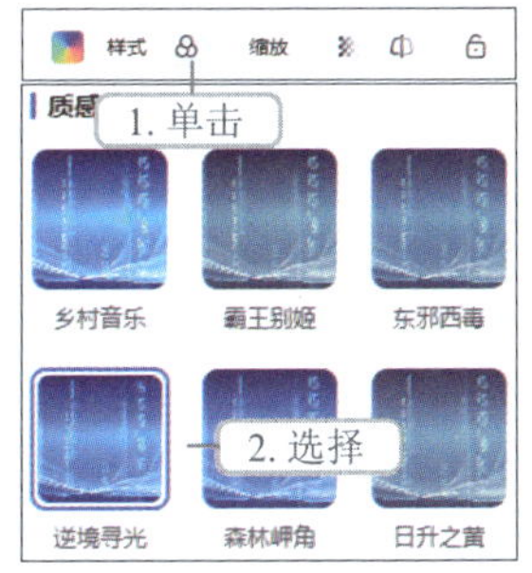

图6-34　添加“逆境寻光”滤镜

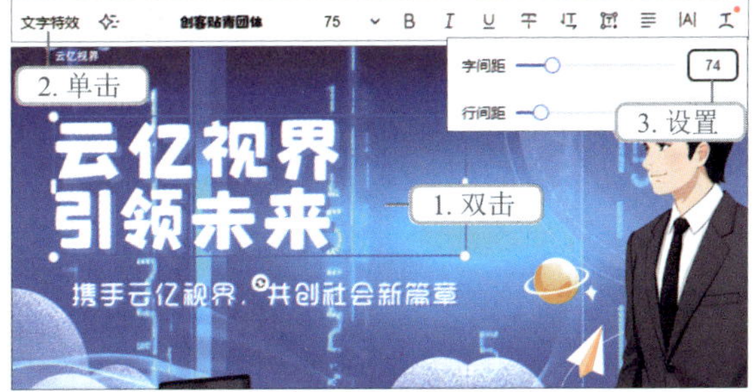

图6-35　编辑文字素材

四、保存和下载手机横版海报

完成横版海报的制作后，便可以将其保存在账号中，并下载到计算机中，以便后续使用，其具体步骤如下。

步骤 01 单击按钮保存文件，打开 文件 下拉按钮，在弹出的面板中单击按钮，使文件名称呈可编辑状态，输入“手机横版海报”文字，如图 6-36 所示。

图6-36　更改保存的文件名

步骤 02 单击 下载 按钮右侧的按钮，在打开的下拉列表中选择“下载到电脑”选项，打开“下载作品”对话框。

步骤 03 在“文件类型”栏中设置“格式”为“JPG”，“尺寸”为“原尺寸”，“压缩”为“原图无压缩”，在“使用类型”下拉列表中选择“个人商业使用”选项，单击 下载 按钮。

步骤 04 等待进度条消失后，浏览器左上角会弹出快捷列表。打开保存位置，然后修改文件名称为“手机横版海报.jpg”（配套资源:\效果文件\项目 6\手机横版海报.jpg)。

任务 5 实战——使用 boardmix 生成思维导图

思维导图是一种运用图文并重的技巧，把各级主题的关系用相互隶属与相关的层级图表现出来，使主题关键词与图像、颜色等建立记忆链接的工具。在新媒体行业中，思维导图能用于制订运营计划、设计运营体系、优化内容策略和提高团队协作效率，使工作更加高效和有序。

本实战将使用 boardmix，以思维导图的形式为曲奇品牌“咔咔脆”制订一份运营计划，以扩大其品牌知名度，提高产品销量，效果如图 6-37 所示。

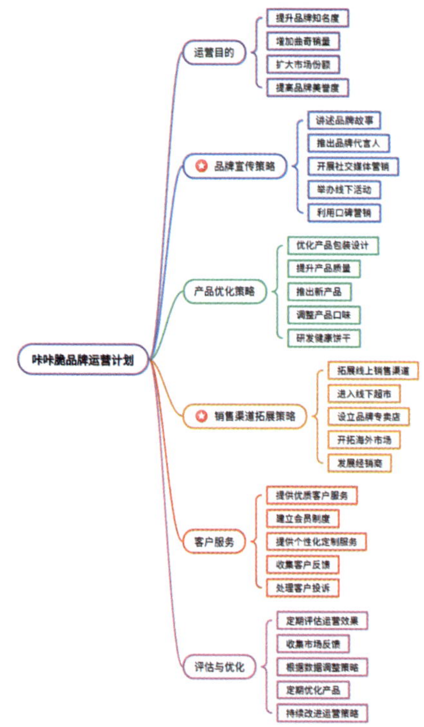

图6-37 思维导图效果

一、输入生成要求

下面将在 boardmix 的 AI 工具操作界面输入生成要求，以制作出符合要求的思维导图，其具体步骤如下。

步骤 01 在 Microsoft Edge 浏览器中搜索并进入 boardmix 网站首页，然后登录账号，单击 进入工作台 按钮进入工作台，在“快速开始”栏

中选择“AI 一键生成模板”选项进入操作界面，接着单击 生成思维导图 按钮进入 AI 思维导图专属界面。

步骤 02 在文本框中输入图 6-38 所示的关键词，单击 > 按钮。

步骤 03 此时，boardmix 自动在该页面的空白区域生成思维导图，拖曳鼠标指针可完整查看生成的思维导图，如图 6-39 所示。

生成思维导图
点数：442 升级
咔咔脆品牌是一家专门制作饼干的品牌，该品牌坚持选用高品质的原材料，严格把控生产流程，致力于为消费者提供独特口感和纯正手工制作的酥脆饼干。现需要为该品牌制订一份运营计划，以提升品牌知名度，增加其主打产品曲奇的销量。请结合品牌定位，以运营目的、品牌宣传策略、产品优化策略、销售渠道拓展策略、客户服务和评估与优化等作为关键节点，每个节点下给出3~5个子节点，生成该品牌的运营计划思路。
2. 单击
1. 输入

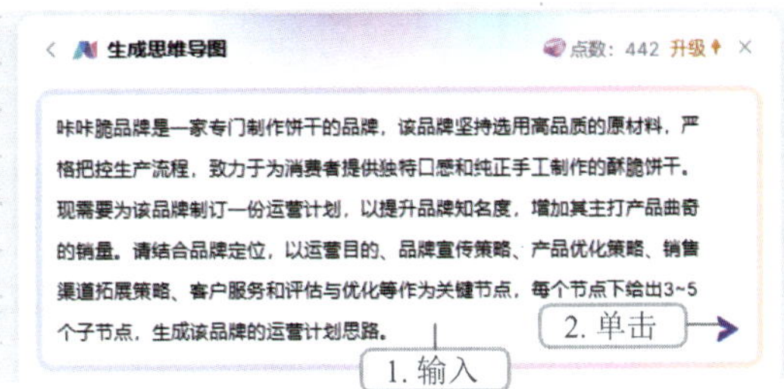

图6-38　输入关键词

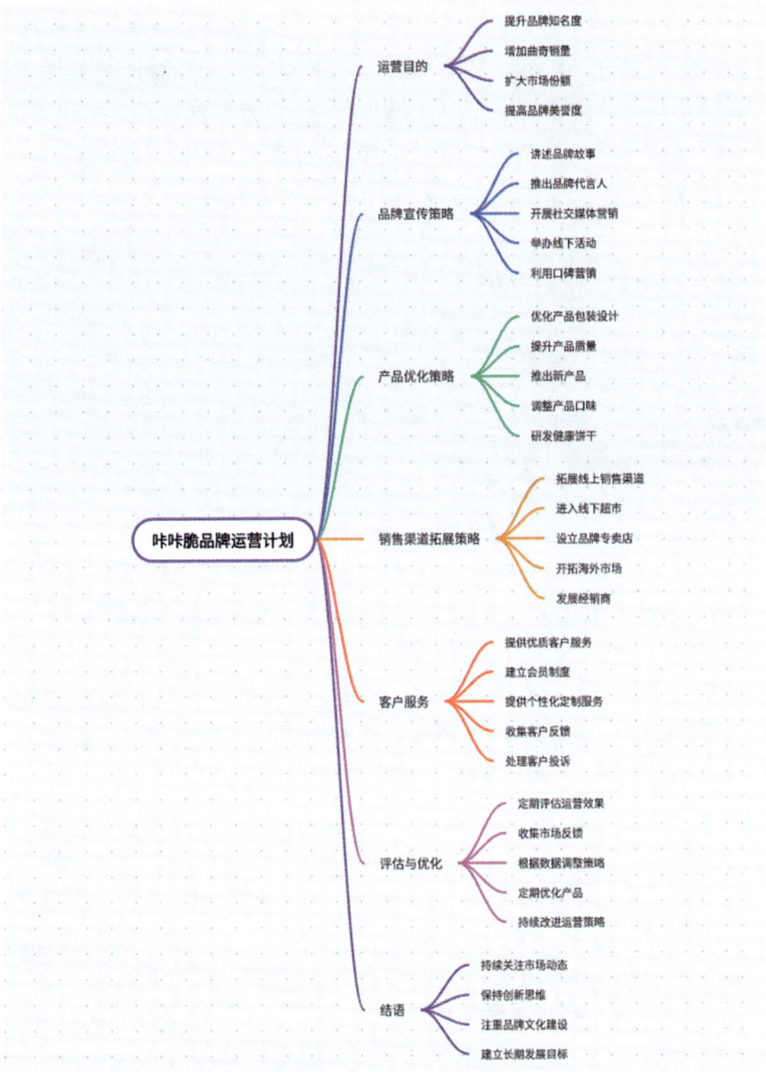

咔咔脆品牌运营计划
运营目的
提升品牌知名度
增加曲奇销量
扩大市场份额
提高品牌美誉度
品牌宣传策略
讲述品牌故事
推出品牌代言人
开展社交媒体营销
举办线下活动
利用口碑营销
产品优化策略
优化产品包装设计
提升产品质量
推出新产品
调整产品口味
研发健康饼干
销售渠道拓展策略
拓展线上销售渠道
进入线下超市
设立品牌专卖店
开拓海外市场
发展经销商
客户服务
提供优质客户服务
建立会员制度
提供个性化定制服务
收集客户反馈
处理客户投诉
评估与优化
定期评估运营效果
收集市场反馈
根据数据调整策略
定期优化产品
持续改进运营策略
结语
持续关注市场动态
保持创新思维
注重品牌文化建设
建立长期发展目标

图6-39　生成的思维导图

二、编辑和下载思维导图

通过观察可发现生成的思维导图多了“结语”大节点，需要将其删除，同时要调整其余大节点的子节点内容和样式，然后下载编辑后的思维导图，其具体步骤如下。

步骤 01 选择“结语”大节点，按“Delete”键将其删除。

经验之谈

> 选择思维导图的某个大节点，单击鼠标右键，在弹出的快捷菜单中选择“仅删除此主题”命令。此时，只会删除所选大节点，子节点会被保留。

步骤 02 选择“运营目的”大节点，单击“边框”按钮，在打开的列表中拖曳“展示边框”滑块，使其呈状态，此时面板下方出现边框参数，其参数设置如图 6-40 所示。

步骤 03 单击“文本样式”按钮，设置“字号”为“18”，如图 6-41 所示。

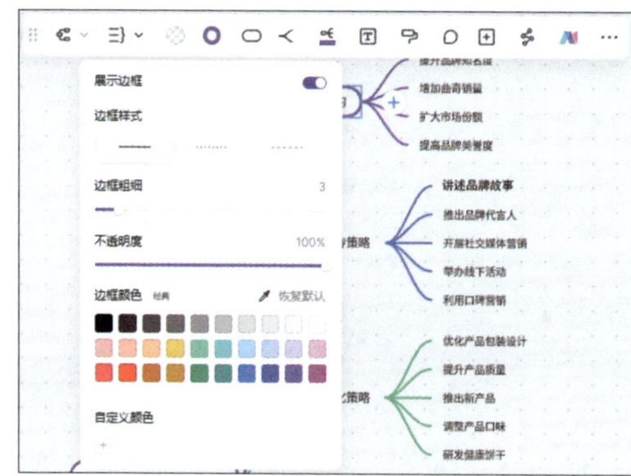

图6-40　设置边框参数

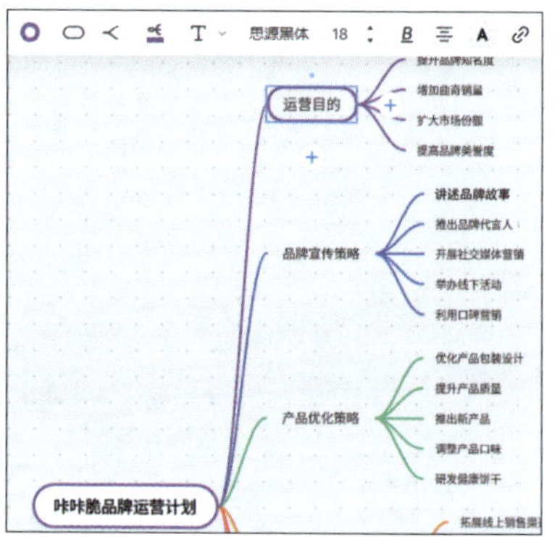

图6-41　设置大节点文字的字号

步骤 04 按照与步骤 03 相同的方法修改“运营目的”大节点的子节点的“字号”皆为“16”，再为其添加边框。

步骤 05 选择“提升品牌知名度”子节点，在显示的按钮栏中单击“修改边框样式”按钮，在打开的面板中选择第一个样式，如图 6-42 所示，效果如图 6-43 所示，此时大节点和子节点在视觉上形成明显的区别。

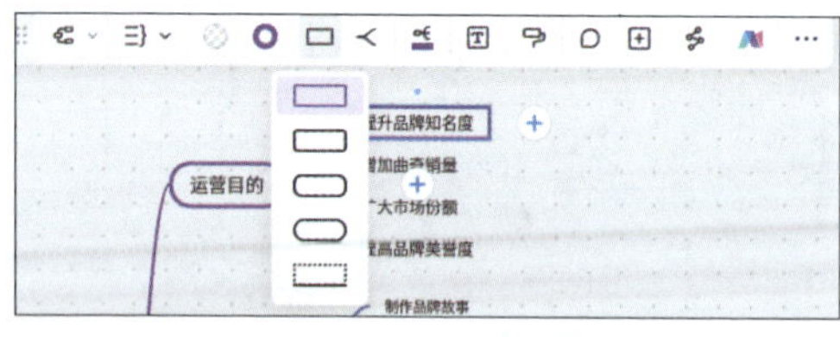

图6-42　设置边框样式

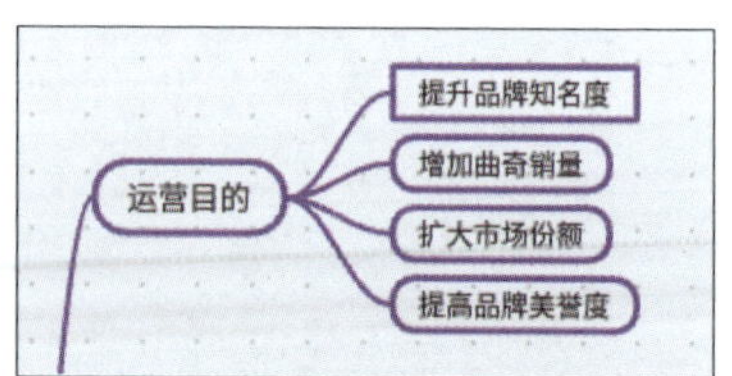

图6-43　修改边框样式的效果

步骤 06 按照与步骤 02 至步骤 05 相同的方法编辑其他大节点和子节点的字号、边框样式。拖曳鼠标框选“运营目的”大节点与其子节点，在显示的按钮栏中单击“分支连接线样式”

按钮 ᐸ，在弹出的面板中选择图 6-44 所示的样式，精简分支连接线的数量，使其样式更加简洁和规整，效果如图 6-45 所示。

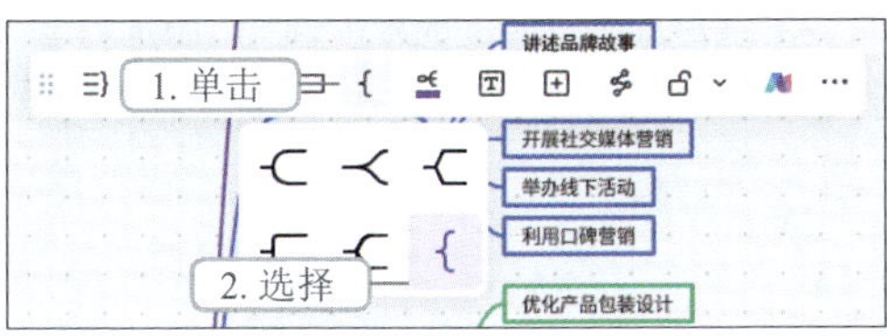

图6-44　设置分支连接线样式

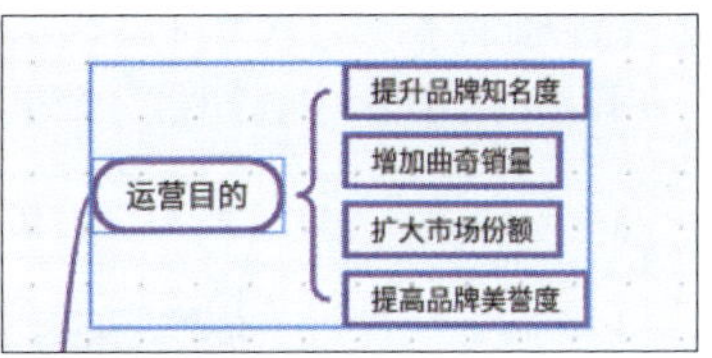

图6-45　修改分支连接线样式的效果

步骤 07 按照与步骤 06 相同的方法编辑其他大节点和子节点的分支连接线样式，效果如图 6-46 所示。

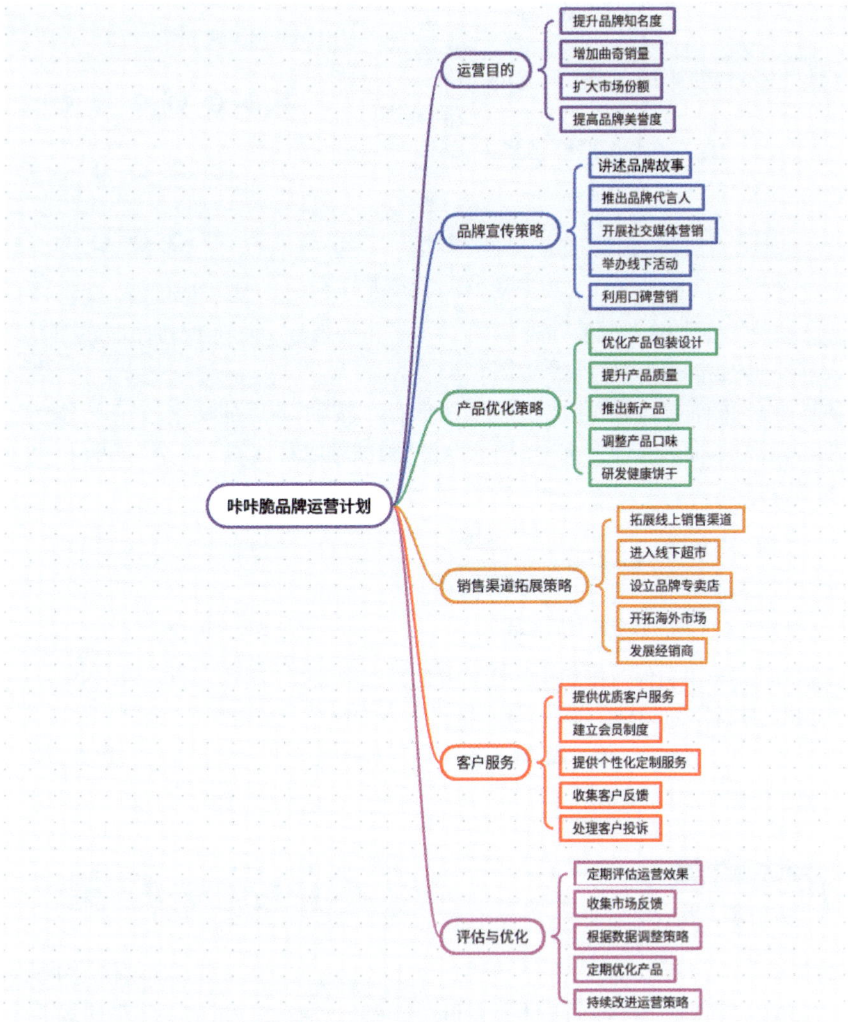

图6-46　编辑分支连接线样式的效果

步骤 08 由于该运营计划的核心是提高品牌知名度和产品销量，因此“品牌宣传策略”“销售渠道拓展策略”大节点的内容比其他大节点的内容更加重要，可添加符号提示重要性。选择“品牌宣传策略”大节点，单击“添加”按钮⊞，在打开的面板中选择“添加符号”选项，在弹出的子面板中选择第一个星形符号，如图 6-47 所示。

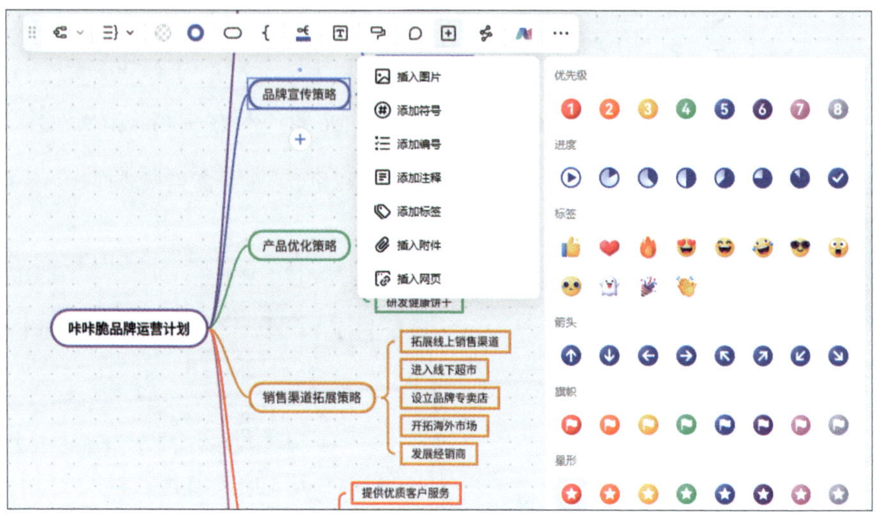

图6-47　添加星形符号

步骤 09 按照与步骤 08 相同的方法为“销售渠道拓展策略”大节点添加相同的符号，表示两个大节点的内容同等重要，效果如图 6-48 所示。

步骤 10 单击页面左上角按钮栏的“实时保存”按钮后的文字，打开“详细信息”对话框，单击“未命名文件”文字，输入“咔咔脆品牌运营计划”文字，如图 6-49 所示，单击 × 按钮。

图6-48　添加星形符号的效果

图6-49　设置文件名

步骤 11 单击“导出文件”按钮，在打开的列表中选择“图片（JPG/PNG/SVG）”选项，打开“导出为图片”对话框，设置“导出格式”为“JPG”，“背景颜色”为“白色底色”，“导出范围”为“全部区域”，单击 导出 按钮便可下载思维导图（配套资源 :\ 效果文件 \ 项目 6\ 咔咔脆品牌运营计划 .jpg）。

拓展知识——AIGC 技术的发展趋势

随着技术的发展，AIGC 已全面融入新媒体商业的各个领域。人们密切关注 AIGC 技术的发展趋势，期待它能继续开启人类发展的新篇章。通过对 AIGC 技术的构成进行分析，我们可以判断其发展正朝着广泛使用大模型、多模态融合及重视技术伦理的方向迈进。

1. 广泛使用大模型

大模型能够捕捉更广泛、更精细的规律和关系，生成更多样化且真实的内容，因而成为 AIGC 技术的核心。国内外众多公司纷纷投入研发，推出了各自的大模型，这些大模型得到了不少企业的广泛应用。例如，蚂蚁科技集团股份有限公司自 2019 年起便投身于大模型的研发，并推出了首款针对垂直行业的大模型产品——以正教育大模型。该产品使得相关教育公司能运用此模型实现因材施教，进一步推动教育变革。

目前，国内外公司仍然坚持研发大模型，预示着在未来 AIGC 技术的发展中，大模型将继续发挥重要的作用。

2. 多模态融合

目前，AIGC 技术的应用主要集中在单个领域。许多 AIGC 平台只能生成单一类型的数据，这是因为这些平台的开发只能依赖一种特定模型，例如生成文字的 ChatGPT、生成图像的 DALL-E。新媒体从业人员在需要生成文字、图像、视频、思维导图等多种数据时，不得不在不同平台之间辗转。

为了解决这个问题，多模态深度学习技术成为 AIGC 领域的一个重要发展方向。该技术通过融合和整合图像、语音、文字等多种数据类型，可以提高 AIGC 系统的识别和理解能力，实现更加智能化和高效的应用。借助多模态深度学习技术，可以期待在未来实现真正意义上的多模态融合，即能够在一个平台上生成多种类型的数据。

3. 重视技术伦理

AIGC 技术的发展具有革命性的意义，然而，它也带来了一系列技术伦理方面的挑战。例如，其运用可能会涉及考试作弊、代写论文、侵犯他人版权和发布骚扰信息等不当行为，这些问题正逐渐引起科学家们的深切关注。

面对这些挑战，AIGC 领域的众多研究人员在将学术研究应用于产业化的过程中，首要任务便是从技术的角度出发，妥善解决潜在技术伦理的难题，以确保科技发展与道德伦理之间的和谐共存，并防范 AIGC 技术被滥用。

因此，在使用 AIGC 技术生成内容时，应该同时实施一系列合理的内容检测机制，以确保生成的内容不被用于有害或非法目的。一旦发现任何不当用途，平台应立即识别并停止提供服务，同时给出警告，甚至联系相关监管机构或执法部门。

课后练习

（1）使用文心一格为“雅翼绘坊”数字绘画教育的微信号生成一张朋友圈封面图，要求封面内容为天鹅，体现展翅高飞的寓意，完成后的效果如图 6-50 所示（配套资源：效果文件 \ 项目 6\ 微信朋友圈封面图 .png）。

提示：先输入“浪漫主义风格，画面为水塘中的天鹅，仰起脖子，张开双翼，看蓝天，明亮光线”关键词，此时可生成两张横图，挑选其中一张图作为参考图，然后修改关键词，输入“水彩画风格、修饰词、艺术家”关键词，再生成两张横图，选择其一，使用“涂抹编辑”功能去除不需要的部分，最后下载并重命名。

图6-50　微信朋友圈封面图效果

（2）使用创客贴为“诚悦读书”App生成一张大暑节气日签，要求尺寸为552像素×980像素，完成后的效果如图6-51所示（配套资源:\效果文件\项目6\日签.jpg）。

提示：输入“主标题、营销文案、主文案和时间”关键词生成日签；挑选插画风格的日签进行高级编辑；使用AI素材工具生成荷花、荷叶、蜻蜓、青蛙等素材，将其添加到日签的底部区域，丰富视觉效果；再设置文字的文本特效、投影、行距等参数，提升识别度。

图6-51　日签效果

（3）使用“文心一言”生成“特屿森”家具品牌的“植树节”活动策划方案，完成后的部分效果如图6-52所示（配套资源:\效果文件\项目6\“植树节”活动策划方案.txt）。

提示：首先输入“根据上传的文档，为特屿森品牌的植树节活动制作一个策划方案，要求包括活动背景、活动目标、活动主题、活动时间、活动内容、营销策略、经费预算、效果评估等内容，禁止出现网红、限时等敏感字词，活动内容需要具体”关键词，使用阅读助手上传文件（配套资源:\素材文件\项目6\“植树节”活动初设.txt），根据生成内容逐步优化，复制和粘贴所需的内容。

（4）使用boardmix生成一份关于成都旅行攻略的思维导图，完成后的效果如图6-53所示（配套资源:\效果文件\项目6\“五天四晚”成都旅行拍摄计划.jpg）。

提示：首先输入“生成‘五天四晚’成都旅行拍摄计划的思维导图，要求按照每一天的行程划分思维导图内容，景点主要为成都市区、都江堰、青城山，美食为当地特色食物”文字，生成思维导图后，根据“旅行攻略计划.txt”文件（配套资源:\素材文件\项目6\旅行攻略计划.txt）和“插入子主题”命令新建节点，修改各个大节点和小节点的内容；

接着显示和美化边框样式，最后下载为图片。

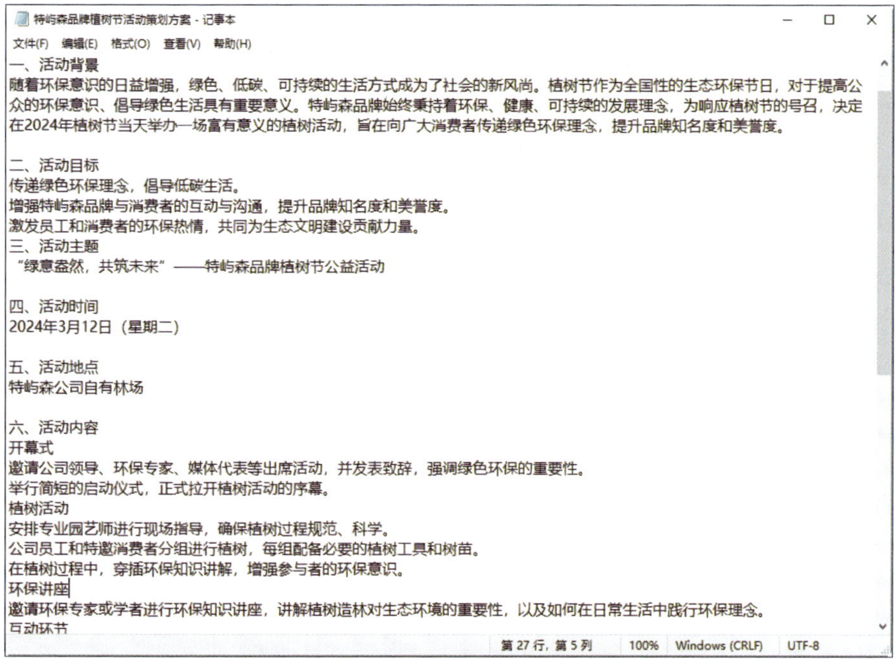
特屿森品牌植树节活动策划方案 - 记事本

文件(F) 编辑(E) 格式(O) 查看(V) 帮助(H)

一、活动背景
随着环保意识的日益增强，绿色、低碳、可持续的生活方式成为了社会的新风尚。植树节作为全国性的生态环保节日，对于提高公众的环保意识、倡导绿色生活具有重要意义。特屿森品牌始终秉持着环保、健康、可持续的发展理念，为响应植树节的号召，决定在2024年植树节当天举办一场富有意义的植树活动，旨在向广大消费者传递绿色环保理念，提升品牌知名度和美誉度。

二、活动目标
传递绿色环保理念，倡导低碳生活。
增强特屿森品牌与消费者的互动与沟通，提升品牌知名度和美誉度。
激发员工和消费者的环保热情，共同为生态文明建设贡献力量。
三、活动主题
“绿意盎然，共筑未来”——特屿森品牌植树节公益活动

四、活动时间
2024年3月12日（星期二）

五、活动地点
特屿森公司自有林场

六、活动内容
开幕式
邀请公司领导、环保专家、媒体代表等出席活动，并发表致辞，强调绿色环保的重要性。
举行简短的启动仪式，正式拉开植树活动的序幕。
植树活动
安排专业园艺师进行现场指导，确保植树过程规范、科学。
公司员工和特邀消费者分组进行植树，每组配备必要的植树工具和树苗。
在植树过程中，穿插环保知识讲解，增强参与者的环保意识。
环保讲座
邀请环保专家或学者进行环保知识讲座，讲解植树造林对生态环境的重要性，以及如何在日常生活中践行环保理念。
互动环节

第 27 行，第 5 列 100% Windows (CRLF) UTF-8

图6–52 “植树节”活动策划方案的部分效果

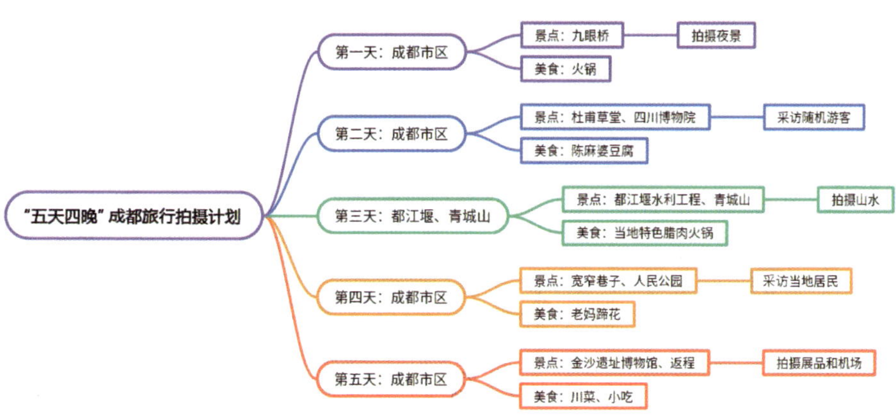

图6–53 “五天四晚”成都旅行拍摄计划思维导图效果

项目7
新媒体数据分析

在新媒体时代,数据已经成为重要的资源。它不仅是分析用户心理、需求及行为习惯等的重要依据，还是推动新媒体技术发展的动力。掌握数据分析的常用方法和工具，可以帮助新媒体从业人员更好地进行平台运营、调整新媒体营销方案等。

【知识目标】

- 掌握数据分析的作用、基本步骤及常用方法和工具。
- 掌握分析微信公众号数据的方法。
- 掌握分析微博数据的方法。
- 掌握分析抖音数据的方法。

【能力目标】

- 能够自主完成微信公众号数据的分析。
- 能够自主完成微博数据的分析。
- 能够自主完成抖音数据的分析。

【素养目标】

- 在分析数据时保持细致严谨的作风。
- 正确看待数据分析工具，合理使用 AIGC 赋能新媒体数据分析。

7

任务 1 数据分析的基础知识

新媒体数据分析是指有针对性地收集、加工和整理新媒体相关数据，并运用恰当的分析方法对数据进行深入剖析，从中提取出有价值的信息并形成明确的结论，以便优化营销策略和运营决策的一项系统性的工作。为了准确分析数据并获得有益的信息，新媒体从业人员需要掌握数据分析的基础知识，包括数据分析的作用、基本步骤、常用方法及常用工具。

一、数据分析的作用

新媒体数据直观地反映了新媒体营销和运营的质量，新媒体从业人员分析这些数据不仅有助于其调整营销方向、控制成本，还有助于调整和评估营销方案。

- 调整营销方向。通过分析各大新媒体平台的数据，新媒体从业人员可以获取精准的用户需求，判断新媒体内容和活动的推广效果等，从而预测和调整营销方向。
- 控制成本。新媒体营销和运营需要花费一定的成本。通过数据分析，新媒体从业人员可以获知目标用户的分布城市、活跃时间、常用新媒体平台和终端等，从而更精准地投放广告，以控制成本。
- 调整和评估营销方案。营销方案是对新媒体营销和运营项目的整体规划，在实际的实施过程中，会因某些因素的变化而产生偏差，此时新媒体从业人员需要分析相关的数据来适时调整方案，以确保工作顺利进行。

二、数据分析的基本步骤

新媒体数据分析通常分为以下 5 个步骤。

（1）设定目标。明确的数据分析目标有助于提升数据分析的有效性。新媒体从业人员可以先罗列需要解决的具体问题，然后以解决该问题为目的提炼分析目标。例如，问题是“抖音账号粉丝增长缓慢”，需要找到造成该问题的原因，那么数据分析目标可以设定为“寻找抖音账号运营中的错误环节”。

（2）挖掘数据。新媒体从业人员需要罗列出与分析目标相关的数据，然后使用一定的工具和方法获取数据。

（3）数据处理。在数据挖掘环节中获取的数据通常无法直接使用，需要新媒体从业人员对数据进行处理和加工，清除与目标内容相关性不大的数据，修正异常数据，合并重复出现的数据，甚至使用一定的计算公式得出更加准确有效的数据。

（4）数据分析。新媒体从业人员需要使用合适的分析方法分析处理后的数据，找出数据背后的规律。

（5）数据总结。数据总结是对分析结果的总结，新媒体从业人员需要根据数据分析的结果找到原因，并进行趋势预测、效果评估或规律呈现等。

三、数据分析的常用方法

数据分析的常用方法有以下 6 种。

1. 对比分析法

对比分析法是将实际数据与设定目标相关的指标数据进行对比，通过二者之间的差异了解营销与运营的效果。例如，开展微信公众号活动的目标是获取超 2000 名新粉丝，相关指标数据是新增粉丝数量，实际新增粉丝数量是 1500 人，与目标指标数据相比，新增粉丝数量未达标。

2. 帕累托分析法

帕累托分析法认为在某个事件里，20% 的主要因素会产生 80% 的影响。例如，店铺 80% 的销售额往往依赖于 20% 的产品，20% 的客户往往会带给店铺 80% 的利润等。帕累托分析法重点关注 20% 的部分，如果这 20% 是客户，则需要对这部分客户做到重点维护；如果这 20% 是产品，则需要以这些产品为核心进行重点布局、升级等操作。

3. 聚类分析法

聚类分析法也称群分析法、点群分析法等，是指按照一定的方法把存在各种差异的事物按照某些方面的相似性聚合成几类，并以此分析每一类的方法。聚类的类与类之间的差异较大，而每一聚合类中事物的差异又较小。

聚类分析法在新媒体数据分析中的常见应用是进行客户画像分析，即通过客户的基本特征和消费行为刻画出每一类别客户群体的特征，从而分析出店铺和产品更受哪些客户青睐等。

4. 漏斗分析法

漏斗分析法也称流程分类法，是按照事物的流程分析数据的一种方法。漏斗分析法常用于分析转化效果。例如，分析某产品的转化率，需要根据该产品的浏览量、点击量、下单量、支付量等数据进行漏斗分析，如图 7-1 所示；分析流量的转化率，需要根据用户获取、激活、留存、盈利、推荐等环节的用户数量进行漏斗分析。

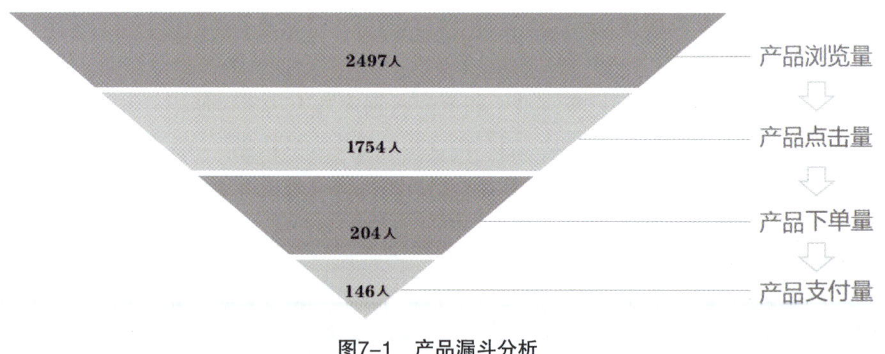

图7-1 产品漏斗分析

5. 描述统计分析法

描述统计分析法是运用各种计算方法，借助图表、图形等工具描述数据中的集中趋势、离散趋势、偏度、峰度等特征的方法。描述统计分析法的常用指标有平均数、标准差、中位数、众数等。

- 平均数。平均数是一组观测值的总和除以观测数，反映这一组观测值的集中趋势。
- 标准差。标准差反映一组观测值的变异量大小。
- 中位数。中位数是一组观测值中间的那个数值。观测个数为 n，如果观测个数是偶数，则中位数是第 n/2 和 (n+2)/2 的平均值；如果观测个数是奇数，则中位数是第 (n+1)/2 个观测值。
- 众数。众数是一组观测值中出现次数最多的观测值，它可以作为观测值中趋势的估计值。

6. 回归分析法

回归分析法指利用数据统计原理，对大量统计数据进行数学处理，确定因变量与自变量的关系，并根据这个关系建立一个合理的回归方程，利用该方程预测今后自变量变化会导致因变量产生哪些变化的分析方法。

回归分析法注重因果分析思维，即先根据事物发展变化的结果，寻找可能影响该结果的原因，再利用数据验证这种因果关系。例如，产品销售额是结果，而影响销售额的因素有很多，包括广告投入力度、品牌影响力、产品质量、促销活动、定价、竞争对手强弱等，将这些因素进行量化就会形成销量模型，然后采集相关数据，构建数学模型，再在实践中不断检验数学模型是否合理，或者优化相关的数据指标、系数等，从而帮助店铺提高销售额。

经验之谈

具体分析时，有时会综合使用多种不同的数据分析方法，以做到全面分析。例如，综合使用对比分析法和回归分析法时，先使用对比分析法分析目标是否达成，然后使用回归分析法分析造成这种结果的原因，找到问题根源。

四、常用的数据分析工具

在分析数据时，经常会用到数据分析工具进行辅助分析，如新媒体平台的数据中心、新榜、飞瓜数据、蝉妈妈等。

1. 新媒体平台的数据中心

新媒体平台会自动收集平台营销和运营数据，包括账号数据、内容数据、粉丝数据等，并以图表的形式进行可视化呈现，方便新媒体从业人员查看分析结果。这些数据通常保存在“数据中心”板块中（各平台具体名称不同，一般带“数据”二字）。

2. 新榜

新榜是以数据为驱动的内容产业服务平台，提供了当前比较主流的新媒体平台的数据，如公众号、视频号、小红书、抖音、微博等。按照不同的类型，新榜提供了指数榜、涨粉榜、话题榜、飙升榜等，并在每个榜单中按照日榜、周榜和月榜排列数据，如图 7-2 所示。

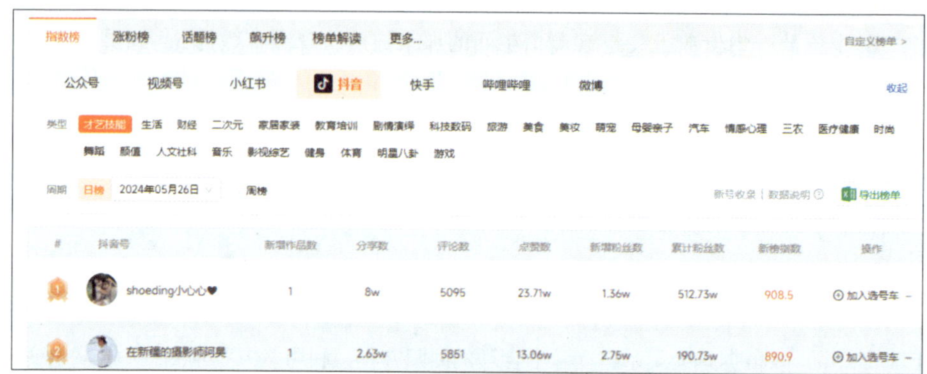

图7-2 新榜“日榜”页面

3. 飞瓜数据

飞瓜数据提供抖音、快手等新媒体平台的数据，是短视频领域比较权威的数据分析工具，图 7-3 所示为飞瓜数据首页。飞瓜数据依托大数据和 AI 智能系统，可帮助新媒体从业人员进行产品分析、精品调研、消费者分析等，辅助决策和广告投放、定制数据分析报告等，从而实现社交媒体平台的全链路贯通。

图7-3 飞瓜数据首页

4. 蝉妈妈

蝉妈妈是一款内容营销与电商增长数智分析平台，提供了抖音分析平台、蝉小红（小红书数据分析平台）、蝉魔方（电商数据分析）、蝉管家（直播运营管理）等数据分析工具，可以帮助新媒体从业人员快速进行产品分析，提高直播和短视频的带货效率。

任务 2　实战——分析微信公众号数据

微信公众号是重要的营销与运营渠道，通过分析微信公众号的数据，新媒体从业人员可以知晓公众号的运营效果、文章的推送效果等。本实战将分析微信公众号“新媒有观”的运营数据，包括内容数据、用户数据、菜单数据和消息数据，综合评估账号的运营质量。

一、分析内容数据

微信公众号内容数据主要包括全部图文的总览数据和单篇图文的详情数据，新媒体从业人员通过分析这些数据，可以知晓公众号内容是否存在问题。登录微信公众平台，进入微信公众平台首页，在左侧列表中选择“数据”/“内容分析”选项，可打开内容分析页面，查看内容数据。

1. 分析全部图文数据

图文数据的分析主要是对内容的阅读数据进行分析，包括数据趋势和流量来源，从而了解内容的质量、用户的活跃时间段和用户主要来源渠道，以便后期优化数据，其具体步骤如下。

步骤 01 查看并分析阅读日趋势数据。在内容分析页面滑动鼠标滚轮，来到“流量分析”面板，默认“数据指标”为“阅读”，“数据时间”为“日趋势”，如图 7-4 所示。由图可知，31 日内，内容阅读数据波动较大，其中，5 月 9 日、5 月 15 日和 5 月 23 日的阅读次数和阅读人数较多，而阅读数据与选题质量相关性强，说明这 3 天的内容质量较高，选题符合目标用户的喜好。相反，5 月 1 日、5 月 12 日、5 月 26 日的内容质量不高，选题不符合用户的喜好。

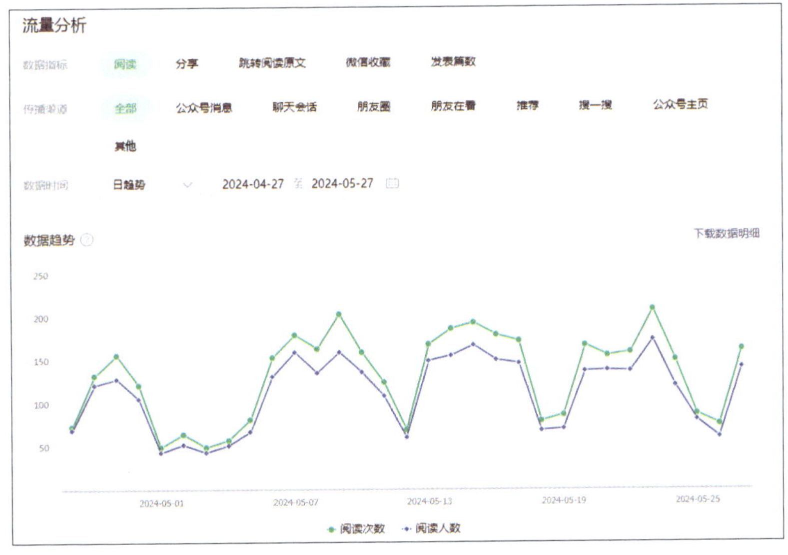

图7-4　阅读日趋势数据

步骤 02 查看并分析流量来源。滑动鼠标滚轮，来到“流量来源”面板，查看近 31 日流量来源，如图 7-5 所示。通过流量来源可以推测出用户在哪个渠道阅读公众号文章。由图可知，用户多来源于两个渠道——搜一搜和公众号消息，这是两个优质流量渠道。其中，朋友圈带来的流量占比非常低，说明内容的热度较低。

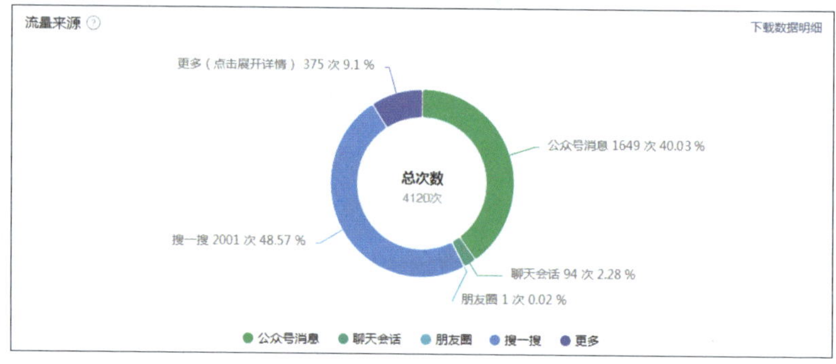

图7-5 流量来源数据

经验之谈

流量来源中，公众号消息指的是文章在选定的时间内通过微信公众号推送、预览、手动回复等获得的阅读次数；搜一搜指的是文章通过微信搜索→搜索结果→文章路径获得的阅读次数；聊天会话指的是将文章转发给微信好友或转发到微信群获得的阅读次数；朋友圈指的是将文章转发到朋友圈后文章获得的阅读次数，反映文章的热度。

步骤 03 查看并分析阅读小时趋势数据。回到“流量分析”面板，重新设置“数据时间”为“小时趋势”，查看 5 月 25 日、5 月 27 日的阅读小时趋势数据，如图 7-6 所示。阅读小时趋势反映出用户的活跃时间段。由图可知，不管是 5 月 25 日还是 5 月 27 日，用户的活跃时间段都是主要集中在 8：00—11：00、13：00—17：00 两个时间段，可以得出在这两个时间段发布内容更容易获得较多的阅读次数和阅读人数。

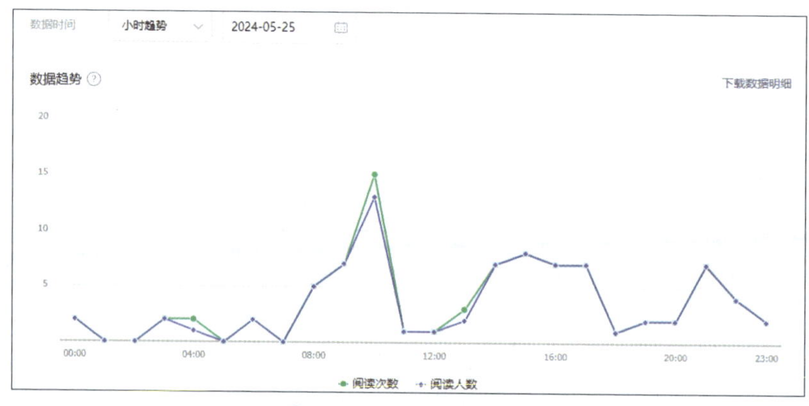

图7-6 阅读小时趋势数据

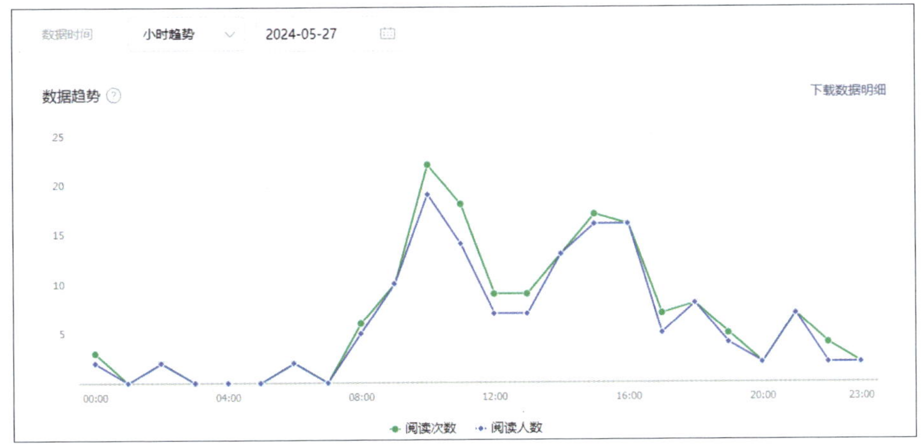

图7–6　阅读小时趋势数据（续）

2. 分析单篇图文数据

选择近 7 日内一篇内容质量差的文章（如 5 月 26 日的文章），查看文章的送达转化率和分享转化率，分析文章的传播效果，找出文章出现问题的原因，其具体步骤如下。

步骤 01 查看内容质量差的文章的数据。滑动鼠标滚轮，来到页面末尾列表，单击 5 月 26 日文章对应的"详情"超链接，打开该文章的详情页面。

步骤 02 查看文章的送达转化率和分享转化率。在"送达转化"面板中查看送达转化率，在"分享转化"面板中查看分享转化率，如图 7–7 所示。由图可知，该篇文章的送达转化率（该公众号合格指标为 3%）低，首次分享转化率为 0%，表明该文章的传播效果非常差，用户不愿意打开文章，也不愿意分享文章。

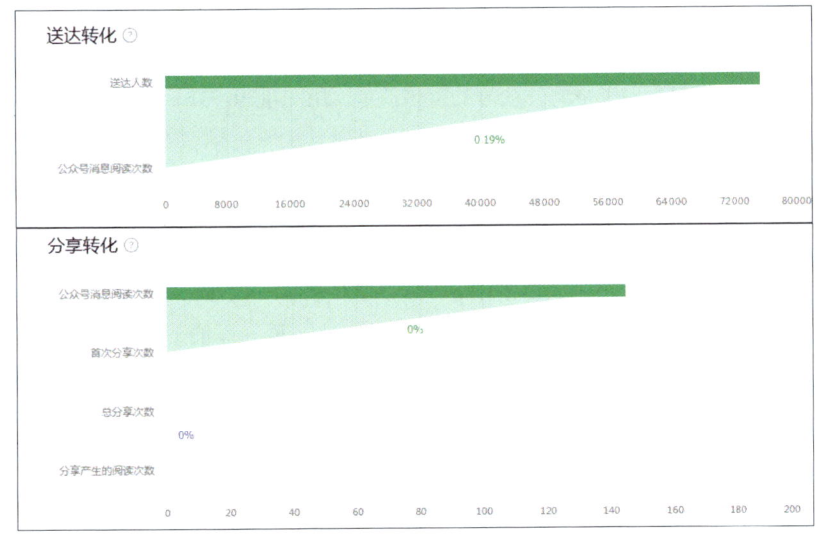

图7–7　查看送达转化率和分享转化率

经验之谈

送达转化率 = 公众号消息阅读次数 ÷ 送达人数 ×100%，反映的是文章的打开效果。首次分享转化率 = 首次分享次数 ÷ 公众号消息阅读次数 ×100%，反映的是文章受喜爱的程度。

步骤 03 采用回归分析法分析问题成因。造成文章传播效果差的原因主要有：选题不符合用户喜好、标题设计不够好、流量渠道选择不当、内容未结合热点、文章封面图不符合用户喜好、发布时间选择不当等。一般来说，同一微信公众号每天文章的发布时间、流量渠道都差不多，因此排除这两个因素。用户在第一时间看到的是文章的标题和封面，而标题会体现选题及内容与热点的结合情况，这两者都反映出用户的喜好。此时需要与其他数据好的文章进行对比，如果封面风格差不多，则排除该因素；如果标题同样使用了合适的写作技巧，则排除该因素；如果数据好的文章也未结合热点，则排除该因素，说明问题出在选题身上，需要根据用户的喜好重新选择选题，再设计内容。

二、分析用户数据

微信公众号的用户数据主要包含两部分：用户增长数据和用户属性数据。通过分析这些数据，新媒体从业人员可以获知微信公众号的运营质量和目标用户。

1. 查看并分析用户增长数据

打开用户分析页面，查看和分析用户增长的数据趋势和渠道构成，了解微信公众号的整体质量和推广效果，其具体步骤如下。

步骤 01 查看用户增长数据。选择“数据”栏中的“用户分析”选项，打开用户分析页面。

步骤 02 查看并分析用户增长的数据趋势。滑动鼠标滚轮，移动到“数据趋势”面板，默认“数据指标”为“新增关注”、“传播渠道”为“全部来源”，查看数据趋势，如图 7-8 所示。新增关注用户数直接反映了微信公众号的整体质量。由图可知，31 日内，该微信公众号的新增关注用户数整体波动不是特别大，基本维持在每日 4 ～ 6 人，说明该微信公众号的整体质量还不错。5 月 7 日是一个高峰，新增关注用户数 12 人，相对于日常数据有明显上升，说明该日的内容用户喜欢或推广效果比较好。5 月 25 日无新增关注用户数，低于日常数据，说明该日的推广可能存在问题。

步骤 03 查看并分析用户增长的渠道构成。滑动鼠标滚轮，移动到“渠道构成”面板，查看新增关注用户的来源渠道，如图 7-9 所示。单击“点击展开详情”超链接，查看更多新增关注用户的来源渠道，如图 7-10 所示。用户增长的渠道构成反映出微信公众号用户的来源渠道和内容推广的有效性。由图可知，新增关注用户 83.57% 来源于扫描二维码，而二维码引导关注的方式多种多样，包括微信公众号互推、文章末尾的引导关注、活动海报宣传等，说明该微信公众号在使用二维码引导关注这一方面做得较好。此外，部分新增关注用户来源于文章页关注和搜一搜，前者说明文章的内容对用户比较有价值，后者说明该微信公众号有一点知名度但不多，或者广告宣传有一些效果但不够精准或力度不够，需要加大在微信内的推广力度，提高微信公众号的搜索率。

图7-8　用户增长的数据趋势

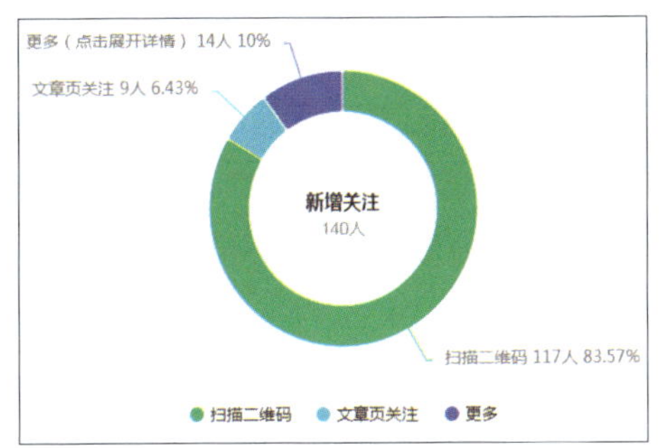

图7-9　新增关注用户的来源渠道

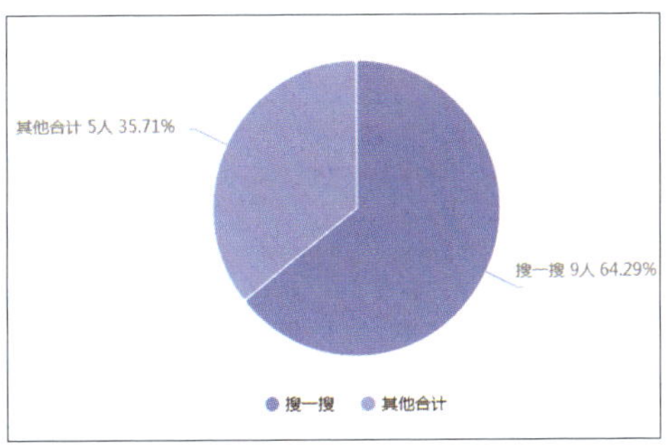

图7-10　更多新增关注用户的来源渠道

经验之谈

渠道构成中，搜一搜带来的新增关注用户占比在40%及以上，说明微信公众号的知名度较高或广告宣传比较到位；如果文章页关注带来的新增关注用户较多，则表明文章内容对用户而言比较有价值。

2. 查看并分析用户属性数据

用户属性数据主要包括人口特征、地域归属、访问设备，通过分析这些数据，新媒体从业人员可以确定微信公众号的目标用户，以便制定有针对性的运营策略，其具体步骤如下。

步骤01 查看并分析人口特征数据。在用户分析页面单击“用户属性”选项卡，查看用户的性别分布和年龄分布，如图 7-11 所示。由图可知，该微信公众号的女性用户占比较高，18 岁到 45 岁的用户占比较高。

性别	用户数	占比
女	43,594	57.47%
男	32,173	42.42%
未知	84	0.11%

年龄	用户数	占比
26岁到35岁	37,536	49.49%
36岁到45岁	18,912	24.93%
18岁到25岁	13,256	17.48%
46岁到60岁	5,432	7.16%
60岁以上	419	0.55%
18岁以下	215	0.28%
未知	81	0.11%

图7-11 人口特征数据

步骤02 查看并分析地域归属数据。单击“用户属性”选项卡中的“地域归属”超链接，查看用户的地域归属数据，如图 7-12 所示。由图可知，该微信公众号的用户主要来自广东省，其次是河南省、江苏省、山东省、四川省、湖北省和浙江省，这 7 个省的用户总量占比过半。

步骤03 查看并分析访问设备数据。单击“用户属性”选项卡中的“访问设备”超链接，查看用户的访问设备数据，如图 7-13 所示。由图可知，该微信公众号的用户多使用 Android 终端设备。

地域	用户数	占比
广东省	11,134	14.81%
河南省	5,777	7.69%
江苏省	5,380	7.16%
山东省	4,574	6.09%
四川省	3,935	5.24%
湖北省	3,666	4.88%
浙江省	3,427	4.56%

图7-12 地域归属数据

终端	用户数	占比
Android	53,179	70.11%
iPhone	22,549	29.73%
未知	122	0.16%
Wp7	1	0.00%

图7-13 访问设备数据

步骤04 确定目标用户。由上述分析结果可知，该微信公众号的目标用户是：18 岁到 45 岁，生活在广东省、河南省、江苏省、山东省、四川省、湖北省和浙江省，使用 Android 终端设备的女性用户。

三、分析菜单数据

微信公众号的菜单数据主要是指菜单栏的相关数据。菜单栏是微信公众号提供服务的关键渠道，新媒体从业人员通过分析相关数据，如菜单点击次数、菜单点击人数、人均点击次数，可以知晓菜单栏的设置是否合理，以便后期调整优化，从而更好地为用户提供服务，其具体步骤如下。

1. 查看并分析菜单点击次数

菜单点击次数是指菜单被用户点击的次数，新媒体从业人员在分析该数据时，需要先分析一级菜单的点击次数，再分析二级菜单的点击次数，以了解用户感兴趣的内容是什么，其具体步骤如下。

步骤 01 查看菜单点击次数。选择“数据”栏中的“菜单分析”选项，打开菜单分析页面。滑动鼠标滚轮，来到“菜单点击次数”面板，查看“最近 30 天”各级菜单被用户点击的次数，如图 7-14 所示。

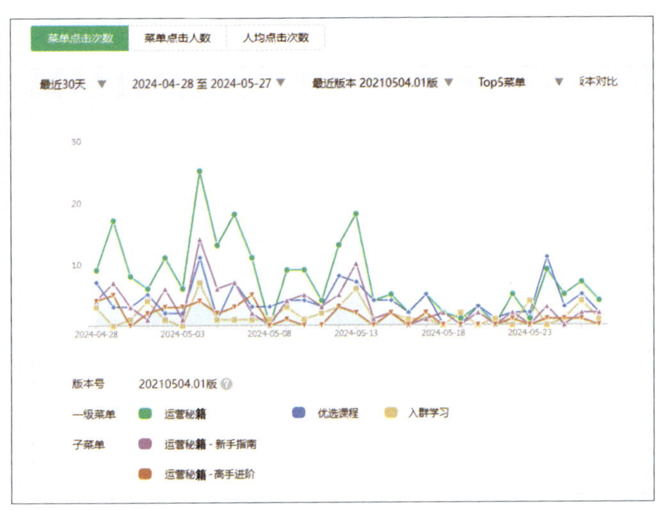

图7-14　菜单点击次数

步骤 02 分析菜单点击次数。由图可知，在一级菜单中，“运营秘籍”被点击的次数最多，但其点击次数从 5 月 14 日开始大幅下降；“优选课程”的点击次数中等，但在 5 月 14 日开始与“运营秘籍”的点击次数基本持平，甚至部分时日超过“运营秘籍”的点击次数；“入群学习”的点击次数最低，甚至部分时日没有点击次数。从数据可知，用户更专注于直接获取的新媒体运营知识和技巧，对社群缺乏兴趣，如果想要菜单的设置更为合理，可将内容更改为用户更感兴趣的，或在该菜单名称中添加入群的利益点，如“入群免费领资源”。在二级菜单中，“运营秘籍 - 新手指南”的点击次数明显高于“运营秘籍 - 高手进阶”的点击次数，说明大部分用户是初入新媒体运营领域的新手，而非专业人士，因而更关注入门级基础知识。同时，考虑到一级菜单中优选课程的点击次数多，用户有可能将其与“运营秘籍 - 高手进阶”视为同一类型，需要加以区分。

2. 查看并分析菜单点击人数

菜单点击人数是指点击菜单的人数，同一人一天内多次点击视为一次。在分析时，需要将其与菜单点击次数联系起来，验证前面的分析是否正确，并以此了解用户的需求，其具体步骤如下。

步骤 01 查看菜单点击人数。单击 菜单点击人数 按钮，查看下方的数据趋势图，如图 7-15 所示。

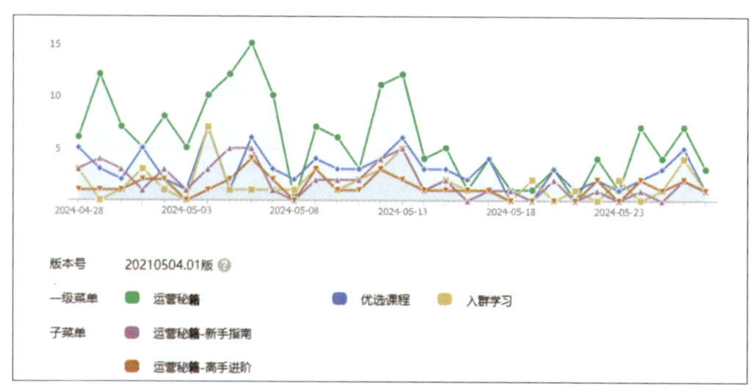

图7-15　菜单点击人数

步骤02 分析菜单点击人数。由图可知，各级菜单的点击人数基本与菜单点击次数成正比，但"优选课程"的点击人数很多时候高于"运营秘籍－新手指南"的点击人数，与点击次数有所不同，说明前期的猜测有所偏差，用户更关注优质运营知识和技巧，其次是入门级知识。同时，"入群学习"的点击人数和点击次数差不多，说明很多用户在第一次点击后就被引入社群，结合后续点击人数的减少，说明该菜单的设置有一定的合理性，但可能社群的引流没有做好，需要优化引流策略，如在文章末尾引导入群、在其他平台推广社群等。

3. 查看并分析人均点击次数

人均点击次数 = 菜单点击次数 ÷ 菜单点击人数。在分析时，除了验证前面的猜测，还可以获知用户的人均点击次数，其具体步骤如下。

步骤01 查看人均点击次数。单击 人均点击次数 按钮，查看下方的数据趋势图，如图7-16所示。

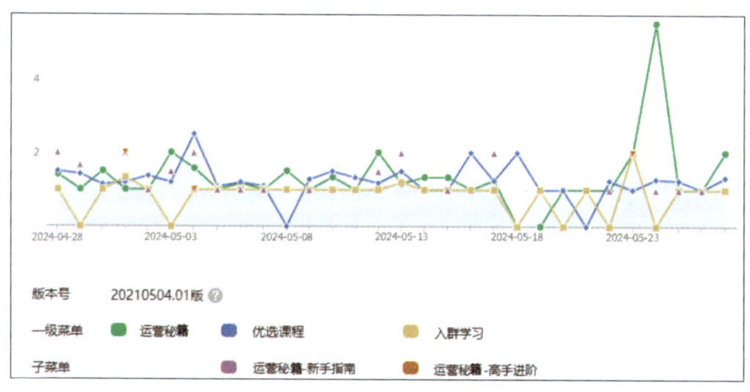

图7-16　人均点击次数

步骤02 分析人均点击次数。由图可知，各级菜单每日的人均点击次数基本在2以下，说明用户黏性较强。"运营秘籍－新手指南"的人均点击次数比较稳定，说明用户对入门级知识比较感兴趣。

四、分析消息数据

消息数据是微信公众号设置关键词自动回复后，用户在消息界面发送的关键词相关的数据。在分析时，主要分析排在前列的消息关键词，得出用户与微信公众号的互动频率，以及用户的常见问题，从而提高用户服务效率，其具体步骤如下。

步骤 01 查看消息关键词数据。选择“数据”栏中的“消息分析”选项，打开消息分析页面，单击“消息关键词”选项卡，可查看近 31 日内出现次数较多的消息关键词。图 7-17 所示为出现次数排在前 10 的消息关键词。

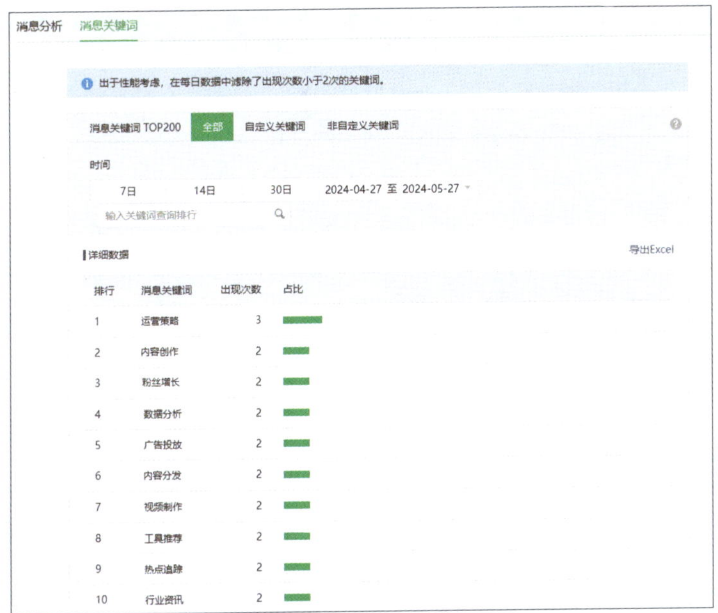

图7-17　出现次数排在前10的消息关键词

步骤 02 分析消息关键词数据。由图可知，用户发送的消息关键词为个位数，说明该微信公众号与用户的互动不频繁，有待加强。此外，出现次数排在前 10 的消息关键词与新媒体运营中的具体工作事项有关，说明用户在实际运营过程中经常遇到这些问题，后续的内容策划、活动开展等可围绕这些问题进行，以提升用户体验。

任务 3　实战——分析微博数据

微博是新媒体营销与运营中常用的社交媒体平台。通过分析微博数据，新媒体从业人员可以知晓微博账号的运营情况、微博营销活动的开展情况等，从而优化、调整微博运营策略。本实战将分析零食品牌赵小食（日常发布零食营销信息，在广州、北京、上海、福建、山东开设有线下门店）的微博数据，包括粉丝数据、博文和视频数据，以了解当前品牌的运营策略是否恰当及营销推广效果。

一、分析粉丝数据

微博的粉丝数据主要包括粉丝趋势、粉丝活跃分布、粉丝性别年龄、粉丝来源和地域分布。通过分析这些数据，可以锁定目标用户，知晓粉丝的来源、喜欢的内容等，其具体步骤如下。

步骤 01 查看并分析粉丝趋势。进入微博“数据助手”界面，在顶部点击“粉丝”选项卡，在“粉丝趋势分析”栏中查看粉丝趋势数据，如图 7-18 所示。粉丝趋势是指在统计时间内，微博账号每日的粉丝变化趋势，微博内容的吸引力和账号的转化能力。由图可知，该微博账号的粉丝总数大多数时候呈上升趋势，但粉丝净增数波动较大，说明微博内容的质量不稳定。

步骤 02 查看并分析粉丝活跃分布。点击“活跃分布”选项，在打开的界面中查看粉丝活跃分布详情数据，如图 7-19 所示。由图可知，粉丝在 11:00—23:00 比较活跃，其中 23:00 最为活跃。

图7-18　粉丝趋势

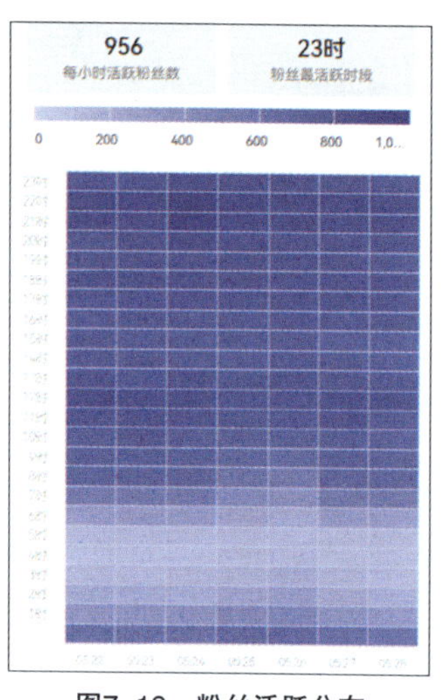

图7-19　粉丝活跃分布

步骤 03 查看并分析粉丝画像。点击“粉丝画像”选项，在打开的界面中查看粉丝性别年龄、粉丝来源和地域分布，如图 7-20 所示。由粉丝性别年龄可知，该微博账号的大部分粉丝是 18 ～ 24 岁的用户，并且多为女性用户，与品牌的定位相符。由粉丝来源可知，90％以上的粉丝都来自微博推荐，而来源于第三方应用、微博搜索和找人的粉丝较少，说明该微博账号的影响力还不够大，或者微博名称、标签、简介等关键词还有待优化。从地域分布可知，除了广东省和北京市，江苏省和浙江省也是粉丝的主要来源，但这两个省还未开设线下门店，商家需把握商机，增设门店。

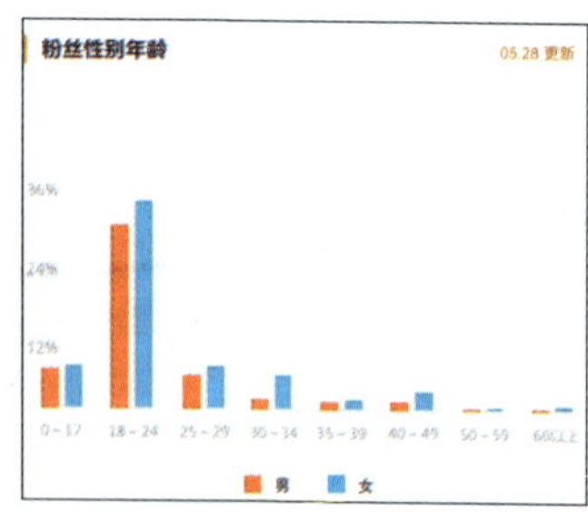

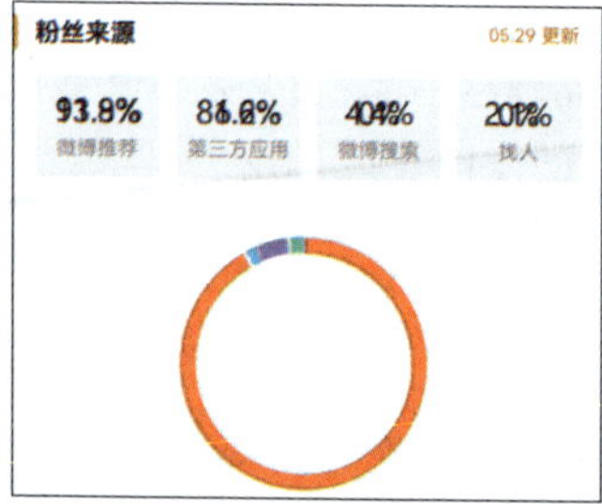

图7-20　粉丝画像

经验之谈

在粉丝来源中，微博推荐是指微博通过智能推荐算法，在用户的信息流中展示推荐账号或内容，以引导用户关注；微博搜索是指用户通过搜索关键词找到账号或内容，并关注；找人是指用户通过微博找人功能找到微博账号并关注。在粉丝来源中，微博搜索和找人的用户越多，表明微博的影响力越大。

二、分析博文和视频数据

博文和视频数据是微博账号发布的内容相关数据，包括纯文字或图文结合类的博文数据和短视频类的视频数据。分析这些数据，有助于新媒体从业人员了解内容的质量和传播能力。

1. 查看并分析博文数据

微博博文数据主要包括微博阅读趋势及微博转发、评论和赞。其中，微博阅读趋势反映博文的曝光量和传播能力，微博转发、评论和赞反映博文的互动情况及营销推广效果，其具体步骤如下。

步骤01 查看并分析微博阅读趋势。点击“数据助手”顶部的“博文”选项卡，在打开界面的“微博阅读趋势”栏中查看近30天的详情数据，如图7-21所示。由图可知，博文的阅读总数较高，结合粉丝总数来看，可能是粉丝基数较大，但整体趋势波动明显，并且大部分高峰期都出现在发布博文后，由此推测可能是博文发布不规律造成的。

步骤02 查看并分析微博转发、评论和赞。滑动屏幕，来到“微博转发、评论和赞”栏，查看近30天的详情数据，如图7-22所示。由图可知，博文的赞总数较高，说明用户对博文内容比较认可；但评论总数较低，说明用户的参与意愿和互动积极性较低，博文的话题性也较低；转发总数低，说明用户的传播意愿低。整体而言，博文的营销推广效果有待提升，可根据转发数、评论数和点赞数高的日期发布的博文进行调整优化。

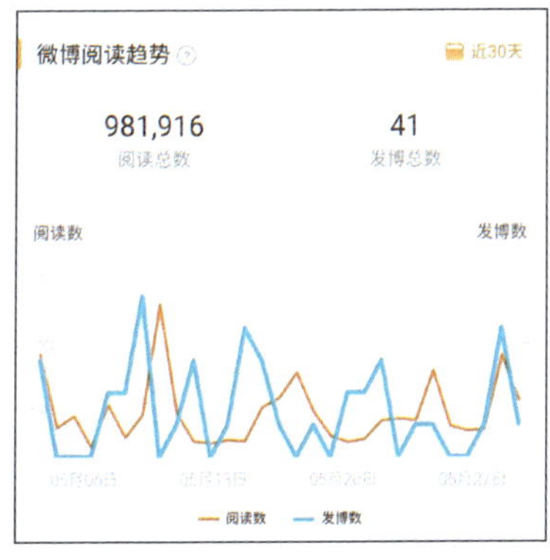

图7-21　微博阅读趋势

图7-22　微博转发、评论和赞

2. 查看并分析视频数据

微博视频数据主要包括视频播放趋势及视频转发、评论和赞。通过分析这些数据，新媒体从业人员可以掌握视频的传播情况和营销推广效果，其具体步骤如下。

步骤 01 查看并分析视频播放趋势。点击“数据助手”顶部的“视频”选项卡，在打开界面的“视频播放趋势”栏中查看详情数据，如图 7-23 所示。由图可知，视频总发布数低，但总视频播放量高；视频播放量虽然在前期比较低，但整体呈上升趋势，说明视频的推广做得较好，传播能力较强。

步骤 02 查看并分析视频转发、评论和赞，如图 7-24 所示。由图可知，视频的转发总数、评论总数低，赞总数相对较高，说明用户的传播意愿、互动积极性较弱。同时，受视频播放量的影响，前期转发数、评论数和点赞数较低，且后期的转发数、评论数和点赞数波动明显，呈快速增长和断崖式下跌的情况，说明视频的内容质量可能有待提升，并且营销推广方式有待优化。

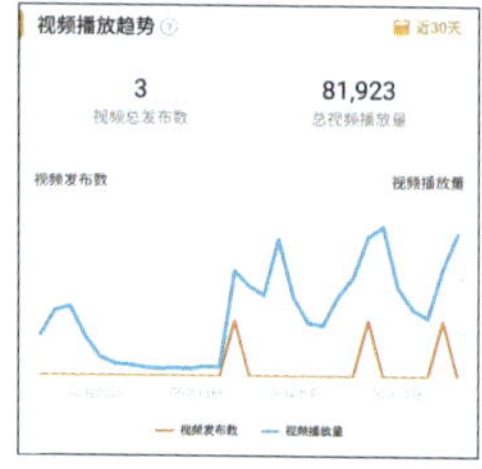

图7-23 视频播放趋势

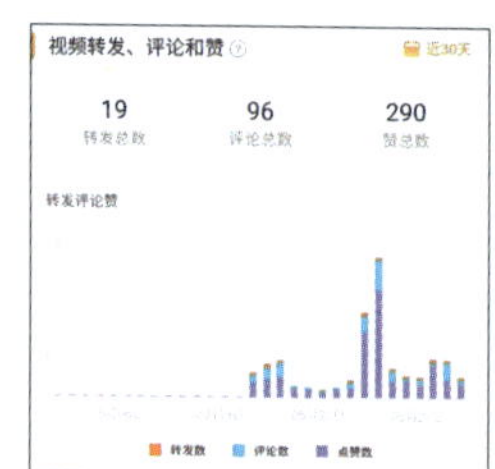

图7-24 视频转发、评和赞

3. 查看并分析相关账号数据

微博相关账号数据是指竞争对手的微博账号的数据，包括粉丝净增数、发博数和转评赞数等。通过分析竞争对手的数据，新媒体从业人员可以了解竞争对手的账号运营情况，包括互动情况、营销推广情况等，其具体步骤如下。

步骤 01 查看并分析粉丝净增数。在“数据助手”界面中点击“相关”选项卡，在打开的界面中查看粉丝净增数，如图 7-25 所示。由图可知，该账号的粉丝净增数低于相关账号平均粉丝净增数，且在后期增长乏力，考虑到相关账号的粉丝数，这可能是与相关账号本身的影响力大有关。

步骤 02 查看并分析发博数。点击“发博数”选项卡，查看数据详情，如图 7-26 所示。由图可知，该账号的发博数虽然与食之有名的发博数相同，但总数远低于相关账号平均发博总数，更低于零食屋的发博数。结合粉丝净增数来看，这可能与零食屋粉丝增长的数量多有关，因为更多的内容产出可能会吸引更多的用户，这一点品牌可作为参考。

步骤 03 查看并分析转评赞数。点击“转评赞数”选项卡，查看数据详情，如图 7-27 所示。由图可知，该账号的转评赞总数低于相关账号平均转评赞总数。结合发博数，食之有名发布的博文数量虽少，但转评赞数高，说明其博文的质量较高、吸引力较强；零食屋发布的博文数量多，转评赞数更是破 10 万次，说明其博文的传播范围广、影响力大。由此，品牌可以研究这两个账号发布的博文和营销策略，以提升自己的影响力。

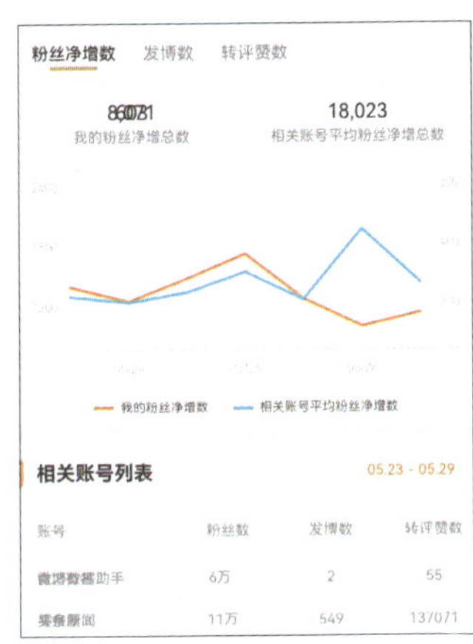

图7-25　粉丝净增数

图7-26　发博数

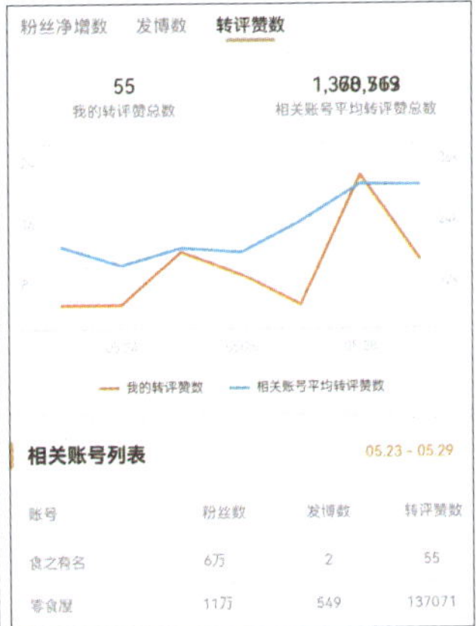

图7-27　转评赞数

任务 4　实战——分析抖音数据

抖音是主流的短视频平台和直播平台。通过分析抖音的数据，新媒体从业人员可以知晓抖音的运营情况、短视频营销效果等。本实战将分析生活博主小玲的抖音数据（每周五发布一条短视频），包括账号数据、作品数据和粉丝数据，以了解博主抖音账号的运营情况。

一、分析账号数据

抖音账号数据一般统计账号近 7 日所有数据的总结情况，主要包括播放量、互动率、完播率、投稿量、粉丝净增等。分析账号数据，有助于了解账号与同类账号之间的差异，以及统计时间内账号的情况，其具体步骤如下。

步骤 01 查看账号数据。进入抖音创作者中心，点击“数据中心”选项，默认打开“总览”选项卡，在“账号诊断”栏中查看账号数据，如图 7-28 所示。

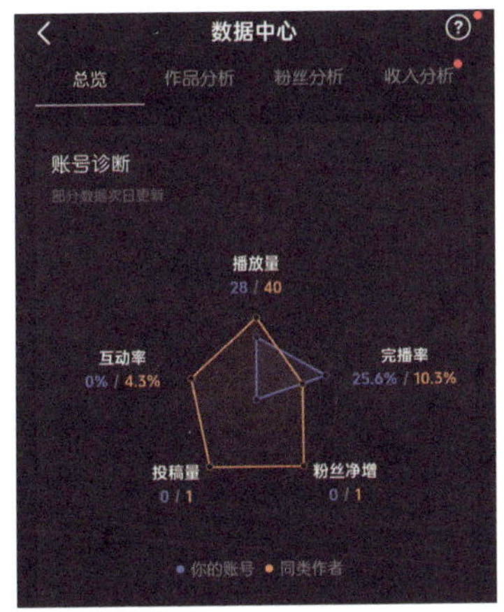

图7-28　账号数据

步骤 02 分析播放量。播放量是指短视频被观看的次数。由图可知，该抖音账号的播放量低于同类账号的播放量，说明该账号短视频内容的吸引力可能不足，需要提升视频质量或调整内容策略。

步骤 03 分析互动率。互动率是指短视频的观看、点赞、评论和转发的总数。由图可知，与同类账号相比，该抖音账号没有互动率，这意味着其发布的短视频内容不够吸引人，或者没有正确激励用户进行互动。

步骤 04 分析完播率。由图可知，该抖音账号的完播率虽然高于同类账号的完播率，但是只有 1/4 左右的用户能完整看完短视频（合格水平为 30%），说明该账号发布的短视频可能存在开头不够吸引人或内容结构不合理、内容过长等问题。

步骤 05 分析投稿量。投稿量是根据统计周期内发布的作品个数得出的。由图可知，该抖音账号的投稿量为 0，即近 7 日内未发布短视频，这与既定的计划（每周五发布一条短视频）不符。通常情况下，如果投稿量过低，可能影响账号的活跃度和粉丝的黏性，为此需要找出未按计划执行的原因，如不熟练、没有时间等。

步骤 06 分析粉丝净增。粉丝净增即账号净增粉丝数。由图可知，该抖音账号的粉丝净增为 0，考虑到只有 7 天的粉丝净增数据，可以与其他时间段的粉丝净增数据进行对比，如果粉丝净增较低，说明短视频内容质量、发布频率和互动策略等都需要进行优化。

二、分析作品数据

抖音作品数据是指发布到抖音的短视频数据，无论是图文拼接类短视频还是视频类短视频，都主要包括概览数据和单个作品的数据。作品数据是抖音数据中的重要组成部分，分析作品数据有助于新媒体从业人员清楚地掌握短视频的受欢迎程度，为优化短视频提供数据。

1. 查看并分析作品概览数据

作品概览数据反映出统计时间内短视频的总体情况，包括投稿概览、投稿表现、投稿类型和投稿分布。通过分析这些数据，新媒体从业人员可以知晓短视频在抖音的具体表现程度，以及用户对内容的喜好程度，其具体步骤如下。

步骤 01 查看作品概览数据。在“数据中心”界面中点击“作品分析”选项卡，打开“作品分析”界面，在“投稿概览”栏中点击“查看详细分析”超链接，在打开的“投稿分析”界面中查看近 90 天的详情数据，如图 7-29 所示。

步骤 02 分析投稿概览。由图可知，近 90 天，该抖音账号周期内投稿量为 2 条，已经严重超出计划，不便于培养用户的观看习惯，应尽量固定发布时间和发布数量。条均 5s 完播率为 15.59%，结合周期内投稿量，每条短视频的 5s 完播率较低，不容易打造热门短视频。条均 2s 跳出率较高，说明前面的猜测正确，短视频开头确实不够吸引人。条均播放时长在 7 秒左右，相对较高，说明用户对短视频内容有一定的兴趣，但结合前面较低的条均 5s 完播率，说明可能确实存在短视频内容过长的问题。播放量中位数超过抖音官方初始推荐值，说明短视频内容比较受欢迎。条均点赞数、条均评论量、条均分享量均低，说明短视频内容的质量可能较低，用户的参与积极性不高，这可能也是粉丝净增低的重要原因。

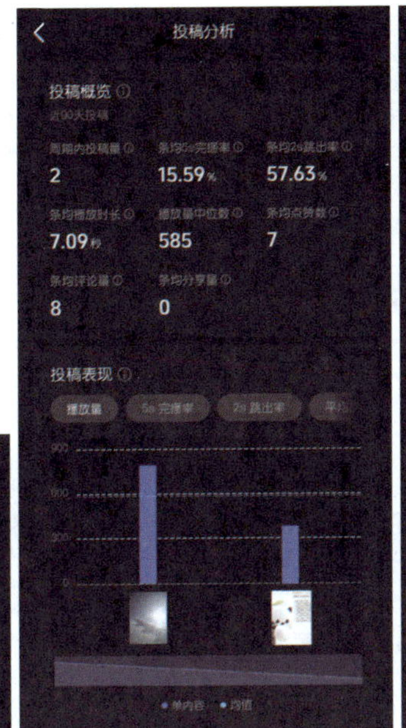

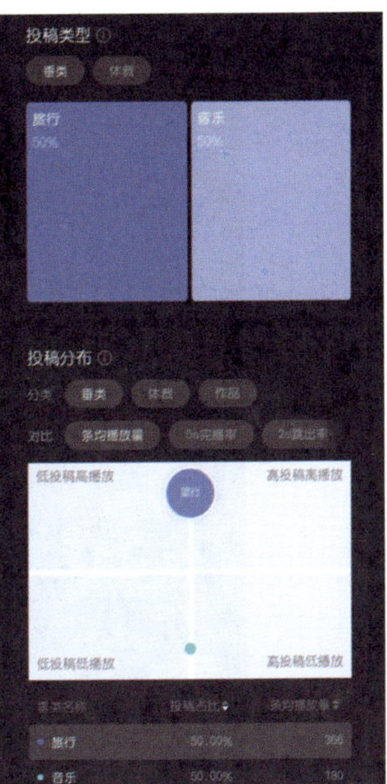

图7-29　作品概览数据

步骤 03 分析投稿表现和投稿类型。从投稿表现和投稿类型来看，两个不同类型的短视频的播放量存在差异，旅行类的短视频播放量更高，超过行业平均值，说明这类短视频内容更受欢迎，后续可考虑制作这类短视频。

步骤 04 分析投稿分布。从投稿分布来看，旅行类短视频存在低投稿高播放、高投稿高播放的情况；音乐类短视频存在低投稿低播放、高投稿低播放的情况。这进一步证明旅行类短视频内容更受欢迎，可能需要优化内容策略，以实现更高的投入产出比。

经验之谈

条均 5s 完播率是指短视频播放后超过 5s 的播放量 ÷ 总播放量，一般在 70% 左右较好；条均 2s 跳出率是指短视频播放后 2s 内跳出的播放量 ÷ 总播放量，一般在 15% 以下较好。播放量中位数是统计时间内短视频播放量的中间值，可以反映短视频在抖音平台受欢迎的程度（短视频发布后，抖音会先将短视频推荐给 200 ～ 500 人，也就是初始流量池；如果播放量、点赞量等达到官方初步标准，会继续推送给更多的人）。

2. 查看并分析单个作品的数据

结合作品概览数据，选择一条更受欢迎的旅行类短视频，分析其详情数据，了解该短视频具体存在的问题，以便进行优化，其具体步骤如下。

步骤 01 查看单个作品的数据。返回“作品分析”界面，滑动屏幕，来到“投稿列表”区域，选择旅行类短视频，查看详情数据，如图 7-30 所示。

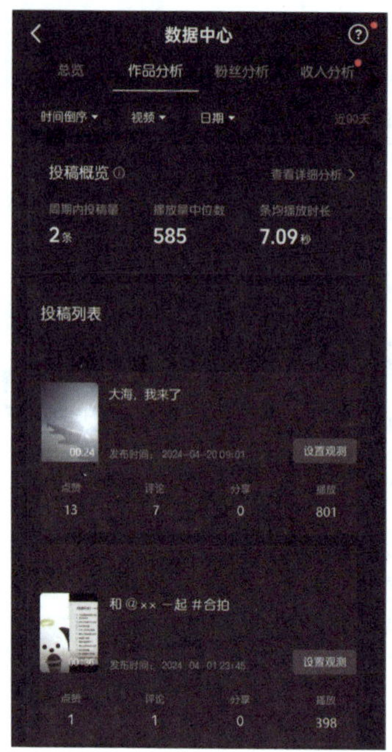

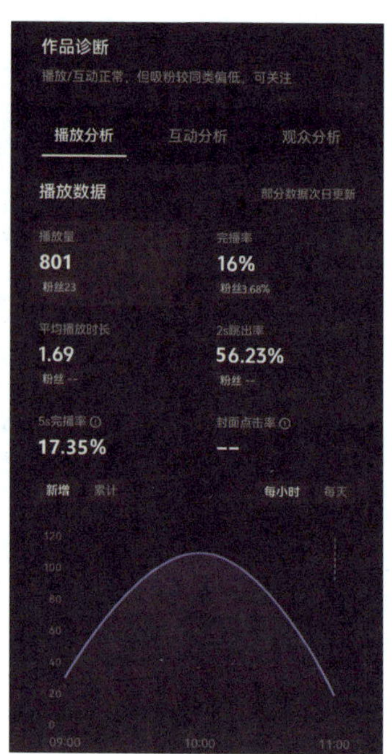

图7-30　单个作品的数据

步骤 02 查看单个作品的数据。由作品诊断数据可知，该作品播放和互动正常，但吸粉较同类作品偏低，这也是导致粉丝净增低的原因之一。此外，该作品的播放量仅有801，完播率较低，平均播放时长不超过2秒，2s跳出率高，5s完播率较低，同时，新增播放量在10:00后快速下降，说明在抖音第一次进行推荐后效果不佳，结合作品时长（一般时长在15～30秒），排除作品时长过长的原因，可能是因为作品开头不够吸引人、内容结构有问题、内容质量不高等。

三、分析粉丝数据

在抖音平台上，账号运营的关键点是粉丝。通过分析粉丝数据，包括分析粉丝增减趋势、粉丝画像、粉丝兴趣等，新媒体从业人员可以产出符合粉丝喜好的内容，进而促进转化。

1. 查看并分析粉丝增减趋势

先分析总粉丝量，然后分析一段时间内粉丝净增的数据趋势，查看是否有粉丝爆发点，查找涨粉效果欠佳的原因，其具体步骤如下。

步骤 01 查看粉丝增减趋势。在“数据中心”界面点击“粉丝分析”选项卡，在打开的界面中默认点击 粉丝分析 按钮，在“粉丝数据”栏中查看总粉丝量，在“基础数据”栏中查看粉丝净增的数据趋势，如图7-31所示。

步骤 02 分析总粉丝量。由图可知，该抖音账号的总粉丝量在3000人以上，近30天流失2名粉丝，说明粉丝黏性高。

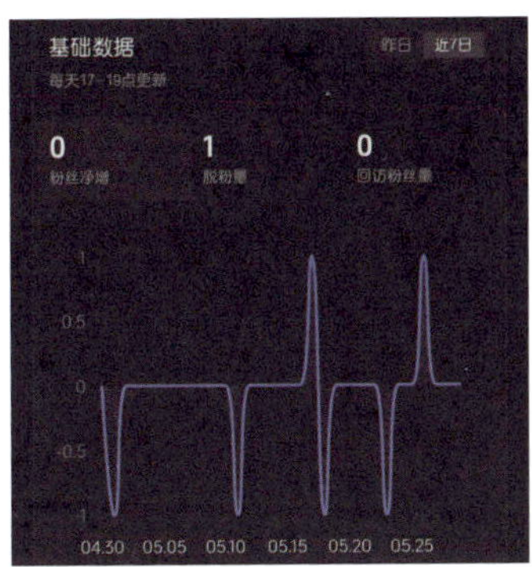

图7-31　粉丝增减趋势

步骤 03 分析粉丝净增的数据趋势。由图可知，近 7 日，粉丝净增在增加 1 人和减少 1 人之间变化，最终脱粉 1 人。总体来说变化不大，既没有明显的低谷期，也没有明显的爆发期，说明需要根据粉丝喜好设计有针对性的内容，进一步提升短视频的内容质量，增强吸粉能力。

2. 查看并分析粉丝画像

抖音的粉丝画像提供了性别、年龄、省份、设备、活跃度分布等数据，通过分析这些数据，新媒体从业人员可以精准定位目标用户，其具体步骤如下。

步骤 01 查看粉丝画像。在“粉丝分析”界面中点击【粉丝画像】按钮，查看粉丝的性别、年龄、省份、设备、活跃度分布数据，如图 7-32 所示。

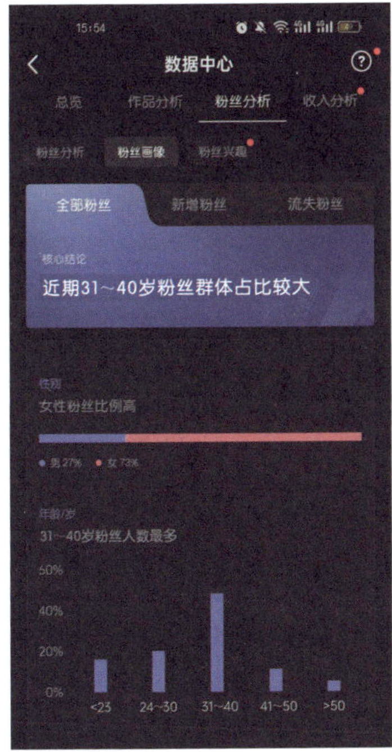

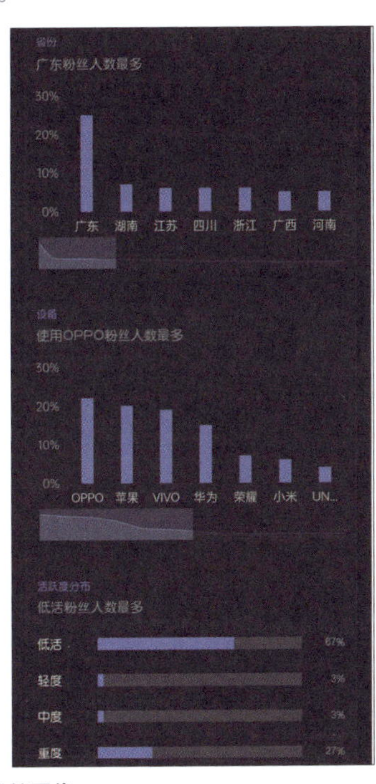

图7-32　粉丝画像

步骤 02 分析粉丝性别。由图可知，该抖音账号女性粉丝比例高，达到 73%，在策划短视频内容时应偏向女性粉丝。

步骤 03 分析粉丝年龄。由图可知，该抖音账号 31～40 岁的粉丝人数最多，其次是 24～30 岁的粉丝，在短视频题材类型和语言风格的选择上应该偏向这类群体。此外，该年龄阶段的粉丝一般具有一定的经济基础，如果后续需要推广产品，可以将该阶段粉丝作为转化对象。

步骤 04 分析粉丝省份。由图可知，该抖音账号在广东省的粉丝人数最多，而广东省的经济比较发达，居民消费能力强，说明该账号的粉丝更愿意为账号推广的产品或服务买单。

步骤 05 分析粉丝设备。由图可知，该抖音账号使用 OPPO 的粉丝人数最多，其次是使用苹果、VIVO、华为的粉丝，说明粉丝中存在不同消费水平的人，在设计内容时需要考虑不同群体的需求。同时，粉丝中也有一定比例的高消费群体，愿意购买高品质的产品，在使用短视频推广产品时，应当注重产品的品质。

步骤 06 分析粉丝活跃度分布。由图可知，低活跃度的粉丝占比超过一半，需要采取措施提升粉丝活跃度，如围绕近期热点设计短视频内容、在短视频内容中设计趣味话题、开展抽奖等。

3. 查看并分析粉丝兴趣

粉丝兴趣反映的是账号粉丝的关注点。抖音提供了 3 类粉丝的兴趣数据，包括全部粉丝、新增粉丝、流失粉丝，通过分析这些数据，新媒体从业人员可以知晓粉丝感兴趣的内容，以便设计符合其喜好的内容，具体步骤如下。

步骤 01 查看粉丝兴趣。在“粉丝分析”界面点击粉丝兴趣按钮，依次点击“全部粉丝”“新增粉丝”“流失粉丝”选项，查看对应粉丝的兴趣分布数据，如图 7-33 所示。

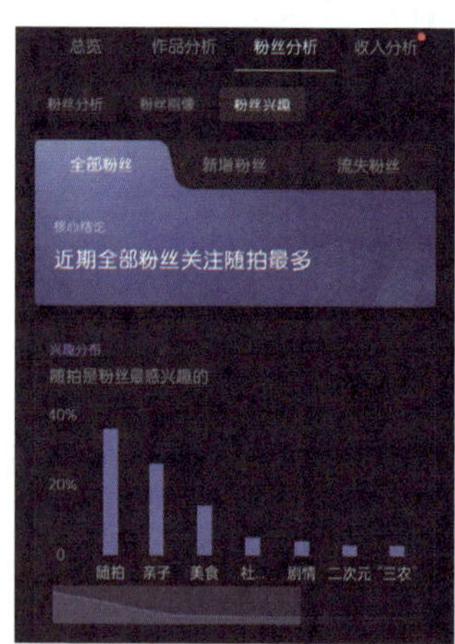

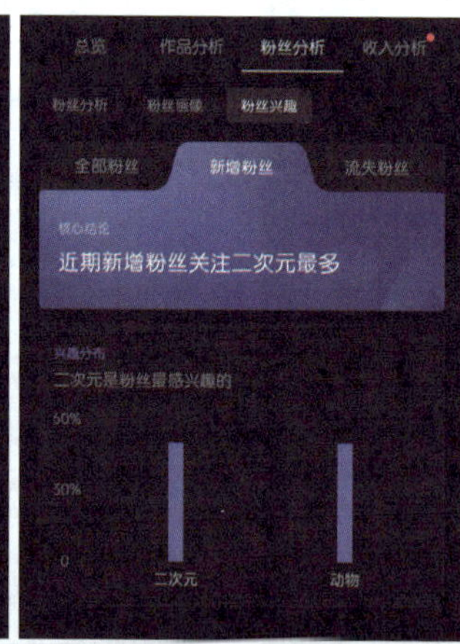

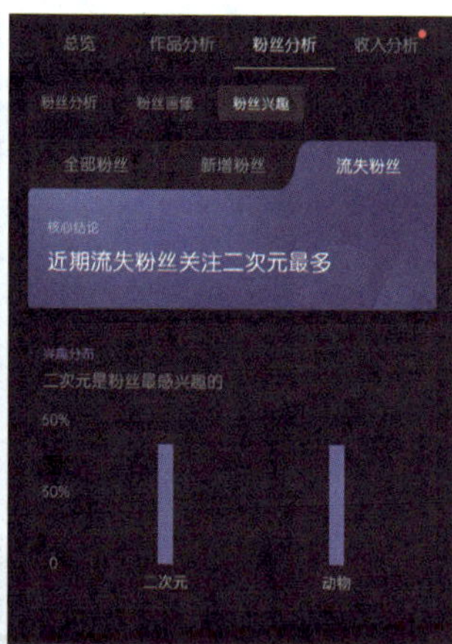

图7-33 粉丝兴趣

步骤 02 分析全部粉丝的兴趣分布。由图可知，该抖音账号的粉丝对随拍最感兴趣，其次是亲子，在设计短视频内容时可以以随拍为主，并适当增加亲子相关的内容。

步骤 03 分析新增粉丝和流失粉丝的兴趣分布。由图可知，新增粉丝和流失粉丝都对二次元和动物感兴趣，与全部分析的兴趣分布完全不同。结合前期的播放量和粉丝净增，可以忽略这些粉丝。

素养课堂

在分析数据时，如果没有头绪，可以借助文心一言、通义千问等 AIGC 工具，通过上传图片的方式，辅助分析。甄别 AIGC 给出的分析结果，以确保数据分析结果准确无误。同时，应当合理看待 AIGC 在数据分析中的作用，不能妄图使用 AIGC 解决一切数据分析问题。

拓展知识——分析直播营销活动数据

随着直播的火热，开展直播营销活动成为新媒体从业人员提升营销效果的常用方式。当直播结束后，需要对直播营销活动进行分析，以了解营销效果，积累经验。

直播营销活动数据主要包括 4 类，分别是用户画像数据、流量数据、互动数据和转化数据。新媒体从业人员应当了解这 4 类数据的含义，并学会使用数据分析工具（如蝉妈妈）进行分析，以洞察数据背后的问题。

1. 分析用户画像数据

用户画像数据是指观看直播的用户的相关数据，主要包括性别分布、年龄分布、地域分布、粉丝来源等。分析用户画像数据有助于新媒体从业人员掌握直播营销活动的目标用户及来源，进而优化直播营销活动内容，更精准地引流、推广。图 7-34 所示为某美食达人单场直播营销活动的用户画像数据。

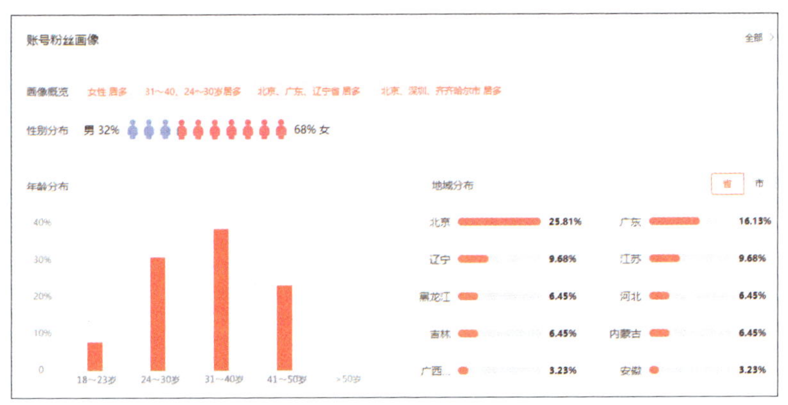

图7-34　某美食达人单场直播营销活动的用户画像数据

由图可知，该场直播营销活动的主要用户是居住在北京、广东、辽宁、江苏且年龄在 24 ～ 40 岁的女性用户。在后续的直播营销活动中，可根据这类用户的需求，选择符合他们喜好的产品，并设计直播营销内容，以提升营销效果。

2. 分析流量数据

直播流量数据是与用户的观看行为有关的数据，主要包括累计观看人次、人气峰值、平均停留时长、在线人数、进场人数、离场人数等。分析直播流量数据有助于新媒体从业人员掌握直播营销活动的实时开展情况，以便优化营销方案。图 7-35 所示为某美食达人单场直播营销活动的部分流量数据。

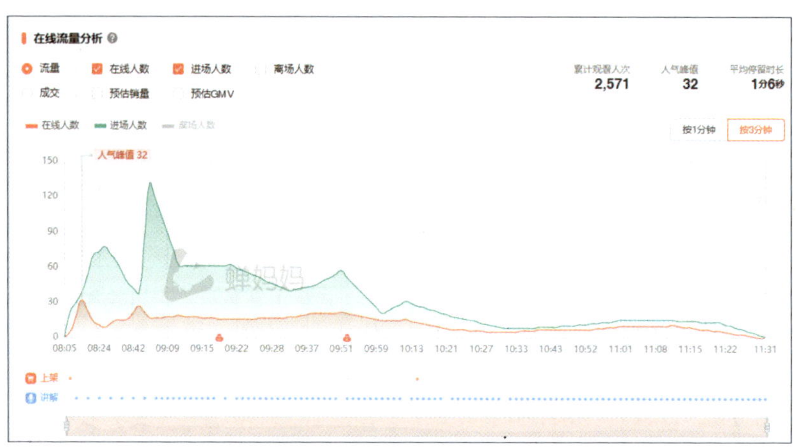

图7-35　某美食达人单场直播营销活动的部分流量数据

由图可知，该场直播累计观看人次为 2571 人次，人气峰值为 32 人，人数偏少，可能是达人本身知名度欠缺或前期直播预热没有做好。平均停留时长为 1 分 6 秒，而直播时长为 3 小时 26 分钟，说明直播营销内容不够吸引人。直播在线人数持续偏少，进一步说明直播营销内容有待提升。进场人数在开播 1 小时后达到高峰，但在达到高峰后持续走低，且没有带来在线人数的大幅增长，说明直播的促留存话术存在问题，或者主播后续的状态不佳等。总之，就流量的情况而言，该场直播营销活动在引流、留存等方面均存在很大的问题，需要进行优化。

3. 分析互动数据

互动数据是指与用户互动相关的数据，包括累计点赞数、累计评论数、弹幕总数、弹幕人数（即发送弹幕的人数）等。分析互动数据有助于新媒体从业人员了解直播营销活动中用户的活跃情况和参与积极性，以便改进直播互动方式，提升直播间热度。图 7-36 所示为某美食达人单场直播营销活动的部分互动数据。

由图可知，该场直播虽然实时在线人数少，但累计点赞数高，呈上升趋势，说明主播在引导互动方面做得不错。评论数虽然也呈上升趋势，但只有 90 条评论，偏低，说明主播在引导用户评论方面有待加强。弹幕总数较高，但弹幕人数偏低，每人发布了 5 条左右的弹幕，结合观众互动率（合格水平为 5%）来看，还需要改进互动方式，以提升用户参与的积极性。

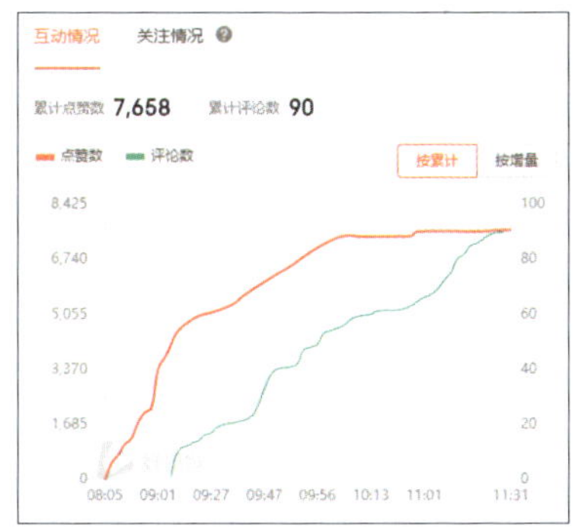

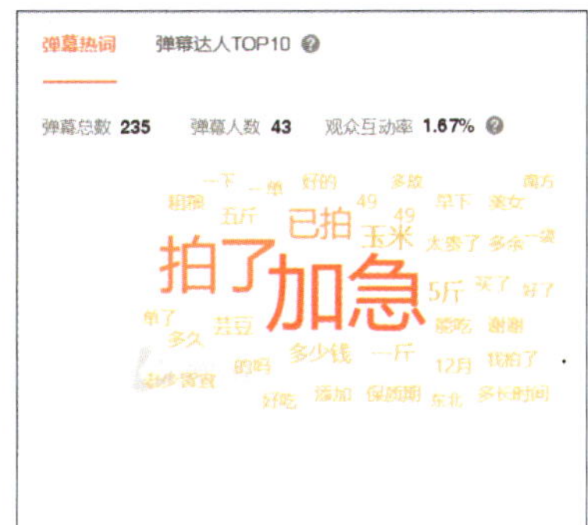

图7–36　某美食达人单场直播营销活动的部分互动数据

4. 分析转化数据

转化数据主要包括浏览互动数据（产品展示次数和点击次数）、引导转化数据（商品详情页访问次数）和直播带货数据（销售额、销量、客单价、带货转化率、UV价值等）。其中，直播带货数据是衡量直播营销活动效果的重要数据，UV价值=总销售额÷访问人数 。图7-37所示为某美食达人单场直播营销活动的部分转化数据。

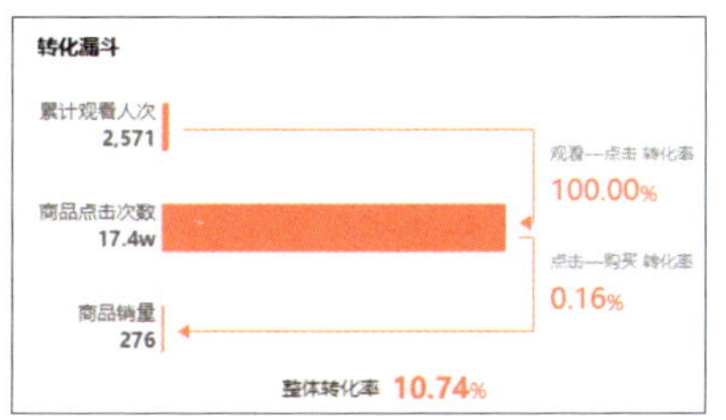

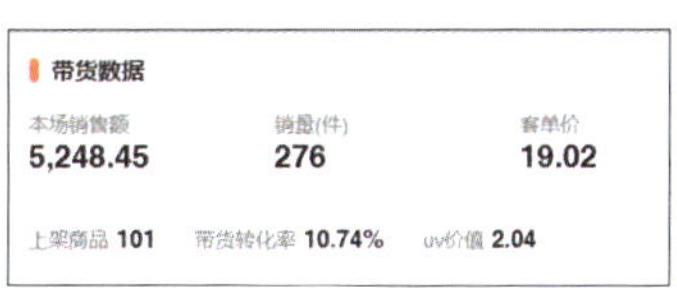

图7–37　某美食达人单场直播营销活动的部分转化数据

由图可知，该场直播营销活动的观看—点击转化率高，说明观看直播的用户几乎都点击了直播间销售的产品。但点击—购买转化率低，以至于整体转化率偏低，结合产品销量和上架的产品数来看，很多用户点击查看产品后并没有购买，说明用户存在顾虑，可能是主播的引导不够，没有很好地取得用户的信任，需要进一步优化产品介绍和引导、下单的话术。同时，客单价偏低，这可能也是导致销售额低的原因。UV价值在正常水平，说明营销效果处于正常水平。

课后练习

（1）根据图7-38所示的微信公众号菜单数据，分析其菜单设置是否合理。

（2）在蝉妈妈中查看你喜欢的博主发布的短视频的数据（登录后通过查找达人的方式搜索博主名称），然后分析其账号数据、作品数据、粉丝数据。

（3）结合图7-39所示的微博数据，分析该微博账号的目标用户。

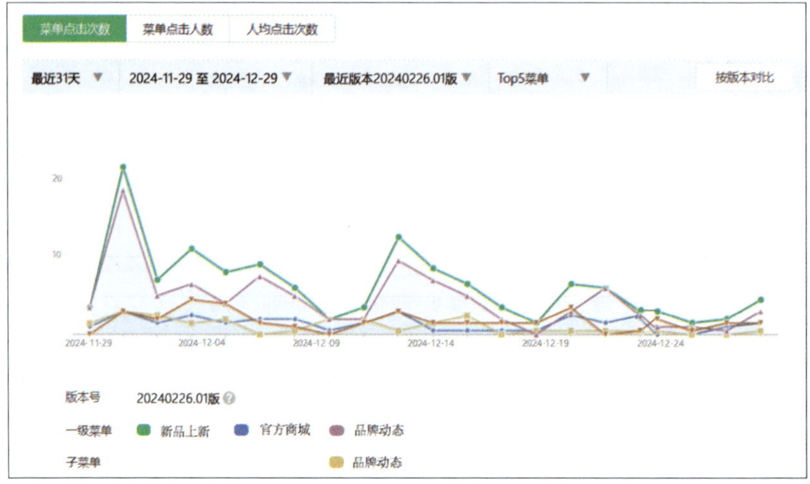

图7–38 微信公众号菜单数据

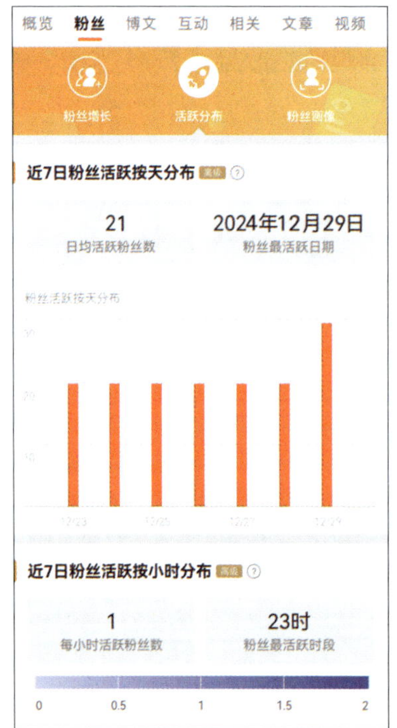

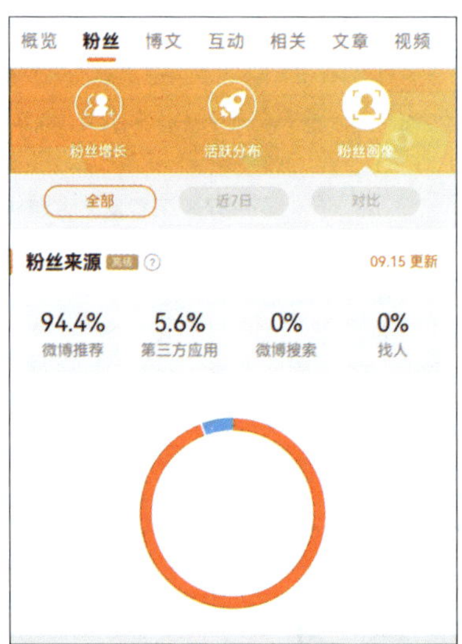

图7–39 微博数据